"十三五"江苏省高等学校重点教材　编号：2019-1-102

焊接机器人技术与系统

黎文航　陈书锦　王加友　等　编著

机 械 工 业 出 版 社

焊接机器人约占工业机器人应用总量的40%，是智能制造的重要体现。焊接机器人产业蓬勃发展，对焊接人才培养提出新需求。本书可以帮助焊接相关专业本科生掌握焊接机器人的基本原理和应用技术，初步具备应用焊接机器人的能力。

全书共分为9章，内容包括焊接机器人概述、焊接机器人的软件、机器人运动学、机器人驱动器与轨迹规划、焊接机器人编程、机器人传感器技术、焊接机器人的通信与系统集成、焊接机器人的配置、焊接机器人工作站等内容。本书还利用ABB公司的RobotStudio仿真软件实现相关技术的仿真和应用，解决了机器人系统建设成本高、机器人教学理论脱离实践、机器人操作存在安全隐患等问题，并便于实现虚拟仿真式、案例式、项目式教学。

本书可作为大学本科"焊接技术与工程""材料成型及控制工程"（焊接方向）等专业相关课程的教材、硕士研究生"材料加工工程"专业相关课程的参考资料、焊接工程师的培训教材，还可以作为焊接及相关学科教师和工程技术人员从事科研与技术开发工作的参考书。

图书在版编目（CIP）数据

焊接机器人技术与系统/黎文航等编著. —北京：机械工业出版社，2022.9

ISBN 978-7-111-71490-3

Ⅰ.①焊…　Ⅱ.①黎…　Ⅲ.①焊接机器人-高等学校-教材　Ⅳ.①TP242.2

中国版本图书馆CIP数据核字（2022）第155420号

机械工业出版社（北京市百万庄大街22号　邮政编码100037）
策划编辑：贺　怡　　　　　　责任编辑：贺　怡　高依楠
责任校对：肖　琳　李　婷　　封面设计：马精明
责任印制：任维东
北京富博印刷有限公司印刷
2023年1月第1版第1次印刷
184mm×260mm·15.5印张·2插页·382千字
标准书号：ISBN 978-7-111-71490-3
定价：59.00元

电话服务　　　　　　　　　　网络服务
客服电话：010-88361066　　　机　工　官　网：www.cmpbook.com
　　　　　010-88379833　　　机　工　官　博：weibo.com/cmp1952
　　　　　010-68326294　　　金　书　网：www.golden-book.com
封底无防伪标均为盗版　　机工教育服务网：www.cmpedu.com

前　言

焊接机器人作为工业机器人的重要代表，是机电一体化、信息化、智能化与先进焊接等技术相结合的产物，是智能制造的重要体现。国际机器人联合会（IFR）统计显示：2008—2018 年全球工业机器人的年均销售增长率为 23%，2019 年以来，尽管受新冠肺炎疫情和国际贸易冲突的影响，销售增长趋缓，但仍维持高位运行，2020 年的销量在截至 2020 年的历年销量中排名第三。我国工业机器人的销售和使用表现尤为突出，我国自 2013 年以来就一直是世界最大的工业机器人市场，其工业机器人密度（每万名工人所拥有的工业机器人数量）从远低于世界平均水平到超过世界平均水平，工业机器人产业蓬勃发展。

目前焊接机器人约占工业机器人应用总量的 40%，且其规模仍在快速增长。随着我国人口红利下降，人力成本提升，"机器换人"已成为势不可挡的趋势。一方面，焊接作业环境的恶劣使新一代产业工人不愿从事焊接职业，培训一名成熟焊工的成本越来越高；另一方面，焊接产品的质量要求提升和产品升级速度加快，传统手工焊接作业方式已经难以满足焊接产品制造的自动化、柔性化要求；此外，随着机器人制造技术的成熟，购置与维护成本的相对降低，焊接机器人应用已从知识密集型企业、产品附加值较高的领域以及对产品质量要求高的行业，逐渐延伸到劳动密集型的低附加值产业。"厂厂都有机器人，家家都有机器人"的时代正在到来，对焊接机器人应用人才的需求也越来越迫切。

目前，焊接机器人的专业书籍越来越多，但主要面向高职高专或侧重于某方面（如操作、虚拟仿真、智能化）的应用，面向焊接本科专业的合适教材较少。本书从企业对焊接专业本科生需求和焊接专业本科生特点出发做了如下尝试：首先，使学生掌握焊接机器人的基本原理，侧重于应用机器人而不是设计机器人；其次，从应用需要出发，侧重使学生掌握机器人组成结构、运动控制与系统集成相关的知识、能力与素质；再次，利用 ABB 公司的虚拟仿真软件——RobotStudio，实现对焊接机器人各应用环节的仿真，拓展"实践操作"时空维度，拉近理论与实践距离；最后，侧重于使学生掌握用机器人解决焊接问题的思维，对机器人安装、维护等内容涉及较少。

本书由江苏科技大学黎文航、陈书锦、王加友、周方明、顾小燕、朱杰编写，其中黎文航编写了第 1 章、第 5 章，并负责全书统稿；陈书锦编写了第 4 章、第 7 章；王加友编写了第 6 章；周方明编写了第 9 章；顾小燕编写了第 2 章、第 3 章；朱杰编写了第 8 章。

感谢北人机器人系统（苏州）有限公司林涛副总经理、马宏波博士为本书提供了丰富的素材。感谢研究生贾海峰、王益荣、于瑞等在本书图形绘制、文字校对方面付出的努力。感谢南京波长光电科技股份有限公司朱华工程师、二重（镇江）重型装备有限公司孙亚杰高级工程师、南通振康焊接机电有限公司罗建坤高级工程师为本书提供的宝贵建议。

由于我们的水平有限，书中难免存在一些问题和不妥当之处，恳请广大读者批评指正。

编著者

目 录

第1章

焊接机器人概述

1.1　焊接自动化与焊接机器人

焊接是制造业中最重要的工艺技术之一，在机械制造、核工业、航空航天、船舶海工、能源交通、石油化工、建筑和电子等行业中的应用越来越广泛。随着科学技术的发展，焊接已从简单的构件连接方法和毛坯制造手段发展成为制造行业中一项基础工艺以及生产尺寸精确制成品的生产手段。传统手工焊接已不能满足现代高技术产品制造的质量、数量要求。因此，保证焊接产品质量的稳定性、提高生产率和改善劳动条件已成为现代焊接制造工艺发展的重要内涵。电子技术、计算机技术、数控及机器人技术的发展使焊接自动化水平不断提高，由传统的手工焊接、机械化焊接向自动化焊接、智能化焊接发展。

焊接生产过程包括备料、切割、装配、焊接、检验等工序，只有实现了这一全过程的自动化，才能得到均衡的生产节奏、稳定的焊接产品质量和较高的劳动生产率。目前，焊接专机和焊接机器人是焊接自动化的主要标志。刚性自动化设备通常都是专用的，只适用于中、大批量产品的自动化生产，而焊接机器人使小批量产品自动化焊接生产成为可能，开拓了一种柔性自动化生产方式。在一条焊接机器人生产线上，可同时自动焊接若干种工件。

目前"机器换人"已成为势不可挡的趋势。一方面，焊接作业环境的恶劣，使新一代产业工人不愿从事焊接职业，培训一名成熟焊工的成本越来越高；另一方面，焊接产品的质量要求提升和产品升级速度加快，传统手工焊接作业方式已经难以满足焊接产品制造的自动化、柔性化要求。此外，随着机器人制造技术的成熟，购置与维护成本的相对降低，焊接机器人应用已从知识密集型企业、产品附加值较高的领域及对产品质量要求高的行业逐渐延伸到劳动密集型的低附加值产业。机器人在焊接制造中的应用正呈现高速增长态势，"厂厂都有机器人，家家都有机器人"的时代就要到来。焊接机器人约占工业机器人应用的40%。焊接机器人的应用可以带来以下好处。

1) 稳定和提高焊接质量，保证其均匀性。

2) 提高劳动生产率，可24h连续生产。

3) 改善工人劳动条件，可在有害环境下工作。

4) 降低对工人操作技术的要求。

5）缩短产品改型换代的准备期，减少相应的设备投资。

6）可实现小批量产品的焊接自动化。

7）能在空间站建设、核能设备维修、深水焊接等极限条件下完成人工难以进行的焊接作业。

8）使焊接生产的信息化、智能化水平提高，提升管理效益。

使用机器人进行焊接并不是简单地用机器人替代人。机器人相比人可以承受更强的弧光和更高的温度，也能更快更稳地移动焊枪，由此可以使用更快的焊接速度和更大的焊接规范，这就需要对坡口进行改进、对大规范和高速焊接工艺进行研究，这样才能在提高效率的同时保证质量。同时焊接机器人目前还达不到手工焊接的智能性和适应性，会对坡口加工、生产管理等带来一系列的影响，需要提高生产管理水平才能发挥出焊接机器人的效益。

1.2 焊接机器人的发展

焊接机器人是一种工业机器人，要掌握其发展动态，须先理解工业机器人的发展。根据国际标准化组织（ISO）的术语定义，工业机器人是一种多用途的、可重复编程的自动控制操作机（manipulator），具有三个或更多可编程的轴，用于工业自动化领域。为了适应不同的用途，机器人最后一个轴的机械接口（通常是连接法兰）可接装不同的末端执行器（也称为工具）。焊接机器人就是在工业机器人的末端法兰盘上装接焊钳或焊（割）枪，使之能进行焊接、切割等工作。

1.2.1 工业机器人发展历程

1920 年捷克作家 Karel Capek 出版了一本科幻小说——*Rossum's Universal Robots*，书中叙述了一家公司发明并制造了一批形状像人类的机器，能听命于人并代替人进行日常劳动，这些人造劳动者被取名为捷克语"Robota"，意为"苦力"或"劳役"，英语"Robot"一词由此产生。

George Devol 最早提出了工业机器人的概念，并在 1954 年申请了专利（1961 年专利获批）。1956 年，George Devol 和 Joseph F. Engelberger 基于 George Devol 原来的专利合作建立了 Unimation 公司。1959 年 Unimation 公司的第一台工业机器人（见图 1-1a，重达 2t）在美国诞生，开创了机器人发展的新纪元。而后又出现了型号为 Versatran（意为多才多艺，见图 1-1b）的圆柱形机器人。Unimation 公司后来将其技术授权给川崎重工和 GKN，分别在日本和英国生产 Unimate 工业机器人。

1961 年，美国 General Motors 在其工厂安装了世界上第一台用在生产线上的 Unimate 机器人（见图 1-1c），主要用途是从一个压铸机上把零件拔出来。4000lb[⊖]重的机械臂遵循存储在磁鼓中的分步命令，对压铸金属进行了排序和堆叠。该机器人的制造成本为 6.5 万美元，但 Unimation 以 1.8 万美元的价格出售。1962 年 American Machine and Foundry 在美国坎顿市的 Ford 工厂安装了 6 台 Versatran 机器人。

———————

⊖ 1lb＝0.454kg。

2

a)

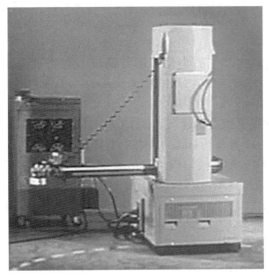

b)

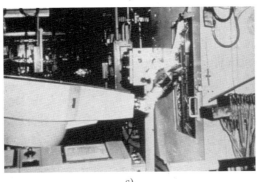

c)

图 1-1　早期的工业机器人

a）第一台工业机器人　b）第一台圆柱形机器人 Versatran

c）Unimate 机器人在通用汽车工厂使用

1969 年 Victor Scheinman 在斯坦福大学发明了斯坦福臂（见图 1-2）——一种全电动、6 轴关节型机器人，能利用触摸和压力传感器的反馈进行小零件组装。1973 年该教授成立公司，销售面向工业应用的由小型计算机控制的斯坦福臂。

图 1-2　斯坦福臂

日本川崎重工将开发和生产"省力型机器与系统"视为重要任务，并成为日本工业机器人领域的先驱。该公司 1969 年成功开发了 Kawasaki-Unimate 2000，这是日本第一台工业机器人。

工业机器人在欧洲发展得相当迅速。德国 KUKA 从使用 Unimate 机器人发展至开发自己的机器人，他们 1973 年的机器人 Famulus 是第一个具有 6 个机电驱动轴的机器人。

20 世纪 70 年代末，许多美国公司因为对机器人产生浓厚兴趣而进入该领域，其中包括 GE、General Motors 公司（与日本 FANUC Ltd. 合资成立 FANUC Robot）等大型公司。1978 年美国 Unimation 公司推出通用工业机器人 PUMA，这标志着工业机器人技术已完全成熟。PUMA 至今仍然工作在工厂一线。

1978 年日本山梨大学 Hiroshi Makino 开发了一种可选择柔顺装配机械手（SCARA），如图 1-3 所示，它完美适应了小部件装配的需求，极大促进了世界范围内高容量电子产品和消费品的发展。

双手的精巧操作对于复杂的装配任务、协同加工和大物件装载来说至关重要。第一个商用的同步双臂操作机器人由安川电机公司在 2005 年推出，它具有 13 个运动轴（每条手臂 6 个，外加一个基础旋转轴），可以实现夹持、加工协作，如图 1-4 所示。

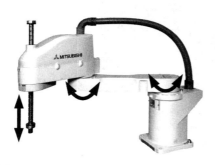

图 1-3　可选择柔顺装配机械手（SCARA）

图 1-4　双臂操作机器人

减少机器人结构的质量和惯性是机器人研究开发的一个重要目标。2006 年，德国 KUKA

推出首台轻型机器人，重量仅为 16kg（第一个机器人重达 2t），具有 7kg 的有效承载能力（见图 1-5a）。2009 年，ABB 推出其轻型多功能工业机器人（见图 1-5b），重 25kg，可以处理 3kg 的有效载荷（垂直腕部为 4kg），有效距离为 580mm。

另一种轻质且高载的机器人是自 20 世纪 80 年代以来就探索开发的并联式机器人，如图 1-6 所示。通过 3~6 个并联支架将末端执行器（动平台）与机器人底座（定平台）相连，非常适合实现高速度、高精度或者高负荷的场合，但它的工作空间比同类别的串联或者开环机器人更小。

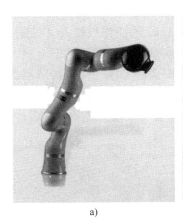

a)   b)

图 1-5 轻型机器人   图 1-6 并联式机器人
a）KUKA b）ABB

随着机器人应用的不断拓展，开发具有更大承载能力的机器人被提上日程。如图 1-7 所示，2007 年德国 KUKA 公司推出了首台有效载荷为 1000kg 的远程机器人和重型机器人，2008 年日本 FANUC 公司推出了一种有效载荷接近 1200kg 的重型机器人。

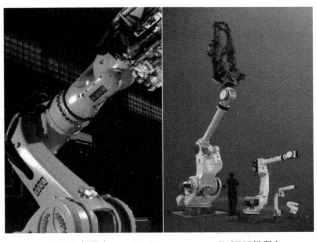

KUKA机器人   FANUC机器人

图 1-7 重型机器人

近年来另一项引人关注的工业机器人是协作式机器人，它可与人在生产线上协同工作。协作机器人如图 1-8 所示，机器人从事精度与重复性高的作业流程，而工人在其辅助下进行创意性工作。为此，机器人的表面和关节是光滑且平整的，无尖锐的转角或者易夹伤操作人员的缝隙；它能感知周围的环境，并根据环境的变化改变自身的动作行为；它具有敏感的力反馈特性，当达到已设定的力时会立即停止。在风险评估后可不安装保护栏，使人和机器人能协同工作。

丹麦 Universal Robots 公司在 2008 年发布了其第一个协作式机器人系列——UR5，截至 2020 年已累计销售四万多台。四大机器人公司和中国的企业也相继发布了协作机器人。

FANUC Robot CR-15iA 是无须安全栅栏，可搬运质量为 15kg 的协作机器人（见图 1-9）。人与机器人相互协作，从事零件装配、搬运等各种作业。为实现协作机器人的安全性，技术途径有电流控制、力矩传感器、"外衣"保护等。目前，从安全性考虑，力矩传感器的检测精度高于电流控制方式。CR-15iA 具有完善的安全功能，当机器人接触到人时会安全停止。此外，CR-15iA 还具有 iRVision（内置视觉）及力觉传感器等各种高度智能化功能。

图 1-8　协作机器人

图 1-9　FANUC Robot CR-15iA 协作机器人

控制系统是机器人系统的核心，受到研究重视。1994 年安川电机推出了第一个机器人控制系统（MRC），该系统可同时控制两个机器人。1996 年，德国 KUKA 引入了第一台基于 PC 机的机器人控制系统。2004 年安川电机推出改进的机器人控制系统，可同步控制 38 个轴/4 个机器人；2009 年实现对多达 72 个轴/8 个机器人的完全同步控制。相关示例如图 1-10 所示。

示例1

示例2

图 1-10　多机器人同步控制

总之，从 20 世纪 60 年代诞生以来，工业机器人可大致分为三代。第一代是基于示教再现工作方式的工业机器人，即操作者手把手教会机器人做某些动作（此为"示教"），机器人将所"记忆"的动作"再现"。由于其具有操作简便、不需要环境模型，示教时可修正机械结构带来的误差等特点，在工业生产中得到大量使用；第二代是基于一定传感器信息的离线编程工业机器人，目前已进入应用研究阶段；第三代是指装有多种传感器，接收作业指令后能根据客观环境自行编程，具有高度适应性的智能工业机器人，目前还主要处于研究阶段。

从在运营的工业机器人数量看，2018 年是 244 万台、2019 年是 273.1 万台、2020 年是 301.5 万台，机器人应用不断增多且稳步增长。从长远来说，碳中和重要性的日益凸显以及传统汽车向电动汽车的过渡为工业机器人发展带来了重大机遇。

在机器人市场方面，2008—2020 年工业机器人区域装机量如图 1-11 所示。自 2010 年以来，由于持续自动化趋势和工业机器人技术的不断创新，对工业机器人的需求大幅上升。2005—2008 年，平均每年工业机器人装机量约为 11.5 万台。2009 年，全球金融危机导致工业机器人装机量下降到仅 6 万台，大量投资被推迟。2010 年，投资增加使得工业机器人装机量达到近 12 万台。到 2015 年，工业机器人装机量增加了一倍多，达到近 25 万台。2016 年，工业机器人装机量近 30 万台。2018 年首次突破 40 万台的大关。2019 年受新冠肺炎疫情的影响，工业机器人装机量略有下降，但随着经济的复苏，装机量在快速增加。从区域看，亚洲是最大的工业机器人市场。

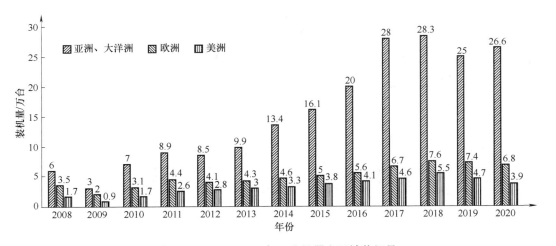

图 1-11　2008—2020 年工业机器人区域装机量

近年来约 3/4 的工业机器人安装集中在 5 个国家。以 2020 年为例（见图 1-12）：中国 17.58 万台、日本 3.87 万台、美国 3.08 万台、韩国 3.05 万台、德国 2.23 万台。中国从 2013 年成为全球第一大工业机器人市场，2013—2020 年的年装机量分别约为 3.7 万台、5.7 万台、6.9 万台、9.7 万台、15.6 万台、15.4 万台、14.0 万台、17.58 万台，2020 年的装机量占到世界的 52%。

2018—2020 年新安装工业机器人所分布的主要行业如图 1-13 所示。自 1961 年新泽西州的通用汽车公司的工厂安装第一台商用机器人以来，汽车行业一直是工业机器人最重要的客

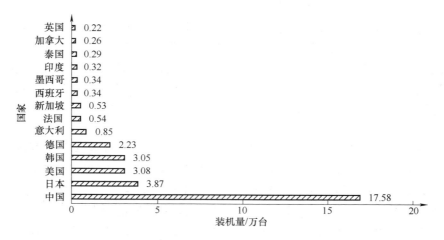

图 1-12　2020 年主要国家的工业机器人装机量

户。但汽车行业在总装机量中的份额从 2015 年的 38% 持续下降到 2020 年的仅 21%。受新冠肺炎疫情影响，2020 年电气电子行业超越汽车行业成为最大客户。此外金属和机械行业、塑料和化工行业、食品行业也是重要的客户。而在中国、日本和韩国，2018—2020 年电气电子行业每年新安装工业机器人的数量均超越汽车行业。2018—2020 年新安装工业机器人的应用领域如图 1-14 所示。

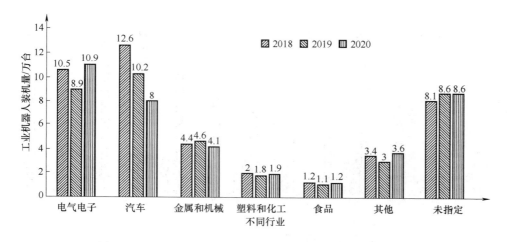

图 1-13　2018—2020 年新安装工业机器人所分布的主要行业

　　从工业机器人企业竞争格局来看，ABB、FANUC、KUKA 和安川电机这 4 家企业仍是工业机器人的四大家族，成为全球主要的工业机器人供货商，占据全球约 50% 的市场份额。

　　2020 年不同国家和地区在制造业的工业机器人密度（每万名工人所拥有的工业机器人数量）如图 1-15 所示，其中制造业的工业机器人密度平均值为 126。近 10 年来中国的工业机器人密度快速增长，由远低于世界平均水平增长到超过世界平均水平。

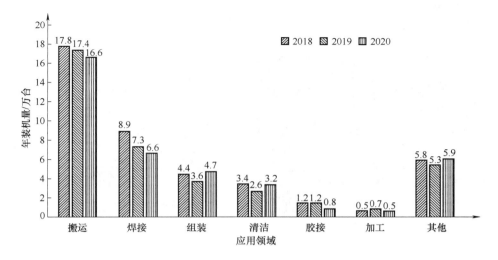

图 1-14　2018—2020 年新安装工业机器人的应用领域

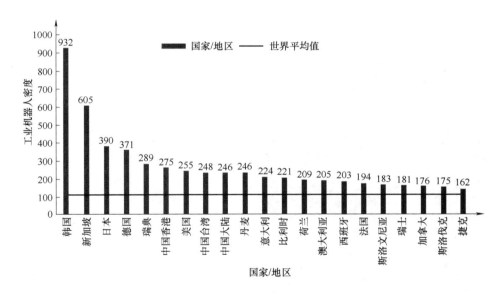

图 1-15　2020 年不同国家和地区在制造业的工业机器人密度

1.2.2　焊接机器人的发展历程

焊接机器人作为工业机器人的主要应用，其发展历史本身也是工业机器人发展历史的一部分，以下主要列出焊接机器人发展的里程碑事件。

1964 年，General Motors 为其在俄亥俄州洛兹敦的新装配厂订购了 66 个 Unimate 用作点焊机器人。点焊机器人提高了生产率，使 90% 以上的车身焊接操作实现了自动化；当时传统工厂的焊接是手动、肮脏且危险的工作，大型夹具和固定装置占了传统工厂的 20% ～ 40%。点焊机器人如图 1-16 所示。

1971，KUKA 为 Daimler-Benz 建造了欧洲第一条机器人焊接流水线（见图 1-17）。1972年，意大利的 FIAT 和日本的日产汽车安装了点焊机器人的生产线。

图 1-16　点焊机器人

图 1-17　KUKA 建造的欧洲第一条
机器人焊接流水线

1974 年，日本川崎基于 Unimate 设计创建了第一台弧焊机器人（见图 1-18），用于制造摩托车车架。

1975 年，ASEA 公司（ABB 公司前身）开发了一种工业机器人——IRB60（见图 1-19），其有效载荷高达 60kg，这满足了汽车行业对更大负载、更大灵活性的需求，最初交付给瑞典的 SAAB 公司用于焊接车身。

图 1-18　第一台弧焊机器人

图 1-19　IRB60 工业机器人

1975 年日本日立公司开发了第一台基于传感器的弧焊机器人——Mr. AROS（见图 1-20），其配有微处理器和间隙传感器，可通过检测工件的精确位置来纠正焊接路径。

1979 年，日本那智开发了第一台电动机驱动的点焊机器人（见图 1-21），取代了以前的液压驱动，开创了新时代。

2007 年日本安川电机推出了超高速弧焊机器人（见图 1-22），该机器人将周期时间缩短了 15%，这是当时最快的焊接机器人。通过提高 40% 的轴速度可减少 30% 的焊接/切割时间。

图 1-20　第一台基于传感器的弧焊
机器人——Mr. AROS

图 1-21　电动机驱动的点焊机器人

21 世纪初，陆续有一些机器人厂家针对焊接用途，对机器人的机械臂进行了改进，使之更适合焊接需求。比较有代表性的改进包括焊枪电缆内置、增加自由度数量等。

1）焊枪电缆内置。焊枪电缆内置机器人是将第 4 轴和第 6 轴设计成空心结构，将焊枪电缆布置于其中，送丝机安装在第 4 轴的后方，如图 1-23 所示。电缆内置后，消除了焊枪电缆与工件和周边设备的干涉；焊枪能够 360°旋转，更加容易实现工件内部的焊接、连续焊接和圆周焊接等；同时，送丝稳定性提高，焊接质量得到保障。

图 1-22　超高速弧焊机器人

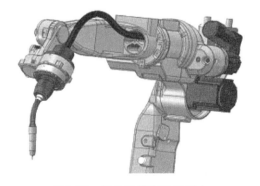

图 1-23　焊枪电缆内置机器人

2）7 自由度焊接机器人。为了进一步增加机器人的灵活性，出现了 7 自由度焊接机器人，使结构更加紧凑、动作干涉区间大幅度减小，可以在狭小空间内自由灵活地动作。机器人能够进行各种干涉的避障，在复杂工作环境下有效作业。此外，相比 6 轴机器人，7 轴机器人还可以实现对圆周的完整焊接。

3）机器人与焊机的深入协作。很多企业面向机器人操作，对焊接工艺和装备进行了提升和改进，如将弧焊电源与弧焊专用机器人融合，改进焊枪设计等。传统的焊接机器人系统中机器人和焊接电源是两种独立的产品，通过模拟或数字接口连接，实现通信与协作。其受实时性影响，数据交换量有限。而唐山松下公司推出的 TAWERS 机器人将弧焊电源与机器人融为一体，即机器人控制模块和焊接电源控制模块共用一个 CPU，使机器人和焊接电源在物理上和逻辑上融为一个整体，大幅提升综合性能。具体表现如下：

① 采用提升引弧，而不是普通的短路爆断引弧（见图 1-24），当机器人检测到进入引弧过程中某个特定状态点时，机器人迅速执行提枪动作，配合引弧单元，有效提高引弧成功率。

② 焊接时采用全软件高速波形控制技术，可实现 10ms 级的电流波形控制。通过强制性高速送丝与焊丝回抽，实现极低飞溅焊接。机器人动作与焊接波形控制、送丝控制紧密配合，可大幅提高焊接品质。

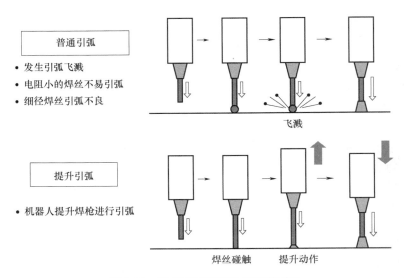

图 1-24　普通引弧和提升引弧的对比

4）焊枪的改进。很多机器人公司在电弧焊枪上增加伺服电动机，一方面可与后方的推丝装置配合，实现更加准确、稳定的送丝，进而实现精密的焊接过程控制，减少飞溅；另一方面，与上述机器人手臂提升引弧类似，在引弧的时候，当焊丝接触到母材的瞬间进行退丝，实现可靠的引弧。

为提高焊枪连续运行的可靠性，实现厚板大电流、高效率连续焊接，OTC 公司采用直接喷嘴冷却方式，如图 1-25 所示。其开发的 RTWH5000H 焊枪在 CO_2 焊接时，电流达 500A，使用率达 100%。

我国的焊接机器人研究工作始于 20 世纪 70 年代，1985 年我国成功研制华宇 1 型弧焊机器人，1987 年又成功研制出华宇点焊机器人，都已初步商品化并可小批量生产。1989 年我国国产机器人为主的汽车焊接生产线投入生产。国家"863"高技术计划将北京机械工业自动化研究所、沈阳新松机器人自动化股份有限公司等 9 家单位列为智能机器人主题的产业化基

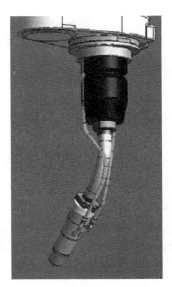

图 1-25　直接喷嘴冷却的
焊接机器人专用焊枪

地。进入 21 世纪，随着中国机器人市场成为全球最大市场，多个省市将机器人作为其支柱产业，国产机器人不断实现关键技术的自主化，其快速发展态势一直延续至今。

1.2.3 焊接机器人的发展趋势

焊接机器人是工业机器人的主要应用形式，工业机器人的进步也将不断推进焊接机器人的进步。目前，国内外大量应用的焊接机器人系统基本都属于示教再现型。由于焊接路径和焊接参数是根据实际作业条件预先设置的，在焊接时缺少外部信息传感和实时调整控制的功能，这类弧焊机器人对焊接作业条件的稳定性要求严格，焊接过程中缺乏"柔性"和适应性，表现出明显的缺点。在实际焊接过程中，焊接条件是经常变化的，如加工和装配上的误差会造成焊缝位置和尺寸的变化，焊接过程中工件受热及散热条件的改变会造成焊接变形和熔透不均。为了克服机器人焊接过程中各种不确定性因素对焊接质量的影响，提高机器人作业的智能化水平和工作的可靠性，要求弧焊机器人系统不仅能实现空间焊缝的自动实时跟踪，而且还能实现焊接参数的在线调整和焊接质量的实时控制，即所谓的焊接过程的自主化和智能化。焊接过程智能控制系统除去对焊接设备本身性能的要求外，还要加强对焊接过程传感、焊接过程建模和焊接过程控制三方面关键技术的开发。

智能化是机器人的一个发展趋势，其目的是提高机器人自主决策水平，更好地应对各种情况。目前已实现将焊接环境、初始焊接位置识别与导引、焊缝识别与焊接任务自主规划、焊缝跟踪、焊接熔池视觉特征提取、焊接过程知识模型、焊接熔池动态过程与焊缝成形智能控制等结果集成到焊接机器人中央控制平台，可形成局部环境下的智能化自主机器人焊接系统。但是，机器人的完全智能化是一项艰巨的任务。近年来随着系统、芯片、终端等产业链逐步达到商用水平，万物互联的新一代通信技术将撬动世界的发展，焊接机器人作为焊接智能制造的核心单元，将更好地融入万物制造的智能系统和信息化系统，并将在提升信息获取水平和信息获取实时性的基础上进一步提升其智能化水平。

随着焊接方法和应用的不断发展，焊接机器人种类也在不断拓展。从传统的弧焊机器人、点焊机器人，到激光焊、搅拌摩擦焊机器人；从传统的陆地焊接机器人，到野外、深海、太空、核环境、战场等复杂环境焊接机器人。

人机协作也是机器人的重要发展趋势。人类与机器人是一种相互依存的关系，若是脱离彼此独立作业，难免出现很多问题，唯有人和机器人协同作业，才是大势所趋。正确的智能化可以实现人和企业流程管理的共同提升。繁重的工作交给机器人，而技术操作工人则提升成为管理机器人的工程师。人类可利用自身的独特能力，提出创新、组织合作、适应新情景，运用以知识为基础的逻辑推理解决复杂任务。与此同时，还可运用虚拟助手、可穿戴传感器等先进技术的机器处理繁杂的工作细节。人机协作，就是要让人和机器人共存，机器人进行作业，人管理机器人。智能化的发展，其最终目的就是把操作工提升为工程师，管理更多的机器人，以创造更多产能，而不是简单地用机器人将人员取代。

1.3 焊接机器人的结构

焊接机器人通常是基于工业机器人的，可简单理解为"工业机器人+焊接装备（焊机）"。为此先介绍工业机器人的组成，再介绍焊接机器人组成。

1.3.1 工业机器人的组成

工业机器人中很大一部分是关节机器人。如图 1-26 和表 1-1 所示，将关节机器人的机械臂与人的手臂进行比较可以看出，工业机器人的机械臂是模仿人手臂的结构，采用计算机控制器来实现思维与运算功能，采用机械和动力装置实现运动功能，采用各种传感器实现对周围环境的感知。

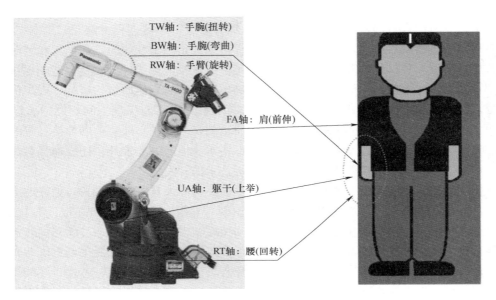

图 1-26 机械臂与人手臂

表 1-1 机械臂与人手臂的比较

比较对象	机械臂	人手臂
决策机构	中央处理器（CPU）	大脑
运动机构	连杆+关节运动副/直线运动副	骨骼+关节
传感系统	内部传感器，外部传感器	五官，触觉
操作机构	工具或末端执行器	手
运动控制	运动控制器	小脑
动力装置	驱动器（电动机、气压、液压）	肌肉

工业机器人（见图 1-27）作为一个系统主要由以下部分组成：

1）机械臂。机械臂类似人的手臂，是机器人的主体部分，也称作机器人本体或操作臂，由连杆、活动关节及其他结构部件构成。一般工业机器人有 6 个自由度。前三个（从底座开始排序）称为手臂机构，后三个称为手腕机构。手臂的作用是将被抓取的工件运送到给定的位置上；手腕是手臂和末端工具间的衔接部分，用于改变工具在空间的位置和姿态（简称位姿）。

2）末端执行器。末端执行器通常也称为工具，它连接在机械臂末端法兰盘上，用来完成不同作业。如焊接机器人的末端执行器就是焊枪或焊钳，用于完成焊接任务。末端执行器的动作可由机器人直接控制，也可由其他控制器（如PLC）进行控制。末端执行器作业的"点"称作工具中心点（tool center point，TCP），如电弧焊的电弧中心、钻头尖端、激光的焦点等。机器人运动主要是控制 TCP 的运动。

3）驱动器。驱动器是机械臂的"肌肉"。常见的驱动器有液压驱动、电动机驱动、气压驱动等。驱动器通常还包含相应的传动装置或者辅助装置（如减速机）。

4）传感器。传感器用于收集机器人内部状态和外部环境信息。集成在机器人内部的传感器将每个关节和连杆的信息发送给机器人处理器，从而获知机器人状态；外部传感器则根据需要配置，如视觉传感、电弧传感，目的是提高机器人对环境的适应性。

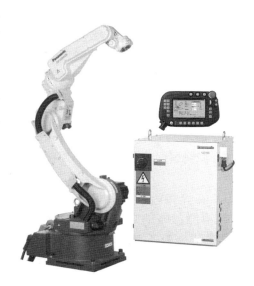

图 1-27　工业机器人系统组成
（机械臂、控制柜、示教器等）

5）运动控制器。运动控制器的作用类似于人的小脑，即根据期望的 TCP 运动轨迹，生成机器人的关节运动函数；或者根据关节的运动函数，生成 TCP 运动轨迹。进一步地，将驱动指令发送给驱动器实现运动。

6）处理器。处理器是机器人的 CPU，其作用类似人的大脑，即通过输入接口获取内部和外部传感器的信息；分析机器人内部状态和外部环境，并执行相应的程序；通过运动控制器来控制机器人运动；通过输出接口来控制工具的操作等。在许多机器人系统中运动控制器和处理器放置于一个单元中，统称为控制器。

7）机器人接口。机器人接口是机器人与各种传感器、执行装置进行机械连接、电气连接、通信连接等接口的汇总，也包括机器人与人交互的示教器、键盘、显示器等。其作用是实现机器人与外部系统或环境的交互作用。

8）软件。软件用来控制上述硬件，使机器人完成各种任务和动作，是机器人的灵魂。用于机器人的软件大致有如下 3 种：

① 操作系统，用来操作计算机和各类硬件。

② 机器人软件，进行运动控制、力控制、输入输出控制等。

③ 例行程序集合和应用程序，是为使用机器人外部设备（如视觉通用程序）或为执行特定任务而开发的（如焊缝跟踪）。

以上是以关节机器人为例介绍机器人构成。不同结构的工业机器人体现在机器人本体结构有所不同，而构成工业机器人的机械装置、驱动装置、传感装置和控制系统等组成部分是类似的，在此不再赘述。

1.3.2　焊接机器人的组成

如前所述，焊接机器人是机器人机械臂上安装焊枪或焊钳完成焊接作业，即工业机器人+

焊接系统（见图 1-28），但这两个系统不是简单的组合，还需要满足以下要求。

1）两个系统之间需要能实时、有效地通信，使两者能按照焊接时序和运动时序完成焊接作业。

2）焊接机器人应能灵活、快捷地实现焊接路径的规划和调整。

3）能实现焊接工件的快速安装、变位、拆卸等操作，以提高整个焊接过程的效率。

4）在焊接过程中，焊接热过程可能会引起不能忽略的焊件变形及焊缝偏差，焊接机器人一般还需配备各种焊接传感器，尤其是焊缝跟踪传感器，以监控焊接过程、保证焊接质量。

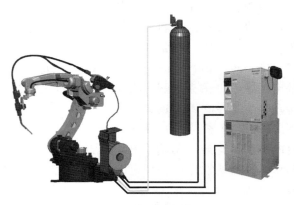

图 1-28　工业机器人+焊接系统

5）应保证焊接过程的可靠性，如提供剪丝装置，去除焊丝末端小球，提高引弧的可靠性；提供清枪装置，去除喷嘴上的焊渣和飞溅金属；提高焊接电源可靠性，保证能连续工作。

6）焊接机器人系统还可能需要构建离线编程和仿真系统，以提高复杂工件编程的效率，检测焊接路径的合理性，必要时可提供焊接工艺专家系统、辅助焊接工艺设计。

7）为保证安全，焊接机器人系统需构建相关防护装置，防止弧光、激光等热源的伤害，防止焊枪与工件的剧烈碰撞，防止焊接工件的掉落，防止焊接机械臂伤人等。

8）对于 TIG 焊、等离子弧焊等采用高频高压引弧的焊接方法，机器人系统还需要有抗高压、高频干扰的能力。

为实现高效、准确焊接的，应满足上述要求，典型焊接机器人系统的组成如图 1-29 所示。主要由以下几部分组成：机器人机械臂、机器人固定或运动装置、变位机、机器人控制器、焊接系统、焊接传感器、示教器、上位机及相应的安全设备等。

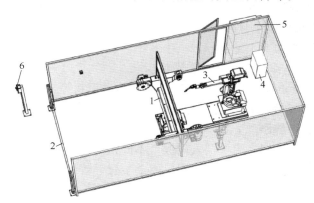

图 1-29　典型焊接机器人系统的组成

1—变位机　2—安全光栅　3—机器人、送丝机、焊枪和软管束　4—焊接电源

5—控制柜　6—操作面板

1. 机器人机械臂

机器人机械臂是焊接机器人系统的执行机构，它使末端执行器（焊枪或焊钳）的工具中心点 TCP（电弧位置或点焊位置等）按照预定的线轨迹或点轨迹运动，并完成相关焊接操作。

由于具有 6 个自由度的关节式机器人从运动学上已被证明能以最小的结构尺寸为代价获取最大的运动空间，并能以较高的位置精度和最优的路径到达指定位置，因而这种类型的机器人本体在焊接领域得到广泛的运用。在有些场合，具有 4~5 个自由度甚至更低自由度的机器人就能满足焊接要求，且具有更低的成本或能承受更大载荷（如搅拌摩擦焊），也受到研究的重视。

如 1.2.2 节所述，针对焊接机器人的要求，相应进行了焊接电缆的集成化与内置、7 自由度本体、工具实时切换等新技术开发。

2. 机器人固定或运动装置

机器人机械臂末端法兰盘或机器人工具中心点 TCP 具有一定的可达范围，称作机器人的工作区间。该工作区间基本上类似一个球形，在不同高度、不同距离上的工作范围是不同的。为更好地利用机器人的工作区间，合理放置机器人是非常有必要的。可以利用底座、导轨、龙门架等方式安装机器人。

1）底座。底座是一个支架，使机器人安装到一个合适的高度，从而使机器人工作区间能更好地覆盖工作领域，还可提高工具姿态的灵活性。

2）导轨。可以将机器人安装在底座上，底座在导轨上移动时，机器人跟随移动，可进一步扩大机器人的应用范围。

3）龙门架。可以将机器人进行壁挂式安装和悬挂式安装，以进一步提高机器人系统的空间利用率。悬挂式安装可以安装到支架或龙门架上。还可通过龙门架上安装导轨式移动龙门架来扩大机器人工作范围。

3. 变位机

众所周知，焊接接头具有平焊、仰焊、立焊、横焊等不同的焊接位置。不同焊接位置的工艺难度和工艺范围是不一样的。对接接头的平焊位置和角接接头的船形焊位置通常具有较大的工艺范围和坡口误差容忍度，容易保障焊接质量。机器人焊接时应尽量使坡口处在容易施焊的位置，而这通常是通过变位机和机器人协作来实现的。

机器人变位机如图 1-30 所示，在焊接作业前变位机通过夹具来装夹和定位被焊工件，焊接时能和机器人联动实现所需焊接位置。通常根据工件的尺寸和重量、焊缝的位置来决定变位机的承载能力及自由度。

为使焊接机器人充分发挥效能，通常配备两台变位机或两个工位。当其中一台变位机或工位进行焊接作业时，另一台变位机或工位完成工件的上装和卸载，从而使整个系统获得最高的费用效能比。

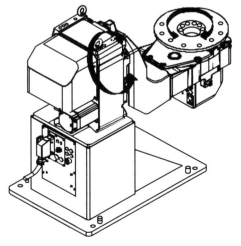

图 1-30 机器人变位机

4. 机器人控制器

焊接机器人控制器和工业机器人控制器类似，是处理器和运动控制器的统称。处理器负责获取机器人内部、外部传感器（如电弧传感器）信息，分析机器人自身和周围环境状态（如工件、焊缝等），决定机器人后续运动，并指挥工具（如焊枪）和其他执行单元（如气阀、水阀、变位机等）的操作。运动控制器用于进行机器人运动学和动力学计算，生成运动信号并驱动机器人关节或运动副运动，如图 1-31a 所示。机器人控制器通过总线与示教器或者上位机连接，使得操作人员能对机器人进行编程、调试和控制。

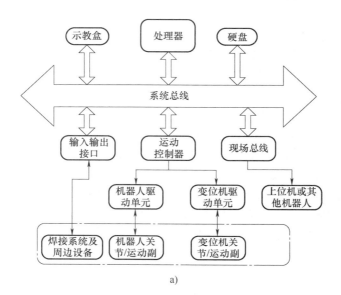

a)

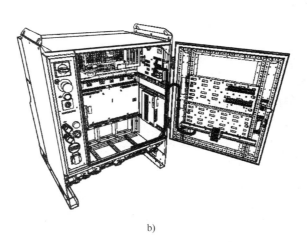

b)

图 1-31 焊接机器人控制器系统结构原理

a）控制器原理 b）ABB 的 IRC5 控制器

这里以图 1-31b 所示的 ABB 的 IRC5 控制器为例进行说明。IRC5 控制器包含移动和控制机器人的所有必要功能。控制器包含两个模块，即控制模块和驱动模块。

1）控制模块包含所有的电子控制装置，例如处理器（或主机）、I/O 电路板和闪存。

控制模块运行操作机器人所需的所有软件，用以感知内部和外部状况，发出运动和操作指令。

2）驱动模块包含为机器人电动机供电的所有电源电子设备。IRC5 驱动模块最多可包含 9 个驱动单元，它能处理 6 根内部轴、2 根普通轴或附加轴，具体取决于机器人的型号。

使用 IRC5 控制柜控制多台机器人协调运行时，必须为每个附加的机器人添加额外的驱动模块，但只需使用一个控制模块。

5. 焊接系统

焊接系统是焊接机器人完成焊接作业的核心装备，如图 1-32 所示。其主要由焊枪（弧焊用）或焊钳（电阻点焊用）、焊接电源及其控制器、水电气等辅助部分组成，各部分作用见表 1-2。焊接电源在其功率和持续工作时间上必须与自动过程相匹配，通常选用 100% 负载持续率的焊接电源。机器人焊接通常由机器人控制器直接控制焊接系统来实现，也可以通过机器人与外用控制器（如 PLC）连接通信，后者再控制焊接系统的方式来实现。

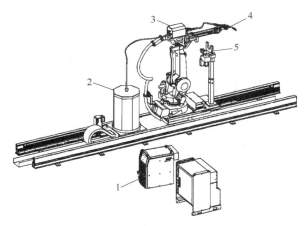

图 1-32　焊接系统

1—焊接电源　2—焊丝筒　3—送丝机　4—焊枪　5—焊枪服务中心

表 1-2　焊接装备组成及各部分作用

组成	作用
焊接电源	为焊接热源（如电弧、激光、电阻热）等提供能量
焊枪或焊钳	执行焊接操作的部分，电弧焊用焊枪，电阻焊用焊钳
送丝机/焊丝筒	熔化极焊时，连续送进焊丝作为电弧的一极并为坡口填充熔融金属
焊枪服务中心	熔化极焊时，清理焊枪喷嘴或导电嘴上的金属飞溅，保持焊接过程稳定性；剪切焊丝末端小球，提高引弧的可靠性；对焊枪（或焊钳）TCP 进行校正，提高焊接轨迹准确性
气瓶及气路	为焊接区域提供保护气或所需的气体组分，防止缺陷并提高焊接效率
焊接控制器	完成焊接参数输入、焊接程序控制、焊接系统故障自诊断及外部通信等

在实际焊接生产中，焊接机器人可以提供不同的焊枪搭接方案，完成不同的焊接任务。机器人甚至可以根据程序要求和任务性质，自动更换机器人手腕上的工具，完成抓物、搬

运、安装、焊接、卸料等多种操作。

很多企业面向机器人操作,对焊接工艺和装备进行了提升和改进,如将弧焊电源与弧焊专用机器人融合(如共用控制主板),改进焊枪设计(如大电流空冷焊枪),开发焊接新工艺等(如双丝 MIG/MAG 焊、双丝 CMT 焊),具体见 1.2.2 节。

为提高工作效率和焊接可靠性,焊接机器人系统一般还会配备焊枪服务中心,如图 1-33 所示。其由焊枪清理器、剪丝机构和 TCP 校正单元组成。

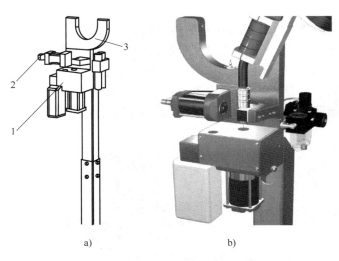

图 1-33　焊枪服务中心

a)结构图　b)三维效果图

1—焊枪清理器　2—剪丝机构　3—TCP 校正单元

1)焊枪清理器主要是清除飞溅,由自动机械装置带动顶端的尖头旋转对焊枪导电嘴进行清理,同时也可对焊枪喷嘴内部飞溅进行清理;自动喷雾装置对清理完飞溅的枪头部分进行喷雾,防止焊接过程飞溅粘连到导电嘴和喷嘴上。

2)剪丝机构完成对焊丝的剪切,将焊丝剪至合适的长度,可达到去除焊丝端部小球、保持焊丝伸出长度稳定和稳定焊接参数的目的。

3)TCP 校正单元完成对 TCP 中心的校正,保证焊枪位姿的准确性。

6. 焊接传感器

通常焊接机器人本身会配置反馈自身运动状态的内部传感器。焊接机器人为与工件安装和拆卸等系统沟通,也会配置接近觉传感器、视觉传感器等通用传感器。此外,为更好地保证焊接质量,也会配置和焊接过程相关的传感器,统称焊接传感器。

在焊接过程中,尽管机器人机械臂、变位机、装夹设备和工具能达到很高的精度,但由于存在被焊工件几何尺寸和位置误差,以及焊接过程热输入引起的工件变形,焊接传感器仍是焊接过程中(尤其是焊接大厚工件时)不可缺少的设备。焊接传感器主要利用与焊接电弧等热源相关的电流、电压、温度、光谱、光强、声音等信息,构建其与焊接特征的关系,监测并控制焊接质量。其任务主要包含实现工件坡口的定位、自主轨迹规划、焊接起始点导引、焊缝跟踪,以及焊缝熔透信息的获取。工件坡口的定位主要采用接触传感器和视觉传感器；焊缝的定位采用焊缝跟踪传感器，主要包括电弧传感式和激光视觉传感式；焊缝熔透控制目前还处于科研阶段。

7. 示教器

示教器顾名思义是用于示教编程的装置。它是和机器人控制柜相连的一种手持式装置，用于执行与操作机器人系统有关的许多任务，如设置机器人系统，编写、调试、运行机器人程序，监控机器人状态等。1996 年，德国 KUKA 公司推出了世界上第一台基于 Windows 界面的示教器，首次实现用一个 6D 鼠标实时操作机器人。2006 年意大利 Comau 公司引入了首台无线示教器，实现与机器人控制柜的无线连接，减少线缆对示教编程的干扰，且一台无线示教器可以实现对多台机器人示教。

示教器可在恶劣的工业环境下持续运作，早期采用键盘进行输入，目前多采用触摸屏进行操作，其触摸屏应易于清洁、防水、防油、防飞溅等。图 1-34 所示为 ABB 示教器外形，其他机器人公司的示教器与其相似。示教器触摸屏 2 与智能手机屏幕类似，可以显示程序、选择与输入信息。

当需要手动移动机器人时，可通过上/下摇动、左/右摇动、顺时针/逆时针旋转操作杆 4 对机器人的三个关节轴（或工具中心点 TCP 的三个位姿）进行操作。通过示教器上键盘按钮进行功能切换，可以实现对六个关节轴（或 TCP 的六个位姿）的全操作。

为避免误操作，手动模式移动机器人时需按下使能装置 6，使其处于中间位置，太轻或太重都不能使机器人移动。在紧急情况下，可以按下示教器上的急停按钮 3，紧急停止机器人和相关操作。

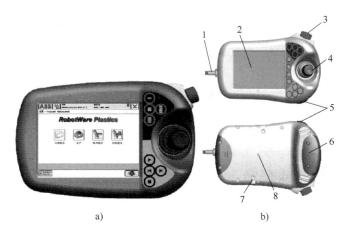

图 1-34　ABB 示教器外形

a）外形　b）各部分功能

1—线缆　2—触摸屏　3—急停按钮　4—操作杆　5—USB 端口　6—使能装置
7—手写笔　8—重置按钮

使用示教器编程一般有较高的技术门槛，为此出现了拖动示教编程方式。安川首钢机器人有限公司的机器人拖动示教系统，由 Motoman-MA1440 机器人与拖动示教装置组成（见图 1-35）。拖动示教装置利用六维力传感器的力感知性能，结合 MotoPlus 应用开发程序，实现机器人拖动示教功能。拖动机器人末端执行器运动，示教装置可记录机器人位姿，自动生成程序，进而完成机器人示教工作。操作者可通过该装置灵活、便捷地操作机器人动作，无须繁杂的示教操作即可生成机器人程序。该系统可应用于复杂焊接工件的快速示教，降低了机器人的使用门槛，提高了效率。

图 1-35　机器人拖动示教系统

8. 上位机

上位机是一台 PC，通过总线与机器人控制器连接。其作用是方便操作人员更好地设置、使用和监控机器人，进行更复杂的控制操作，如离线编程、仿真计算、焊接工艺设计、焊接质量实时控制等。上位机可以进一步与同层次或更高层次的计算机形成通信网络，便于进行焊接生产信息化管理或智能化管理。

9. 安全设备

安全设备是焊接机器人系统安全运行的重要保障，其主要包括驱动系统过热自断电保护、动作超限位自断电保护、超速自断电保护、机器人系统工作空间干涉自断电保护及人工急停断电保护等。它们起到防止机器人伤人或碰撞周边设备的作用。在机器人的工作部还装有各类触觉或接近觉传感器，可以使机器人在过分接近工件或发生碰撞时停止工作。此外，机器人系统周围一般安装围栏，围栏上有安全门或是安全光栅等（见图 1-29）。

安全光栅是光电安全保护装置，其原理如下：安全光栅通过发射红外线，产生保护光幕，当光幕被遮挡时，装置发出遮光信号，令具有潜在危险的机械设备停止工作，避免发生安全事故。同传统的安全措施（如机械栅栏、滑动门、回拉限制等）相比，安全光栅更自由，更灵活，并且可以降低操作者疲劳程度。通过合理地减少对实体保护的需求，安全光栅简化了那些常规任务，如焊接工作台或变位机上工件的装载和拆卸。

在机器人示教器上、围栏、机器人附近一般都会安装急停装置，使得出现意外时，操作者能迅速停止机器人和相关装置的运行，保障人员和设备安全。目前相关安全装置都已模块化、标准化，系统集成商和用户可根据需要快速购置和组合。

1.4　工业机器人性能参数

为便于评价和选用工业机器人，其主要技术参数一般有自由度、精度、工作范围和承载能力等。某机器人性能参数见表 1-3。

表 1-3　某机器人性能参数

性能	参数
承载能力	10kg
可达最远距离	1.45m
机器人质量	250kg
操作温度	5~45℃

（续）

性能	参数
重复定位精度	0.05mm
精度	0.02mm
自由度	6 轴

1. 自由度

机器人之所以具有好的适应性和通用性，是因为它具有多自由度。自由度是指机器人所具有的独立运动坐标轴数目，但不包括末端执行器（工具）的自由度。

在三维空间中描述一个物体的位姿需要 6 个自由度。如在笛卡儿坐标系中确定刚体位置的 x 坐标、y 坐标和 z 坐标，以及确定刚体姿态的绕 x 轴旋转的角度、绕 y 轴旋转的角度和绕 z 轴旋转的角度。工业机器人所需自由度根据需要来确定。少于 6 个自由度，机器人的能力将受到相应限制（自由度越少，限制越多）。而冗余自由度可以增加机器人的灵活性，便于躲避障碍物和改善动力性能，但也会增加编程的难度。

对于焊接来说，不仅要求焊枪（或焊钳）TCP 能到达机器人工作空间某位置，而且对焊枪（或焊钳）的空间姿态也有要求，否则不能保证焊接质量。由于电弧绕自身轴线旋转时焊接效果是相同的（点焊时类似），因此对于弧焊机器人来说至少需要 5 个自由度，目前多采用 6 自由度机器人。在狭窄环境下为提高焊枪的可达性可采用 7 自由度机器人。

2. 精度

工业机器人的精度包括 TCP 的定位精度和重复定位精度。如图 1-36 所示，弧焊机器人的 TCP 一般为电弧中心位置（一般为导电嘴前方一定位置）；点焊机器人的 TCP 一般为点焊钳固定夹点的位置，即实际焊接时焊点的位置。

定位精度是指机器人 TCP 实际到达位置与目标位置之间的差异。重复定位精度是指机器人重复定位 TCP 于同一目标位置的能力，可以用标准偏差这个统计量来表示，它是衡量一列误差值的密度值（即重复度）。

对于点焊机器人来说，其精度应达到焊钳电极直径的 1/2 以下，即 1~2mm。对于弧焊机器人来说，其精度则应小于焊丝直径的 1/2，即 0.4~0.6mm。目前，点焊机器人的重复定位精度可达到 0.1~0.2mm，弧焊机器人的重复定位精度可达到 0.04~0.08mm。

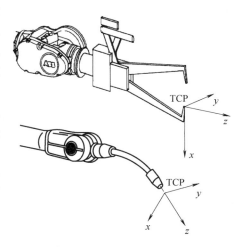

图 1-36　焊接机器人 TCP

3. 工作范围

工作范围是指机器人机械臂末端（通常是末端法兰盘中心位置）所能到达的所有点的集合，也叫工作区域，某机器人工作范围如图 1-37 所示。显然，在不同高度上机器人工具所能到达的范围是不一样的。当机器人装上焊枪或焊钳等工具后，机器人 TCP 工作范围与厂家给出的工作范围有一定区别。此外焊接时通常要保证焊枪处于一定姿态，其可焊接空间又要比工具 TCP 所达范围要小一些。

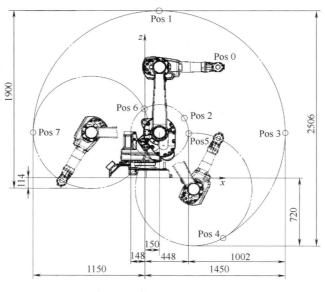

图 1-37　某机器人工作范围

4. 速度和加速度

速度和加速度是表示机器人运动特征的主要参数。实际应用中单纯考虑最大稳定速度是不够的。这是因为受驱动器输出功率的限制，从起动到最大稳定速度或从最大稳定速度到停止，都需要一定时间。如果最大稳定速度高，允许的极限加速度小，则加/减速的时间会长一些，其有效速度就要低一些。

产品说明书上给出的最大速度是在各轴联动的情况下，机器人手腕末端所能达到的最大速度。由于焊接需要的速度较低，最大速度只影响焊枪（或焊钳）的到位、空间行程和结束返回时间。一般情况下，焊接机器人的最高速度达 1~1.5m/s 就能满足要求。

5. 承载能力

承载能力是指机器人在工作范围内的任何位姿上所能承受的最大质量。承载能力不仅决定于负载的质量，而且还与机器人运行的速度、加速度的大小与方向有关。为安全起见，承载能力这一技术指标是指机器人高速运行时的承载能力。通常承载能力不仅指负载，还包括机器人末端执行器的质量。

弧焊和切割机器人的承载能力一般为 6~10kg，若加装传感器则承载能力要相应增加；点焊机器人如采用一体式焊钳，其承载能力应为 60~120kg，如采用分离式焊钳，承载能力应为 30~60kg。

1.5　焊接机器人的分类

工业机器人有以下分类方式。

1）按用途分为焊接机器人、搬运机器人、装配机器人、喷涂机器人、处理机器人（如切割、研磨、抛光等）等。

2）按结构坐标系特点分为直角坐标式、圆柱坐标式、球坐标式、多关节式等。

3）按运动控制方式分为点位控制型 PTP、连续轨迹控制型 CP。

4）按驱动方式分为气压驱动、液压驱动、电气驱动。

5）按关节的结构分为串联机器人与并联机器人。

而对于焊接机器人来说，还可以按照不同的焊接方法进行分类，如弧焊机器人、点焊机器人、激光焊机器人、搅拌摩擦焊机器人等。下面具体介绍其中的几种分类，有些分类将在后续章节具体讲述。

1.5.1　按机器人结构分类

按照关节结构的不同，工业机器人可分为串联机器人和并联机器人。串联机器人的关节是串联的，关节轴之间会相互影响，一个关节的运动会改变其他关节轴的位姿。目前应用的大多数工业机器人均为串联机器人，其技术较为成熟，具有结构简单、易控制、成本低、运动范围大等优点。

并联机器人（见图 1-6）包括动平台（用于安装工具）和定平台（并联机器人的安装底座）两部分，两者之间至少使用两个独立的运动链并联，具有两个以上的自由度。可形象地将串联机器人想象成单手臂操作，将并联机器人想象成双手臂操作。显然并联机器人具有精度高、速度快、承载能力强、工作空间小的优点，因此越来越多地被用于医疗、食品等生产流水线。

本书主要聚焦串联工业机器人。如前所述，根据手臂结构的不同形式运动副的组合可得到不同的机器人结构。运动副运动一般分为旋转运动和直线运动两种方式，分别用符号 R 和符号 P 表示。不同手臂结构的机器人分类如下：

1）直角坐标式（cartesian），符号为 PPP，如图 1-38 所示。其自由度是独立沿着 x、y、z 轴的，结构简单，精度高，运动计算和控制也都简单。然而动作范围不广，难以实现高速运动。

2）圆柱坐标式（cylindrical），符号为 RPP，如图 1-39 所示。

图 1-38　直角坐标式

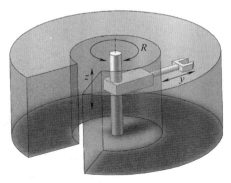

图 1-39　圆柱坐标式

它由一个回转关节和两个平移关节构成，具有较大的动作范围，其运动学计算也比较简单。

3）球坐标式（spherical），符号为RRP，如图1-40所示。它前两个关节可回转，最后一个关节为平移。与圆柱坐标式机器人一样，该类机器人具有较大的动作范围，其运动学计算也比较简单。

4）多关节式（jointed），符号为RRR，如图1-41所示。其主要由回转和旋转自由度构成，可以看成仿人手臂的结构。这种结构对于确定三维空间内的任意位姿都是非常有效的。它对于各种作业都具有良好的适应性，但其缺点是运动学计算和控制比较复杂，很难达到高精度。

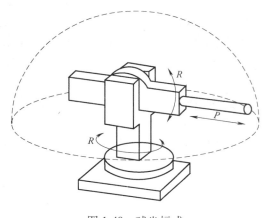

图1-40　球坐标式

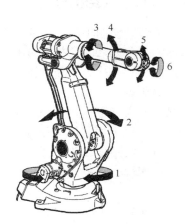

图1-41　多关节式

1—腰关节　2—臂关节　3—腕关节
4—肘关节　5—摆腕关节　6—旋腕关节

5）平面关节式（selective compliance assembly robot arm，SCARA）选择顺应性装配机器手臂，是一种圆柱坐标型的特殊类型的工业机器人，如图1-42所示。

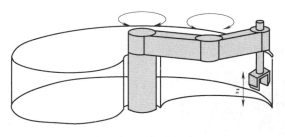

图1-42　平面关节式

SCARA式机器人有2个旋转关节和1个移动关节，两个旋转关节的轴线相互平行，在平面内进行定位和定向。移动关节用于完成末端件在垂直平面的运动。系统在x轴、y轴方向上具有顺从性，而在z轴方向具有良好的刚度。这类机器人的结构轻便、响应快，某型号SCARA式机器人运动速度可达10m/s，比一般关节式机器人快数倍。它最适用于平面定位、垂直方向进行装配的作业。

以上是不同手臂结构的机器人分类，此外还有不同手腕结构的机器人分类。机器人手腕是机器人手臂和末端执行器（工具）之间的衔接部分，主要用于改变工具在空间中的姿态，其结构一般比较复杂，直接影响机器人的灵巧性。常见的手腕由 3 个相互垂直的关节轴组成，如使腕部实现对空间 3 个坐标轴——x 轴、y 轴、z 轴的转动，即具有翻转（roll，用 R 表示）、俯仰（pitch，用 P 表示）和偏转（yaw，用 Y 表示）3 个自由度。其余手腕形式不是本书重点，不再赘述。

　　如机器人手臂具有 3 个自由度，手腕的第 1 个关节就是机器人的第 4 个关节，其余以此类推。

1.5.2　按机器人控制方式分类

　　1）非伺服控制机器人：即开环控制的机器人，其按照事先编好的程序进行工作，使用限位开关、制动器、插销板和定序器等控制机器人的工作。主要涉及"终点""抓放"或"开关"式机器人，尤其是有限顺序机器人，不涉及反馈控制。

　　2）伺服控制机器人：通过各种传感器取得反馈信号，与给定装置的给定信号对比得到误差信号；误差信号经过运算后得到运动控制信号，驱动机器人本体运动，并使末端执行器以一定的规律运动且实现所要求的作业。

　　伺服控制又分为点位伺服控制和连续轨迹伺服控制两种。

　　① 点位伺服控制（PTP）：机器人以最快和最直接的路径（省时省力）从一个端点移到另一个端点。通常只考虑终点位置，而对中间的路径和速度不做限制，实际工作路径可能与示教时不一致。点焊就是典型的 PTP 控制。

　　② 连续轨迹伺服控制（CP）：机器人能够按一定的速度（和加速度）平滑地跟踪设定的路径。弧焊就是典型的 CP 控制。

1.6　焊接机器人的特点

　　焊接机器人作为一种工业机器人，具备了工业机器人的特点，同时还具备与焊接相关的一些特点。

　　1. 柔性与适应性

　　由于机器人具有多个关节副或者移动副，使得机器人具有较高的自由度，表现在焊接机器人可以灵活地使焊枪或焊钳（末端执行器或工具）实现所需要的轨迹。同时，机器人系统与焊机系统、变位机等装置的有效通信使得这个运动轨迹能与各种焊接操作（如控制保护气、电流变化、电压变化等）协调、有序、准确地进行。此外，新技术的发展允许机器人在操作时更换不同的焊枪、夹具等工具，进一步提高其适应能力。总之，这种对运动轨迹、焊接参数、工具的控制是可以编程改变的，从而使得焊接机器人可以适用不同产品或结构的生产，是一种柔性制造。

　　随着通信技术的发展，焊接机器人作为焊接智能制造的主要单元，可以在智能无人车间、生产经营管理的一体化中发挥更大的作用。

　　2. 高质量与高效率

　　焊接机器人相比焊工具有更好的运动平稳性、精确性和一致性。只要机器人不发生故障或者磨损，无论相隔多久，都能完美再现所编写的程序和相关焊接规范。此外，焊接机器人可以使用比焊工更快的焊接速度，相比焊工忍受更大的焊接规范，这些都使得焊接机器人相比普通焊工具有更好的焊接质量和效率。

3. 能忍受恶劣环境

焊接机器人能不知疲倦、不厌其烦地持续工作，且可以在危险的环境下工作，可以克服弧光、噪声、黑暗、核辐射、缺氧等各种恶劣条件的影响，不会涉及心理、保险、假期等问题。

4. 焊接机器人的不足

相比焊工，大部分示教-再现焊接机器人对工件加工和装配的精确性要求大大提高，否则焊接工艺规范难以适应焊接接缝间隙变化、错边、坡口不规则等突发状况。而通过传感方式增加机器人的环境感知能力和适应能力也具有一定的局限性，并使得检测时间和焊接成本增加。

焊接机器人的应用也需要对焊接生产过程管理进行改进，对相关人员进行培训，这样才能发挥焊接机器人的效益。

1.7　焊接机器人的安全操作

机器人设备的操作人员可以轻松避免锯齿状的工件边缘、传送带移动、焊接飞溅和其他焊接危险。但是，机器人的使用也会带来新的危险。在使用机器人之前，必须进行安全培训，认真阅读 GB/T 20867—2007《工业机器人　安全实施规范》，以及不同工业机器人厂商操作手册中的安全部分，熟知并避免可能产生的危险。

机器人系统本身或外围设备能产生危险或危险状态，也能由于人与机器人系统相互干扰而产生危险。例如，设施失效或产生故障引起的危险，机械部件运动引起的危险，储能和动力源引起的危险，危险气体、材料或条件，噪声或者干扰等。

在生产过程中，绝对不允许人员进入机器人的工作范围。必须安装防护栅栏，电源互锁装置和检测装置，以确保工作人员安全。尽管自动化焊接系统减少了人类接触烟雾和其他气体的风险，但强烈建议使用适当的排气系统以清除焊接区域的烟雾和气体。需要注意采用如下措施：

1）操作人员需要进行安全培训，熟悉所使用的机器人，深知潜在的危险。

2）机器人动作速度较快，存在危险性，操作人员应负责维护工作站正常运转秩序，严禁非工作人员进入工作区域。

3）如需要手动控制机器人，应确保机器人动作范围内无任何人员或障碍物，将速度由慢到快逐渐调整，避免速度突变造成伤害或损失。

4）工作人员在编程示教时，应尽可能在安全防护空间外进行。当示教人员必须进入安全防护空间内进行编程时，示教人员应使用具有单独控制机器人运动功能的示教盒，将机器人调整到测试模式（或手动减速模式，运动速度低于 250mm/s，并具有足够的时间脱离危险或停止机器人的运动），所有安全防护装置应确保在位。

5）工件应在变位机上装夹牢固，防止工件在翻转时滑落，造成伤害。

6）机器人开机工作中，需要有人员看守，确保机器人能够被紧急停止。变位机翻转区域内严禁人员进入或放置物品。

7）装夹工具用完后必须收回，旋转妥当，严禁留在变位机或工件上或随手乱放。

8）清枪、剪丝时机器人动作较快，操作人员应避免停留在清枪、剪丝位置附近。

9）关节式机器人各臂载荷能力有限，禁止任何人对机器人施加较大外力。

10）机器人运行过程中必须注意机器人与变位机、机器人与工件的相对位置，确保安全。操作者自身也应与机器人保持安全距离，以确保自身安全。

11）工作站在非工作状态时，机器人和变位机需置于安全位置。

12）尽可能提高工业机器人的开动率，长期不用时，要定期通电，空运行1h左右。

1.8 学习本书的目的和要求

本书的编写目的是对接创新驱动发展、智能制造等发展目标，满足焊接产业对焊接机器人人才培养的新需求，使焊接相关专业学生能有效掌握机器人焊接的知识、能力和素质。焊接机器人的学习涉及材料、机械、电子、信息、控制等多学科交叉知识，理论性和实践性都要求较高。学生需在电工电子技术、机械设计基础、计算机编程、焊接方法与设备等方面先奠定良好的基础，然后充分利用机器人虚拟仿真技术，理论联系实际，熟练操作和掌握机器人焊接的相关技术。

通过本书的学习，学生应该掌握工业机器人、焊接机器人的各部分组成与作用，熟悉机器人运动学，掌握焊接机器人编程，熟悉焊接机器人驱动装置、传感器的特点和选用，了解焊接机器人系统的通信与系统集成，掌握典型焊接机器人工作站的构成，最终掌握使用机器人的思维和方式去解决焊接问题的能力。

1.9 复习思考题

1）登录著名机器人厂商的网址，了解其发展历史和研究动态。

2）在国内外期刊网站上查阅焊接机器人应用的文献，并简要叙述。

3）焊接机器人与焊接自动化的关系是什么？焊接机器人能不能完全取代焊工？

4）工业机器人的组成和各部分的作用是什么？

5）手臂结构和手腕结构在机器人运动中所起的作用是什么？不同手臂结构工业机器人的特点是什么？

6）机器人性能参数有哪些？

7）机器人焊接适合如下哪几种焊接方法，为什么？

点焊；闪光焊；CO_2焊；激光焊；电子束焊。

8）焊接机器人系统的组成及各部分的作用是什么？

9）对点焊机器人系统的要求是什么？查询机器人公司网站，了解产品相关参数。

10）对弧焊机器人系统的要求是什么？查询机器人公司网站，了解产品相关参数。

11）机器人焊接的特点是什么？

12）焊接工艺对机器人的要求有哪些？

第2章

焊接机器人的软件

随着机器人技术、计算机技术、图像技术的发展，机器人虚拟仿真技术也在快速发展。虚拟仿真技术一方面可用于机器人离线编程，克服在线示教需要使机器人停工的不足；另一方面可用于学习机器人技术。本章以 ABB 机器人虚拟仿真技术为例，介绍其初步应用。

2.1 焊接离线编程软件

早期的机器人主要应用于大批量生产，如在汽车自动生产线上的点焊与弧焊，编程所花费的时间相对比较少，机器人用示教的方式进行编程可以满足要求。随着机器人应用到中小批量生产以及所完成任务复杂程度的增加，用示教方式编程就很难满足要求。

传统的工业机器人示教编程工作方式有以下不足：

1）机器人在线示教不适应当今小批量、多品种的柔性生产的需要。

2）复杂的机器人作业，如弧焊、装配任务很难用示教方式完成——编程所需时间太长。

3）运动规划的失误会导致机器人间，以及机器人与固定物的相撞，破坏生产。

4）编程者工作环境安全性差，不适合太空、深水、核设施维修等极限环境下的焊接工作。

随着机器人学、计算机技术、CAD/CAM 技术的不断发展，对机器人及其工作环境乃至生产过程的计算机仿真变为可能，并成为必要之项，这就是离线编程技术。具体来说，机器人离线编程技术是利用计算机图形学的成果，建立起机器人及其工作环境的模型，利用一些规划算法，通过对图形的控制和操作在脱离生产线的情况下进行机器人的轨迹规划。与传统的在线示教编程相比，离线编程具有如下优点：

1）减少机器人不工作的时间。

2）使编程者远离危险的工作环境。

3）便于和 CAD/CAM/Robotics 一体化。

4）可对复杂任务进行编程。

5）便于编辑机器人程序。

国外机器人离线编程的研究从 20 世纪 70 年代开始，并在 80 年代中期到 90 年代中期推出商品化离线编程系统。但都是通用离线编程系统，没有针对弧焊提供方便、有效的编程方法。20 世纪 90 年代中期，国外一些大学、研究所针对弧焊参数制定、机器人与变位机协调焊接等问题对弧焊离线编程与仿真技术进行研究，并开发出原型系统。

随着计算机 CAD 软件的发展，出现了集成在功能强大的 CAD 软件上的离线编程系统，真正做到了 CAD/CAM 一体化。商品化离线编程系统在弧焊方面进步很大，实现了无碰焊接路径的自动生成、焊缝的自动编程等功能。另外，不同机器人厂商为了便于推广和开发自己的产品，也开发了自身的离线编程系统。

离线编程技术经过了几十年的发展，从前期的通用机器人编程技术发展到专门针对弧焊机器人的离线编程技术，可以实现弧焊参数的制定、机器人与变位机协调控制、无碰撞焊接路径的自动生成、焊缝的自动编程等功能。

通用的机器人离线编程系统都具有较强的图形功能和编程功能，针对焊接有专门的点焊、弧焊模块，但由于要适用众多机器人品牌，需要对代码进行转换，且软件价格一般比较昂贵。机器人公司开发的离线编程系统具有量身定制的特点。机器人模型库、配套装置（如变位机、运动控制器等）、编程语言等通常都只适用于自家产品，可以保证运动学控制算法和实际机器人的控制算法相同，很多还具备在线功能，方便用户使用。但是，其缺点是不兼容其他厂商的机器人产品。本书从使用成本和软件功能等角度考虑，采用 ABB 公司的 RobotStudio 软件进行讲解。

2.2 ABB RobotStudio 机器人仿真软件

ABB 公司开发的 RobotStudio 软件是基于 Windows 操作系统的，用户操作方便。软件中控制图形机器人动作的运动模块和算法采用了实际机器人控制器中的控制算法，所以图形仿真结果和实际机器人运行结果完全一致，离线编程器中采用了 ABB 机器人的 RAPID 语言，所以系统可作为机器人操作人员的训练平台，以提高操作人员编程水平。系统为了实现高质量的图形效果，可以导入 Catia 文件格式的模型。离线编程结果和实际焊缝的偏差通过示教器实时调整。

2.2.1 RobotStudio 功能简介

RobotStudio 是一款计算机应用程序，用于机器人单元的建模、离线创建和仿真。RobotStudio 允许使用离线控制器，即在计算机上运行虚拟 IRC5 控制器。这种离线控制器也被称为虚拟控制器（VC）。当在未连接到真实控制器或在连接到虚拟控制器的情况下使用时，RobotStudio 处于离线模式。RobotStudio 还允许使用真实的物理 IRC5 控制器（简称真实控制器）。当 RobotStudio 与真实控制器一起使用时，称它处于在线模式。

如前所述，采用示教器编程时以实际的焊枪位姿、焊接参数为参数，完成编程命令，在工件比较规则时这种编程方式是可以满足应用需要的。在焊接不规则焊缝时，则会由于所需要的示教点较多，而使得示教编程时间、难度大大增加，不能满足需求。这时，就需要采用离线编程完成焊接轨迹的规划。

在 RobotStudio 中，实际上是构建了虚拟机器人、虚拟变位机、虚拟控制器、虚拟工件等机械装置和电气设备。可以根据工件的三维形状提取焊缝曲线，进而可以自动生成焊接路径，如图 2-1 所示；也可以如示教编程那样指定中间点，然后通过插值方式（见图 2-2）、焊枪姿态限定方式（见图 2-3）生成中间轨迹上的焊枪位姿。

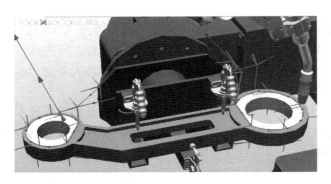

图 2-1　离线编程自动生成焊接路径

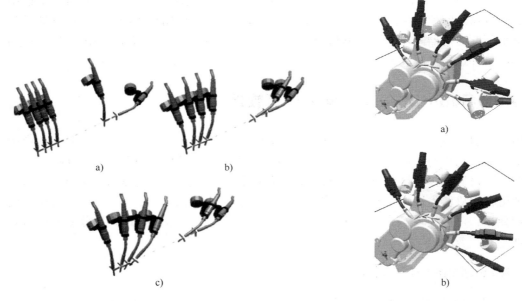

图 2-2　离线编程焊枪插值方式
a）无内值　b）线性内值　c）绝对内值

图 2-3　离线编程焊枪姿态限定方式
a）焊枪垂直工件表面　b）焊枪对齐某个轴

在离线编程程序中，可以仿真观察焊接生产过程，看是否存在运动突变、是否发生碰撞。在仿真验证合格后，可以将这些数据导入实际的机器人控制柜中，完成机器人焊接的在线编程。

2.2.2　软件安装

软件的下载地址为 http://new. abb. com/products/robotics/robotstudio，选择 RobotStudio（含 RobotWare）下载。

将 RobotStudio 下载文件解压，运行可执行文件"Lauch. exe"，在弹出的界面中选择"安装产品"，会弹出如图 2-4 所示的界面。一般安装"RobotWare"和"RobotStudio"即可。该安装完成后即可对 ABB 机器人进行离线编程仿真。RobotWare 是指用于创建 RobotWare 系统的软件和 RobotWare 系统本身，可以理解为与机器人配置相关。本书对应的软件版本为 5.61，后续版本使用上差别不大。

图 2-4　RobotStudio 软件的安装界面

2.2.3　软件环境简介

安装完成后，启动软件，进入 RobotStudio 程序界面，如图 2-5 所示。其界面是熟悉的 Windows Ribbons 界面。

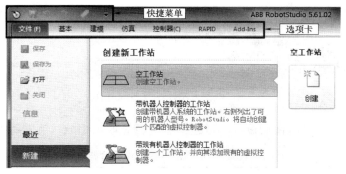

图 2-5　RobotStudio 程序界面

选项卡功能描述见表 2-1。

表 2-1　选项卡功能描述

选项卡	功能描述
文件（F）	包含新建、打开、保存、另存工作站，RobotStudio 选项等功能
基本	包含搭建工作站、创建系统、编程路径和摆放物体所需的控件
建模	包含创建和分组工作站组件，创建实体，测量，以及其他 CAD 操作所需的控件
仿真	包含创建、控制、监控和记录仿真所需的控件

（续）

选项卡	功能描述
控制器（C）	包含用于虚拟控制器（VC）的同步、配置和分配任务的控制措施。它还包含用于管理真实控制器的控制措施
RAPID	包含集成的 RAPID 编辑器，用于创建、编辑和管理 RAPID 程序
Add-Ins	包含 PowerPac 和 VSTA 的相关控件

机器人工作站及各部分含义如图 2-6 所示。

图 2-6　机器人工作站及各部分含义

在机器人工作站，可以使用鼠标和键盘组合进行选取、缩放、旋转等操作，见表 2-2。

表 2-2　使用鼠标和键盘组合

浏览形式	鼠标和键盘组合	描述
选择项目	鼠标左键	只需单击要选择的项目即可。要选择多个项目，在按 Ctrl 键的同时单击新项目
旋转工作站	Ctrl+Shift+鼠标左键	按 Ctrl+Shift+鼠标左键的同时，拖动光标对工作站进行旋转。三键鼠标可使用中键和右键替代键盘组合
平移工作站	Ctrl+鼠标左键	按 Ctrl 键+鼠标左键的同时，拖动光标对工作站平移
缩放工作站	Ctrl+鼠标右键	按 Ctrl 键+鼠标右键的同时，将光标拖至左侧可以缩小。将光标拖至右侧可以放大。三键鼠标可以使用中键替代键盘组合

（续）

浏览形式	鼠标和键盘组合	描述
使用窗口缩放	Shift+鼠标右键	按 Shift 键+鼠标右键的同时，将光标拖过要放大的区域
使用窗口选择	Shift+鼠标左键	按 Shift+鼠标左键的同时，将光标拖过该区域，以便选择与当前选择层级匹配的所有项目

此外，在图 2-6 的工作站视图中，机器人上方有一排图标（快捷图标），其含义如图 2-7 所示，其中的选择功能和捕捉功能会为机器人相关操作带来很大的便捷性。

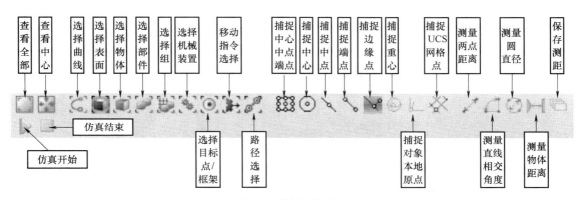

图 2-7　快捷图标含义

构建机器人系统所需的机器人机械臂、变位机、焊枪等元件主要是在"基本"选项卡界面中完成。其中"ABB 模型库"主要包括 ABB 机器人、喷涂机器人、变位机、导轨等，如图 2-8 所示。

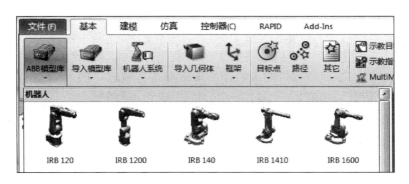

图 2-8　ABB 模型库

如图 2-9 所示，"导入模型库"下的"设备"主要包括输送链、控制柜、工具（包括焊枪）等部件，而其下的"用户库"则包含用户使用过的部件。

"机器人系统"是构建机器人工作站，如将机器人机械臂与控制器连接，如图 2-10 所示。有三种构建机器人系统的方式，即从布局构建、从模板应用和添加现有系统。必须构建机器人系统，启动控制器才能进行轨迹规划、仿真、仿真示教器等功能操作。

图 2-9　导入模型库

图 2-10　机器人系统

2.3　焊接机器人虚拟仿真

2.3.1　焊接机器人虚拟构建

下面，通过构建一个简单的机器人工作站来简单了解该软件的使用。RobotStudio 仿真的步骤如图 2-11 所示。首先需要构建机器人模型和环境；然后将各组件进行安装和连接，并构建机器人系统；接着进行编程，让机器人系统按照所设计的轨迹和工作参数（焊接、切割、喷涂等）运行；最后，可以通过仿真验证程序的准确性。

1. 导入机器人模型

如图 2-5 所示，创建新工作站可以使用"空工作站""带机器人控制器的工作站"等方式。

1）若选择创建"空工作站"，则在图 2-12 中依次单击①②⑦对应菜单和按钮，此时所创建的工作站中不包含机器人，需要机器人则从"基本"选项卡中单击"ABB 模型库"（见图 2-8），选择所

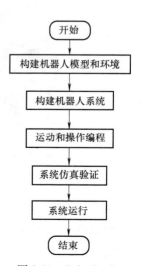

图 2-11　RobotStudio
仿真的步骤

需机器人（此处为 IRB 1410）导入。

2）若选择创建"带机器人控制器的工作站"，则在图 2-12 中依次单击①③对应菜单和按钮，与方式（1）不同的是，此时会列出可用的 ABB 机器人图形和型号④。选择机器人型号，并根据需要设定其名称⑤和位置⑥，最后单击"创建"⑦，则会获得一个包含机器人机械臂的工作站，如图 2-13 所示。

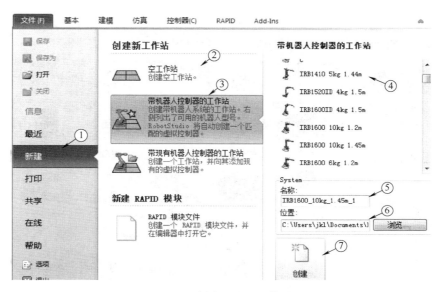

图 2-12　创建机器人工作站

图 2-13　包含机器人机械臂的工作站

2. 导入工具——焊枪

工具是在工件上使用的特殊对象。为进行焊接，需要导入的工具为焊枪。如图 2-14 所示，在"基本"选项卡①中，单击"导入模型库"②，在下拉菜单中单击"设备"③，选择 tools 下的焊枪"Binzel air 22"④，则工具被导入工作站。实际使用时，焊枪是随机器人腕部末端一起运动的，为此，需要在 RobotStudio 中将焊枪安装到机器人腕部末端法兰盘上。

图 2-14　选择工具（焊枪）

在 RobotStudio 中可以将一个对象（子对象）安装到另一个对象（父对象）上。安装可以在部件级或装置级创建。将对象安装到父对象后，移动父对象也就移动了子对象。

有两种方式实现安装。一种如图 2-15a 所示，在"布局"浏览页①中，右键单击子对象（此处为焊枪②），单击"安装到"③子菜单，并在下一级菜单中选择父对象（此处为机器人④）。

另一种方式是在"布局"浏览页中，鼠标左键将子对象（焊枪）元件拖曳至父对象（机器人）元件上，然后放开。两种方式都要在其后弹出的对话框中，确认"更新子对象位置"，如图 2-15b 所示。

如前所述，RobotStudio 既可运行真实机器人的系统，也可运行用于测试和评估的特定虚拟系统。虚拟控制器与真实控制器使用的软件相同，可以计算机器人动作、处理 IO 信号和执行 RAPID 程序。

启动虚拟控制器时，需要指出虚拟控制器上运行的机器人系统。因为该系统包含所使用的机器人的信息以及机器人程序和配置这类重要数据，所以必须为工作站选择正确的系统。

如图 2-12 所示，若在构建工作站时，选择创建"带现有机器人控制器的工作站"，则在构建工作站时会启动虚拟控制器。

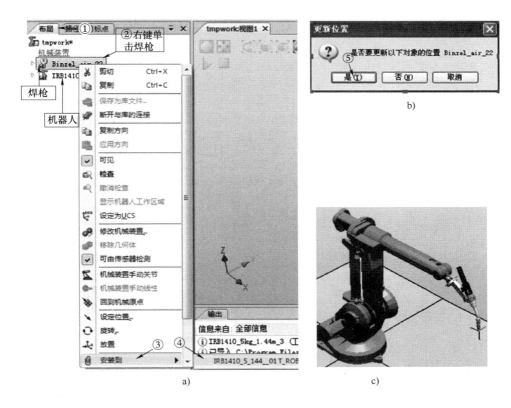

图 2-15 安装焊枪到机器人上

a）安装到焊枪 b）确认修改位置 c）焊枪安装到机器人上

如图 2-10 所示，若要为现有机器人工作站添加系统，可以选择"从布局…"或"从模板…"创建系统。推荐"从布局…"创建，会针对所选择的机器人和装置自动添加相应的控制选项及驱动选项。

3. 创建/导入变位机

在 RobotStudio 中编程或仿真，通常需要使用工件和设备的模型。一些标准设备的模型作为程序库或几何体随 RobotStudio 一起安装。若选用 ABB 公司的变位机或导轨，则可以在"基本"选项卡①中单击"ABB 模型库"②，在弹出页面中选择③④下合适对象获得（见图 2-16）。此处，选择 ABB 变位机 IRBP A，则弹出界面，提示选择承载重量、高度等信息，确认后，即会在工作站中显示该变位机。

变位机默认的位置是将其原点放置于大地坐标系原点，一般需要进行位置调整。调整部件位置如图 2-17 所示，在"基本"选项卡下的"布局"浏览页面①中，鼠标右键单击变位机名称②，在弹出菜单上单击"设定位置"③可进行 x 轴、y 轴、z 轴方向的平移，单击"旋转…"④可调整其姿态，单击"放置"⑤可相对于其他对象调整其位姿。

此处单击"设定位置"③，弹出如图 2-18 所示的对话框，选择坐标系、位置和方向即可移动变位机。输入数值后，会出现所调整部件的虚体，方便调整。此处最终选择相对大地坐标系 x 轴方向移动 800mm，并绕 x 轴旋转−45°放置。

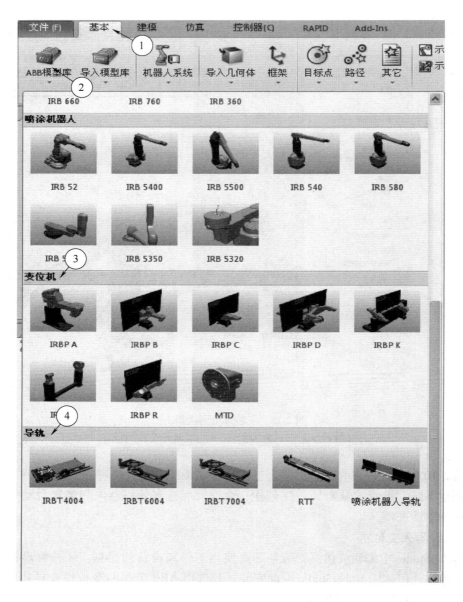

图 2-16　导入变位机或导轨

　　若所需设备不在如图 2-16 所示的列表中，此时分两种情况考虑：如果拥有该设备的 CAD 模型，可以将这些模型作为几何体导入 RobotStudio，前提是 RobotStudio 支持其 CAD 模型。若需要使设备能够运动，还需在三维模型基础上构建机械设备；如果没有该设备的 CAD 文件，可以在 RobotStudio 中创建该设备的三维模型，并构建机械设备。

4. 创建/导入工件

　　工件可以通过导入 RobotStudio 支持的第三方几何体文件创建，也可以使用 RobotStudio 的建模功能构建，此处构建选择第二种方式。

图 2-17　调整部件位置

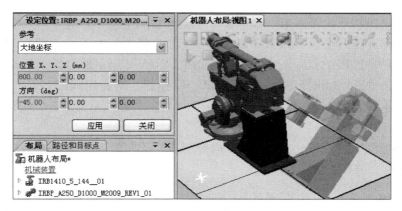

图 2-18　调整变位机位姿

在"建模"选项卡中单击"固体"图标,然后在下列菜单中选择"矩形体",则弹出如图 2-19 所示的"创建方体"对话框,输入相关位置和尺寸参数后即可创建矩形体,将其作为工件。然后将该工件平移至工作台表面,其方法同图 2-17、图 2-18,最终结果如图 2-20 所示。

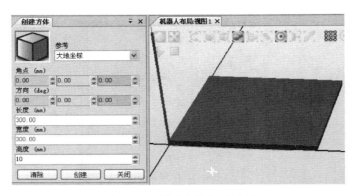

图 2-19 "创建方体"对话框

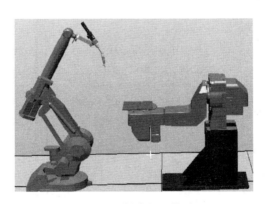

图 2-20 创建的工作站

5. 创建焊接机器人系统

若在图 2-12 中构建机器人工作站时采用构建"空工作站"方式，则在完成机器人布局后还需构建焊接机器人系统，如图 2-21a 所示，在"基本"选项卡下单击"机器人系统"按钮，在下拉菜单上单击标识①，依次弹出如图 2-21b ~ d 所示的对话框。若需要进一步添加"系统设定"，可以单击图 2-21d 中"选项…"按钮，则弹出如图 2-21e 所示的对话框，可以对系统做进一步设定。具体可参考软件帮助文件。机器人系统是否成功构建，会在软件界面下方的状态栏中提示。

正确构建机器人系统后，才能启动虚拟控制器，从而实现操作虚拟示教器、移动机器人、示教目标点、编程、仿真等功能。

2.3.2 焊接机器人虚拟仿真操作

在构建机器人系统后，可以操作机器人运动。在操作前可以移动机器人工作站到合适的角度便于观察和操作。

1. Freehand 操作模式

为操作机器人或其他机械装置运动，可以单击"基本"选项卡上"Freehand"功能区的按钮，再选中机器人的工具和关节进行操作。各按钮的具体含义如图 2-22 所示。

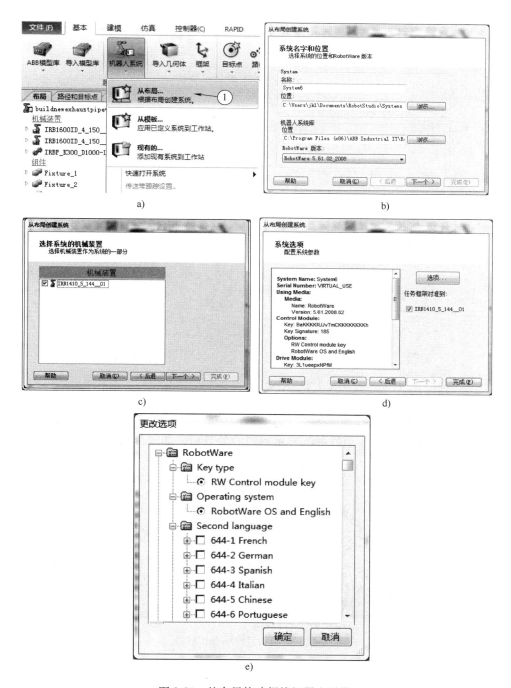

图 2-21　从布局构建焊接机器人系统

a) 从布局构建　b) 设定系统名字和位置　c) 选择系统机械装置　d) 系统选项　e) 更改选项

以"手动线性"为例（图 2-22 左起第 4 个图标），单击该图标，然后再单击焊枪，则在焊枪 TCP 上弹出一个三维支架，如图 2-23 所示。按住相应支架轴，按照箭头所示方向移动光标，即可调整焊枪的空间位置。

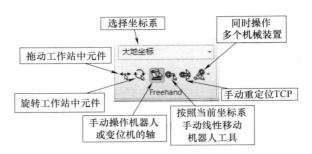

图 2-22　"Freehand" 功能区各按钮的具体含义

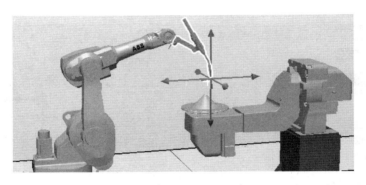

图 2-23　手动线性移动机器人

单击"手动关节"图标（图 2-22 左起第 3 个图标），然后选中机器人、变位机或导轨上的运动关节，按住鼠标并拖动就可调整所选轴的关节角，如图 2-24 所示。

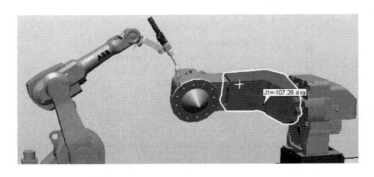

图 2-24　手动关节移动变位机轴

读者可以在软件中尝试各种操作，熟悉其应用。

2. 对话框操作模式

如图 2-25 所示，在"基本"选项卡①下的"布局"浏览页面②，右键单击运动装置的图标（此处为机器人③），在菜单中选择"机械装置手动关节"④或"机械装置手动线性"⑤，会弹出对应对话框⑥或⑦，按对话框上的调节按钮，即可对运动装置位姿进行调节。若选择⑤下的"回到机械原点"，则所有关节归零。

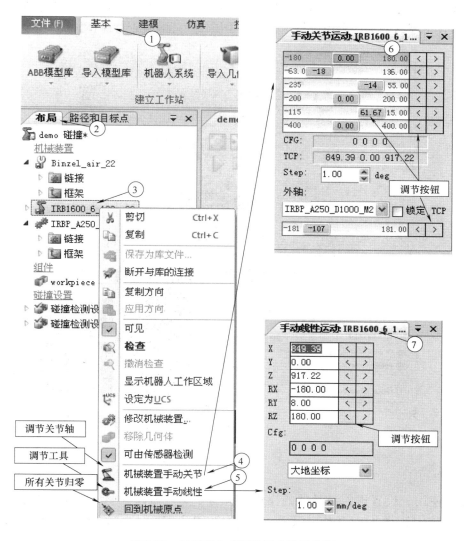

图 2-25 对话框方式调整运动装置位姿

2.3.3 焊接机器人虚拟示教器操作

在 RobotStudio 中, 还可以构建 "虚拟示教器" 来操作机器人, 与真实环境下使用示教器极其类似。

如 2.3.1 节所述, 在 RobotStudio 中构建焊接机器人系统, 并使控制器正常启动。虚拟示教器的启动如图 2-26 所示, 在 "控制器" 选项卡①中单击 "示教器" 图标②, 在下拉菜单中选择 "虚拟示教器" ③, 会弹出虚拟示教器页面。

与实际示教器不同的是, 虚拟示教器上操纵杆左侧配置了一个控制柜面板④, 单击后会弹出一个模仿机器人控制柜的面板, 可以切换机器人操作模式, 设置电动机状态, 这样就可以在虚拟环境下完成相关功能。

　　另一个与实际示教器不同的是，配置了一个使能（Enable）装置⑤，可以控制机器人的操作。而在实际示教器中，是用握持示教器的手压住使能装置进行操作。

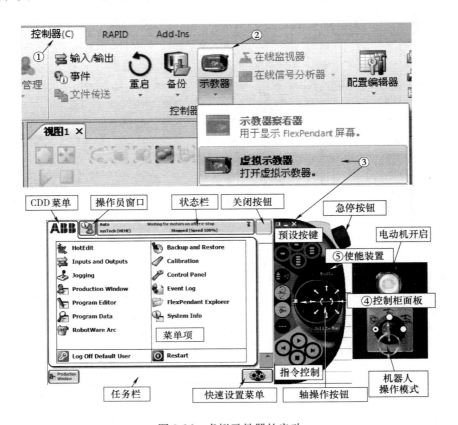

图 2-26　虚拟示教器的启动

　　为便于使用，设置虚拟示教器的操作语言为中文，需注意能设置中文的前提是机器人控制器选项中选择了中文作为第二语言（见图 2-21e）。设置虚拟示教器的语言如图 2-27 所示，单击 ABB 菜单项①，在弹出的界面上单击"Control Panel"②，然后单击控制柜按钮③，在弹出的面板上，设置机器人工作模式为手动模式④（若为自动模式则不允许修改），然后单击按钮"Sets current language"⑤，在弹出的界面上选择"Chinese"⑥，然后单击"OK"按钮⑦，则弹出对话框提示要重启，选择"Yes"，虚拟示教器关闭，语言设置成中文。按照图 2-26 所示操作，重新启动虚拟示教器，则其语言已变成中文。

　　使用虚拟示教器手动操作机器人的前提是将机器人设为"手动全速"模式或"手动减速"模式，机器人处于使能模式。示教器的操作键如图 2-28 所示。单击控制柜面板按钮①，在弹出面板上将模式置于"手动减速"②或"手动全速"模式；单击"使能"按钮③，使之颜色由白变绿，即可满足上述两个条件。

　　操作机器人需要选择合适的运动模式，主要有以下三种：

　　1）线性模式，使机器人 TCP 按照所选择坐标系进行直线移动。

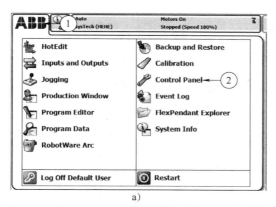

a)

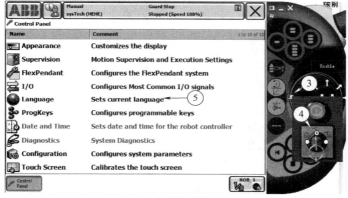

b)

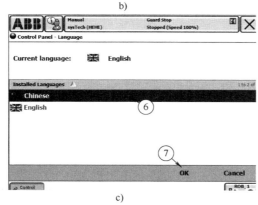

c)

图 2-27　设置虚拟示教器的语言

a）进入控制面板　b）进入语言设置　c）设置语言

2）重定向模式，即工具 TCP 位置不变，改变工具姿态。线性模式和重定向模式的切换如图 2-28④所示。

3）手动关节模式，即每次选择一个关节轴进行移动。由于焊接机器人有 6 个轴，而操作杆每次只能表示 3 个方向，见表 2-3，故在示教器中将轴 1~轴 3 作为一种手动关节运动模式，将轴 4~轴 6 作为另一种手动关节运动模式。其切换如图 2-28⑤所示。

焊接机器人技术与系统

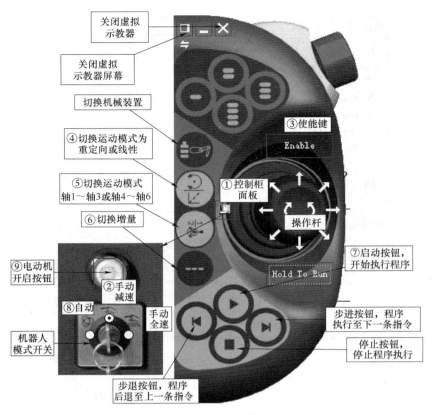

图 2-28　示教器的操作键

表 2-3　操作杆功能

运动模式	操作杆方向		
线性	x	y	z
手动关节轴 1，2，3	2	1	3
手动关节轴 4，5，6	5	4	6
重定向	x	y	z

另外，还需要用以下两种模式设置操作杆移动的速度：

1）增量模式，即每次拨动或扭动一下操作杆，机器人做一个增量运动。如果控制杆操作持续 1s 以上，机器人就会持续移动（速率为每秒 10 步），增量的大小可以通过图 2-28 中的"切换增量"按钮⑥进行设置和切换。这种模式适合于准确操作，但操作时略显烦琐。

2）类似踩油门模式，即按住或扭转住操作杆，随着时间的增加，机器人的速度越来越快。这种模式需要练习来增加手感，但是熟练后操作简单。

2.4　复习思考题

1. 安装 ABB RobotStudio 软件，熟悉软件的操作。

2. 在 ABB RobotStudio 软件中利用三维建模功能构建一个工作台，并在其上安装一个工字梁工件。

3. 在 ABB RobotStudio 软件中构建焊接机器人系统，设置中文语言并操作。

4. 在 ABB RobotStudio 软件中构建焊接机器人系统，并使用虚拟仿真器操作。

5. 焊接离线编程软件在焊接机器人应用中所起的作用是什么？

第 3 章

机器人运动学

本章将介绍机器人运动学。运动学涉及机器人机构中各关节以及末端执行器（工具）的运动，它是机器人设计、分析、控制和仿真的基础。运动学分为正运动学与逆运动学。正运动学是根据机器人各关节的位置、速度、加速度等来计算工具的位置、速度和加速度；逆运动学正好相反。在焊接机器人系统中，机器人的作用主要是实现工具（焊枪或焊钳）按特定位姿、速度进行运动。需要根据运动学的基本原理分析机器人是如何实现上述运动的。为描述运动，需要构建坐标系，并依托坐标系描述运动及运动变化。本章首先利用坐标系和矩阵建立物体、位姿及运动的表示方法；然后构建运动变换的矩阵表达；在此基础上利用 Denavit-Hartenberg（D-H）表示法来推导机器人的正逆运动学方程；最后利用 RobotStudio 软件构建机器人中常用的坐标系，并进行运动操作。

3.1 运动学基础

3.1.1 机器人工作站中的坐标系

应用机器人通常是使工具实现复杂的运动，并完成规定的操作，为此需要构建机器人关节和工具 TCP 位姿间的函数关系，显然该函数关系与关节间的连杆尺寸、关节的组合方式有密切联系。

由于计算机技术的发展，采用矩阵进行运动的描述和计算具有优势。为此，首先规定一个坐标系，相对于该坐标系，点的位置可以用三维列向量表示；刚体的姿态可以用 3×3 矩阵来表示，其位姿可以用 4×4 矩阵表示；在此基础上，可以进一步描述物体（含其余坐标系）的各种运动。

选择合适的坐标系对于描述运动非常关键。为便于描述运动且提高灵活性，机器人使用若干坐标系，每一坐标系都适用于特定类型的运动控制或编程，在 ABB RobotStudio 中，坐标系也称为框架，可以使用系统定义或用户定义的坐标系进行元素和对象的相互关联。机器人坐标系如图 3-1 所示，各坐标系之间在层级上相互关联。每个坐标系的原点都被定义为其上层坐标系中的某个位置。

1. 大地坐标系

大地坐标系（或称全局坐标系）用于表示整个工作站或机器人单元。它是顶层坐标系，

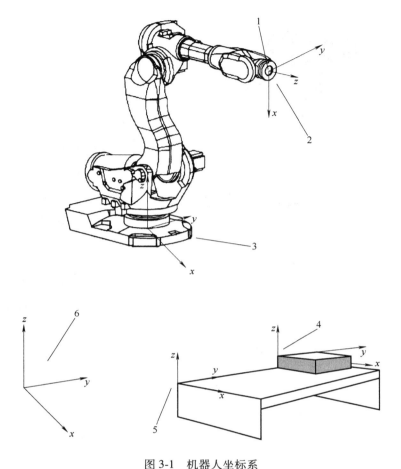

图 3-1 机器人坐标系

1—TCP 2—工具坐标系 3—基础坐标系 4—工件坐标系 5—用户坐标系 6—大地坐标系

所有其他坐标系均与其相关。它适用于微动控制、一般移动，以及处理具有若干机器人或外部轴移动的机器人工作站和工作单元。

2. 基础坐标系

在 RobotStudio 和现实当中，工作站中的每台机器人都拥有一个始终位于其底部的基础坐标系。基础坐标系在机器人基座中有相应的零点，这使固定安装的机器人的移动具有可预测性。如果要将机器人从一个位置移动到另一个位置，只需移动其基础坐标系。

如果有两台机器人，一个安装于地面，一个倒置，倒置机器人的基础坐标系也将上下颠倒（见图 3-2）。

3. 任务框

在 RobotStudio 中，任务框表示机器人控制器在大地坐标系中的原点。如工作站中有多个控制器（或机器人），则任务框允许所连接的机器人在不同的坐标系中工作。即可以通过为每台机器人定义不同的工作框使这些机器人的运动描述彼此独立，如图 3-3 所示。

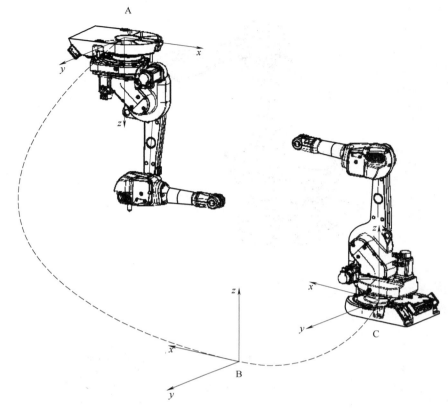

图 3-2　大地坐标系 B 与基础坐标系 A、C

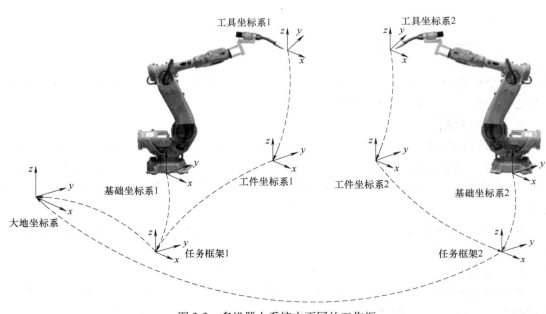

图 3-3　多机器人系统中不同的工作框

4. 工件坐标系

工件坐标系是用来描述工件位姿的坐标系，如图 3-4 所示。工件坐标系由两个框架构成：用户框架和对象框架。对象框架与用户框架关联（也就是说对象框架是用户框架的子框架），而用户框架与大地坐标系关联。对机器人进行编程时，所有目标点（位置）都与工作对象的对象框架相关。如果未指定其他工作对象，目标点将与默认的 Wobj0（工件坐标系1）关联，Wobj0 默认情况下与机器人的基座保持一致。

在图 3-4 中，左边的坐标系为大地坐标系，右边两个坐标系依次为工件坐标系的用户框架和对象框架。此处的用户框架定位在工作台或固定装置上，工件框架定位在工件上。

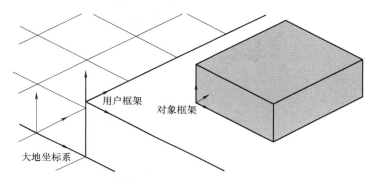

图 3-4　工件坐标系

如果工件的位置已发生更改，可利用工件坐标系轻松地调整发生偏移的机器人程序。因此，工件坐标系可用于校准离线程序。如果固定装置或工件的位置相对于实际工作站中的机器人位置与离线工作站中的相对位置无法完全匹配，只需调整工件坐标系的位置即可。

工件坐标系还可用于调整动作。如果工件固定在某个机械单元上（同时系统使用了"协调动作"选项），当该机械单元移动该工件时，机器人将在工件坐标系上找到目标。

5. 工具坐标系

工具坐标系定义机器人到达预设目标时所使用工具的位姿。工具坐标系将 TCP 设为原点，并定义工具的位置和方向。在机器人没有安装工具时，一般在其末端法兰盘中心处定义工具坐标系。而安装工具后，工具坐标系移动到工具 TCP 上，如图 3-5 所示。

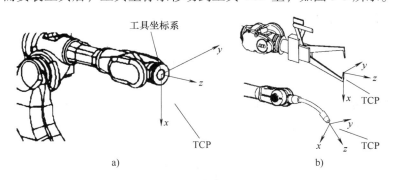

a)　　　　　　　　　　　　　　　b)

图 3-5　工具坐标系

a）未安装工具前的 TCP 及工具坐标系　b）安装工具后的 TCP 及工具坐标系

6. 用户坐标系

用户坐标系用于根据需要选择创建坐标系。方便移动机器人、获取目标点、编程等。

7. 关节参考坐标系

关节参考坐标系用于描述机器人每一个独立关节（或者外部轴，如变位机轴）的运动，如图 3-6 所示。机器人 6 个关节可以构建 6 个关节参考坐标系。在 RobotStudio 中可以单独移动每个关节使其运动，其移动时显示的角度值就是相对关节参考坐标系，如图 2-24 所示。

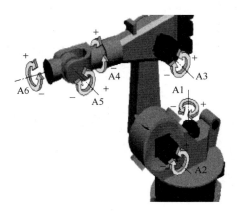

图 3-6　关节参考坐标系

3.1.2　工业机器人位姿描述

之前介绍了坐标系，接下来介绍如何用矩阵来表示点、向量、运动坐标系、物体及机器人等在参考坐标系中的位姿。

1. 空间点的表示

空间点 P（见图 3-7）可以用它相对于参考坐标系 A 的 3 个坐标来表示：

$$P = a_x i + b_y j + c_z k \qquad (3\text{-}1)$$

式中，a_x、b_y、c_z 为参考坐标系中表示该点的坐标。

若用（3×1）的位置矢量 $\boldsymbol{P}$ 可表示为

$$\boldsymbol{P} = \begin{bmatrix} a_x \\ b_y \\ c_z \end{bmatrix} \qquad (3\text{-}2)$$

若用 4 个数组成的（4×1）列阵表示参考坐标系 A 中点 P，则该列阵称为三维空间点 $\boldsymbol{P}$ 的齐次坐标，为

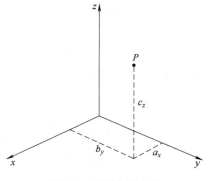

图 3-7　空间点的表示

$$\boldsymbol{P} = \begin{bmatrix} a_x \\ b_y \\ c_z \\ 1 \end{bmatrix} \qquad (3\text{-}3)$$

齐次坐标并不是唯一的，当阵列中的每一项分别乘以一个非零因子 w 时，即有

$$P = \begin{bmatrix} a_x \\ b_y \\ c_z \\ 1 \end{bmatrix} = \begin{bmatrix} a \\ b \\ c \\ w \end{bmatrix} \qquad (3-4)$$

式中，$a = a_x \times w$，$b = b_y \times w$，$c = c_z \times w$，该阵列也表示 P 点；w 为比例因子。

2. 空间向量的表示

向量可以由起始点和终止点的坐标差来表示。如果一个向量起始于点 A，终止于点 B，那么它可以表示为 $P_{AB} = (B_x - A_x)i + (B_y - A_y)j + (B_z - A_z)k$。特殊情况下，如果一个向量起始于原点（见图 3-8），则有

$$P = a_x i + b_y j + c_z k \qquad (3-5)$$

式中，a_x、b_y、c_z 为该向量在参考坐标系中的 3 个分量。

向量的 3 个分量也可以写成矩阵的形式如下：

$$P = \begin{bmatrix} a_x \\ b_y \\ c_z \end{bmatrix} \qquad (3-6)$$

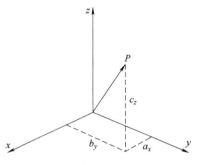

图 3-8　空间向量的表示

该向量也可以写为

$$P = \begin{bmatrix} x \\ y \\ z \\ w \end{bmatrix} \qquad (3-7)$$

式中，$a_x = x/w$，$b_y = y/w$，$c_z = z/w$；w 为比例因子，如果 $w = 1$，各分量的大小保持不变；如果 $w = 0$，称作方向向量，代表方向；如果 $w = 0$ 且 $x^2 + y^2 + z^2 = 1$，称作方向单位向量。

例 3.1　有一个向量 $P = 3i + 4j + 5k$，按如下要求将其表示成矩阵形式：

1）比例因子为 3。

2）将它表示为方向的单位向量。

解：

该向量可以表示为比例因子为 3 的矩阵形式，当比例因子为 0 时，则可以表示为方向向量，结果如下：

$$P = \begin{bmatrix} 9 \\ 12 \\ 15 \\ 3 \end{bmatrix} \qquad 和 \qquad P = \begin{bmatrix} 3 \\ 4 \\ 5 \\ 0 \end{bmatrix}$$

然而，为了将方向向量变为单位向量，须将该向量归一化，使之长度等于 1。这样，向量的每一个分量都要除以 3 个分量平方和的开方：

$$\lambda = \sqrt{P_x^2 + P_y^2 + P_z^2} = 7.07$$

其中 $P_x = 3/7.07$，$P_y = 4/7.07$，$P_z = 5/7.07$，则有

$$P_{\text{unit}} = \begin{bmatrix} 0.424 \\ 0.566 \\ 0.707 \\ 0 \end{bmatrix} \tag{3-8}$$

3. 坐标系的表示

要在一个参考坐标系 A 中表示一个坐标系 B，则需要在参考坐标系中表示坐标系 B 的原点 P，以及坐标系 B 的 3 个轴 n、o、a。这样，这个坐标系 B 就可以由 3 个表示方向的单位向量以及第四个位置向量来表示，如图 3-9 所示。若 $P_x = P_y = P_z = 0$，即表示两个坐标系原点重合。

$$F = \begin{bmatrix} n_x & o_x & a_x & P_x \\ n_y & o_y & a_y & P_y \\ n_z & o_z & a_z & P_z \\ 0 & 0 & 0 & 1 \end{bmatrix} \tag{3-9}$$

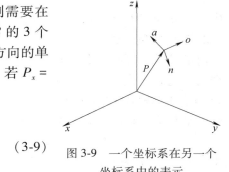

图 3-9 一个坐标系在另一个坐标系中的表示

如式（3-9）所示，前 3 个列向量是 $w = 0$ 的方向向量，表示该坐标系的 3 个坐标轴的单位向量 n、o、a 的方向，而第四个 $w = 1$ 的列向量表示该坐标系原点相对于参考坐标系的位置。与单位向量不同，向量 P 的长度十分重要，因而使用比例因子为 1。

例3.2 某坐标系 F 的坐标系原点位于参考坐标系中（3，4，5）的位置，它的 n 轴与 x 轴平行，o 轴相对于 y 轴的角度为 60°，a 轴相对于 z 轴的角度为 60°。该坐标系可以表示为

$$F = \begin{bmatrix} 1 & 0 & 0 & 3 \\ 0 & \cos 60° & -\sin 60° & 4 \\ 0 & \sin 60° & \cos 60° & 5 \\ 0 & 0 & 0 & 1 \end{bmatrix} = \begin{bmatrix} 1 & 0 & 0 & 3 \\ 0 & 0.5 & -0.866 & 4 \\ 0 & 0.866 & 0.5 & 5 \\ 0 & 0 & 0 & 1 \end{bmatrix}$$

4. 刚体的表示

一个刚体在空间中的表示可采用在它上面固连一个坐标系，再将该固连的坐标系在空间表示出来的方法（见图 3-10）。如前所述，空间坐标系可以用矩阵表示，于是有

$$F_{\text{object}} = \begin{bmatrix} n_x & o_x & a_x & p_x \\ n_y & o_y & a_y & p_y \\ n_z & o_z & a_z & p_z \\ 0 & 0 & 0 & 1 \end{bmatrix} \tag{3-10}$$

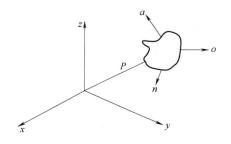

图 3-10 空间刚体的表示

5. 工业机器人的位姿描述

机器人运动操作的目的实际上是通过多个轴的运动去控制工具（如焊枪）的运动，即 TCP 的运动。需要建立工具坐标系与各关节轴坐标系之间的关系，即对于一定的机械臂，可以根据各关节轴的角度（相对其关节坐标系）获知 TCP 的位姿（正运动学），或者反过来根据 TCP 的位姿，确定各关节轴的角度（逆运动学）。

由于关节机器人的关节（含坐标系）是串联的，可以通过运动变换，从机器人的基坐标系一步一步构建其相对下一关节坐标系的运动变换，最终得到相对工具坐标系的运动变化，实现对机器人工具坐标系位姿的描述。

3.2 齐次变换及运算

前述是使用坐标系表示点、线、物体的位置，下面说明如果发生了运动，其位姿的表示方法，运动变换定义为空间的一个运动。当空间的一个坐标系（可以代表点、连杆、关节等）相对于固定的参考坐标系运动时，这一运动可以用类似表示坐标系的方式来表示。受机械结构和运动副的限制，在工业机器人中，被视为刚体的连杆的运动一般包括平移运动、旋转运动和平移加旋转运动。可以把每次简单的运动用一个变换矩阵来表示。通常变换矩阵应写成方型形式，以便于表示各种变换和计算机求解。这种形式的矩阵称为齐次矩阵，它们写为

$$F = \begin{bmatrix} n_x & o_x & a_x & p_x \\ n_y & o_y & a_y & p_y \\ n_z & o_z & a_z & p_z \\ 0 & 0 & 0 & 1 \end{bmatrix} \tag{3-11}$$

若只表示姿态，也可以写成 3×3 矩阵，对应 4×4 矩阵的左上角部分。多次运动即可用多个变换矩阵的积来表示，其矩阵称为齐次变换矩阵。这样，用连杆的初始位姿矩阵乘以齐次变换矩阵，即可得到经过多次变换后该连杆的最终位姿矩阵。通过多个连杆位姿的传递，可以得到机器人末端执行器的位姿。

运动变换可以是以下几种形式之一：

1）纯平移。

2）绕一个轴的纯旋转。

3）平移与旋转的结合。

为了解它们的表示方法，以下将逐一进行探讨。

3.2.1 纯平移变换的表示

如果一个坐标系（它也可能表示一个物体）在空间中以不变的姿态运动，那么该运动就是纯平移。在这种情况下，坐标系轴的方向单位向量保持同一方向不变，所有的改变只是坐标系原点相对于参考坐标系的变化，如图 3-11 所示。

相对于固定参考坐标系的新坐标系的位置可以用原来坐标系的原点位置向量加上表示位移的向量求得。若用矩阵形式，新坐标系的表示可以通过原坐标系左乘变换矩阵得到。由于在纯平移中方向向量不改变，变换矩阵 **T** 可以简单地表示为

$$T = \begin{bmatrix} 1 & 0 & 0 & d_x \\ 0 & 1 & 0 & d_y \\ 0 & 0 & 1 & d_z \\ 0 & 0 & 0 & 1 \end{bmatrix} \tag{3-12}$$

式中，d_x、d_y、d_z 为纯平移向量 $\boldsymbol{d}$ 相对于参考坐标系 x 轴、y 轴、z 轴的 3 个分量。

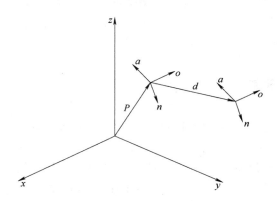

图 3-11　空间纯平移变换的表示

可以看到，矩阵的前三列表示没有旋转运动（等同于单位矩阵），而最后一列表示平移运动。新的坐标系位姿为

$$F_{\text{new}} = \begin{bmatrix} 1 & 0 & 0 & d_x \\ 0 & 1 & 0 & d_y \\ 0 & 0 & 1 & d_z \\ 0 & 0 & 0 & 1 \end{bmatrix} \begin{bmatrix} n_x & o_x & a_x & p_x \\ n_y & o_y & a_y & p_y \\ n_z & o_z & a_z & p_z \\ 0 & 0 & 0 & 1 \end{bmatrix} = \begin{bmatrix} n_x & o_x & a_x & p_x+d_x \\ n_y & o_y & a_y & p_y+d_y \\ n_z & o_z & a_z & p_z+d_z \\ 0 & 0 & 0 & 1 \end{bmatrix} \tag{3-13}$$

这个方程也可用符号写为

$$F_{\text{new}} = \text{Trans}(d_x, d_y, d_z) F_{\text{old}} \tag{3-14}$$

例 3.3　坐标系 F 沿参考坐标系的 x 轴移动 4 个单位，沿 z 轴移动 8 个单位。求新的坐标系位置。

$$F = \begin{bmatrix} 0.6 & -0.57 & 0.63 & 6 \\ 0.2 & 0.71 & 0.44 & 11 \\ 0.7746 & 0.4135 & -0.64 & -3 \\ 0 & 0 & 0 & 1 \end{bmatrix}$$

解：
由条件得

$$F_{\text{new}} = \text{Trans}(d_x, d_y, d_z) F_{\text{old}} = \text{Trans}(4,0,8) F_{\text{old}}$$

$$F_{\text{new}} = \begin{bmatrix} 1 & 0 & 0 & 4 \\ 0 & 1 & 0 & 0 \\ 0 & 0 & 1 & 8 \\ 0 & 0 & 0 & 1 \end{bmatrix} \begin{bmatrix} 0.6 & -0.57 & 0.63 & 6 \\ 0.2 & 0.71 & 0.44 & 11 \\ 0.7746 & 0.4135 & -0.64 & -3 \\ 0 & 0 & 0 & 1 \end{bmatrix} = \begin{bmatrix} 0.6 & -0.57 & 0.63 & 10 \\ 0.2 & 0.71 & 0.44 & 11 \\ 0.7746 & 0.4135 & -0.64 & 5 \\ 0 & 0 & 0 & 1 \end{bmatrix}$$

由于涉及矩阵变换，可以利用 Matlab 进行求解。本书篇幅所限，读者有兴趣可以通过相关书籍或网络资料学习。

3.2.2 纯绕轴旋转变换的表示

坐标系 F 或点 P 绕参考坐标系 A 旋转后其新的坐标系位姿或点位置同样可以采用旋转变换矩阵 $\boldsymbol{T}$ 左乘原有坐标系位姿或点位置获得。

从简单入手，先假设坐标系 F 位于参考坐标系 A 的原点并且与之平行（即重合）。可以得到，绕 x 轴、y 轴和 z 轴旋转 θ 角的旋转变换矩阵分别是

$$\mathrm{Rot}(X,\theta)=\begin{bmatrix}1 & 0 & 0\\ 0 & \cos\theta & -\sin\theta\\ 0 & \sin\theta & \cos\theta\end{bmatrix} \tag{3-15}$$

$$\mathrm{Rot}(Y,\theta)=\begin{bmatrix}\cos\theta & 0 & \sin\theta\\ 0 & 1 & 0\\ -\sin\theta & 0 & \cos\theta\end{bmatrix} \tag{3-16}$$

$$\mathrm{Rot}(Z,\theta)=\begin{bmatrix}\cos\theta & -\sin\theta & 0\\ \sin\theta & \cos\theta & 0\\ 0 & 0 & 1\end{bmatrix} \tag{3-17}$$

如图 3-12 所示，坐标系 F（对应 n、o、a 轴）旋转前与参考坐标系 A 重合，坐标系 F 绕参考坐标系 A 的 x 轴旋转角 θ，与坐标系 F 固连的 P 点旋转前位置为 $\begin{bmatrix}P_n & P_o & P_a\end{bmatrix}^{\mathrm{T}}$，旋转后其相对参考坐标系 A 的位置为

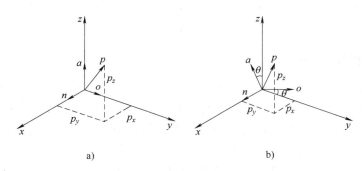

图 3-12　坐标系旋转前后的点的坐标

a）旋转前　b）旋转后

$$P_{\mathrm{new}}=\begin{bmatrix}P_x\\ P_y\\ P_z\end{bmatrix}=\mathrm{Rot}(X,\theta)P_{\mathrm{old}}=\begin{bmatrix}1 & 0 & 0\\ 0 & \cos\theta & -\sin\theta\\ 0 & \sin\theta & \cos\theta\end{bmatrix}\begin{bmatrix}P_n\\ P_o\\ P_a\end{bmatrix}=\begin{bmatrix}P_n\\ P_o\cos\theta-P_a\sin\theta\\ P_o\sin\theta+P_a\cos\theta\end{bmatrix}$$

从结果可以看出，因为绕 x 轴旋转，点的 x 坐标没有变化，而 y 坐标、z 坐标发生相应变化，如图 3-13 所示。

总之，运动坐标系 R 绕参考坐标系 U 旋转后（绕 x 轴、y 轴或 z 轴），为了得到运动坐标系 R 中的点 P（或向量 $\boldsymbol{P}$）在参考坐标系 U 中的坐标，点 P（或向量 $\boldsymbol{P}$）在旋转坐标系 R 中的坐标必须左乘旋转矩阵 ${}^{U}\boldsymbol{T}_{R}$，即

$$^{U}\boldsymbol{P}={}^{U}\boldsymbol{T}_{R}{}^{R}\boldsymbol{P} \tag{3-18}$$

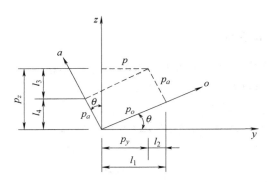

图 3-13　从 x 轴上观察相对于参考坐标系的旋转坐标系和点的坐标

式中，${}^{U}\boldsymbol{T}_{R}$ 为坐标系 R 相对于坐标系 U（Universe）的变换；${}^{R}\boldsymbol{P}$ 为 P 相对于坐标系 R 的坐标；${}^{U}\boldsymbol{P}$ 为 P 相对于坐标系 U 的坐标。

　　例 3.4　旋转坐标系中有一点 P 相对参考坐标系的坐标为 $\begin{bmatrix} 3 & 5 & 2 \end{bmatrix}^{\mathrm{T}}$，旋转坐标系绕参考坐标系的 y 轴旋转 90°。求旋转后该点相对于参考坐标系的坐标。

　　解：

　　由于点 P 固连在旋转坐标系中，因此点 P 相对于旋转坐标系的坐标在旋转前后保持不变。该点相对于参考坐标系的坐标为

$$\begin{bmatrix} P_x \\ P_y \\ P_z \end{bmatrix} = \begin{bmatrix} \cos\theta & 0 & \sin\theta \\ 0 & 1 & 0 \\ -\sin\theta & 0 & \cos\theta \end{bmatrix} \begin{bmatrix} P_n \\ P_o \\ P_a \end{bmatrix} = \begin{bmatrix} 0 & 0 & 1 \\ 0 & 1 & 0 \\ -1 & 0 & 0 \end{bmatrix} \times \begin{bmatrix} 3 \\ 5 \\ 2 \end{bmatrix} = \begin{bmatrix} 2 \\ 5 \\ -3 \end{bmatrix}$$

3.2.3　复合变换的表示

　　复合变换是由固定参考坐标系或当前运动坐标系的一系列沿轴平移和绕轴旋转变换所组成的。任何变换都可以分解为按一定顺序的一组平移和旋转变换。例如，为了完成所要求的变换，可以先绕 x 轴旋转，再沿 x 轴、y 轴、z 轴平移，最后绕 y 轴旋转。在后面将会看到，这个变换顺序很重要，如果颠倒两个依次变换的顺序，结果将会完全不同。

　　为了探讨如何处理复合变换，假定坐标系（n，o，a）相对于参考坐标系（x，y，z）依次进行了 3 个运动变换，变换矩阵分别为 $\boldsymbol{T}_1$、$\boldsymbol{T}_2$ 和 $\boldsymbol{T}_3$，每个变换矩阵可以是平移也可以是旋转。

　　第一次变换后，P 点相对于参考坐标系的坐标可用下列方程进行计算：

$$\boldsymbol{P}_{1,xyz} = \boldsymbol{T}_1 \boldsymbol{P}_{noa}$$

其中，$\boldsymbol{P}_{1,xyz}$ 是第一次变换后该点相对于参考坐标系的坐标。第二次变换后，该点相对于参考坐标系的坐标是

$$\boldsymbol{P}_{2,xyz} = \boldsymbol{T}_2 \boldsymbol{P}_{1,xyz} = \boldsymbol{T}_2 \boldsymbol{T}_1 \boldsymbol{P}_{noa}$$

　　同样，第三次变换后，该点相对于参考坐标系的坐标为

$$\boldsymbol{P}_{xyz} = \boldsymbol{P}_{3,xyz} = \boldsymbol{T}_3 \boldsymbol{P}_{2,xyz} = \boldsymbol{T}_3 \boldsymbol{T}_2 \boldsymbol{T}_1 \boldsymbol{P}_{noa}$$

　　可见，每次变换后该点相对于参考坐标系的坐标都是通过用每个变换矩阵左乘该点坐标得到的。由于是相对于参考坐标系进行变换，变换矩阵都是左乘的，因此，变换矩阵书写的

顺序和进行变换的顺序正好相反。

例 3.5　固连在运动坐标系 (n, o, a) 上的 P 点 $[3\ \ 9\ \ 5]^{\mathrm{T}}$ 经历如下变换，求出变换后该点相对于参考坐标系的坐标。

1）绕 x 轴旋转 $90°$。

2）接着平移 $[-3, 4, 8]$。

3）接着再绕 z 轴旋转 $90°$。

解：

表示该变换的矩阵方程为

$$\boldsymbol{P}_{xyz} = \mathrm{Rot}(z, 90°)\,\mathrm{Trans}(-3, 4, 8)\,\mathrm{Rot}(x, 90°)\,\boldsymbol{P}_{noa}$$

$$= \begin{bmatrix} 0 & -1 & 0 & 0 \\ 1 & 0 & 0 & 0 \\ 0 & 0 & 1 & 0 \\ 0 & 0 & 0 & 1 \end{bmatrix} \begin{bmatrix} 1 & 0 & 0 & -3 \\ 0 & 1 & 0 & 4 \\ 0 & 0 & 1 & 8 \\ 0 & 0 & 0 & 1 \end{bmatrix} \begin{bmatrix} 1 & 0 & 0 & 0 \\ 0 & 1 & -1 & 0 \\ 0 & 1 & 1 & 0 \\ 0 & 0 & 0 & 1 \end{bmatrix} \begin{bmatrix} 3 \\ 9 \\ 5 \\ 1 \end{bmatrix} = \begin{bmatrix} -8 \\ 0 \\ 22 \\ 1 \end{bmatrix}$$

若同样是 P 点，但变换顺序为 1）、3）、2），即最后两个变换矩阵对调，则

$$\boldsymbol{P}_{xyz} = \mathrm{Trans}(-3, 4, 8)\,\mathrm{Rot}(z, 90°)\,\mathrm{Rot}(x, 90°)\,\boldsymbol{P}_{noa}$$

$$= \begin{bmatrix} 1 & 0 & 0 & -3 \\ 0 & 1 & 0 & 4 \\ 0 & 0 & 1 & 8 \\ 0 & 0 & 0 & 1 \end{bmatrix} \begin{bmatrix} 0 & -1 & 0 & 0 \\ 1 & 0 & 0 & 0 \\ 0 & 0 & 1 & 0 \\ 0 & 0 & 0 & 1 \end{bmatrix} \begin{bmatrix} 1 & 0 & 0 & 0 \\ 0 & 1 & -1 & 0 \\ 0 & 1 & 1 & 0 \\ 0 & 0 & 0 & 1 \end{bmatrix} \begin{bmatrix} 3 \\ 9 \\ 5 \\ 1 \end{bmatrix} = \begin{bmatrix} -7 \\ 7 \\ 22 \\ 1 \end{bmatrix}$$

可见，不同的变换顺序会使结果大为不同。

3.2.4　相对于运动坐标系的变换

目前为止所讨论的变换都是相对于固定的参考坐标系而进行的，实际也存在相对于运动坐标系（或当前坐标系）的变换。此时，为计算变换后点（或坐标系）相对于参考坐标系的位姿，需要按照变换顺序依次右乘（而不是左乘）变换矩阵来获得总的变换矩阵，再将总变换矩阵左乘变换前点（或坐标系）的位姿来获得最终位姿。

例 3.6　假设与例 3.5 中相同的点现在进行相同的变换，但所有变换都是相对于当前的运动坐标系，具体变换要求如下。求出变换完成后该点相对于参考坐标系的坐标。

1）绕 n 轴旋转 $90°$。

2）然后沿 n、o、a 轴平移 $[-3, 4, 8]$。

3）接着绕 a 轴旋转 $90°$。

解：

在本例中，因为所做变换是相对于当前坐标系的，因此右乘每个变换矩阵，可得表示该坐标的方程为

$$\boldsymbol{P}_{xyz} = \mathrm{Rot}(n, 90°)\,\mathrm{Trans}(-3, 4, 8)\,\mathrm{Rot}(a, 90°)\,\boldsymbol{P}_{noa}$$

$$= \begin{bmatrix} 1 & 0 & 0 & 0 \\ 0 & 1 & -1 & 0 \\ 0 & 1 & 1 & 0 \\ 0 & 0 & 0 & 1 \end{bmatrix} \begin{bmatrix} 1 & 0 & 0 & -3 \\ 0 & 1 & 0 & 4 \\ 0 & 0 & 1 & 8 \\ 0 & 0 & 0 & 1 \end{bmatrix} \begin{bmatrix} 0 & -1 & 0 & 0 \\ 1 & 0 & 0 & 0 \\ 0 & 0 & 1 & 0 \\ 0 & 0 & 0 & 1 \end{bmatrix} \begin{bmatrix} 3 \\ 9 \\ 5 \\ 1 \end{bmatrix} = \begin{bmatrix} -12 \\ -6 \\ 20 \\ 1 \end{bmatrix}$$

结果与例 3.5 完全不同，不仅因为所做变换是相对于当前坐标系的，而且也因为矩阵顺序的改变。$[-12 \quad -6 \quad 20 \quad 1]^T$ 是 P 点经过变化后相对于固定参考坐标系的坐标。

例 3.7 坐标系 B 绕参考坐标系 x 轴旋转 45°，然后沿当前坐标系 a 轴做了 6mm 的平移，然后再绕参考坐标系 z 轴旋转 60°，最后沿当前坐标系 o 轴做-9mm 的平移。

1) 写出描述该运动的方程。

2) 求坐标系中的 P 点（2，6，7）相对于参考坐标系的最终位置。

解：

在本例中，相对于参考坐标系以及当前坐标系的运动是交替进行的。

1) 根据变换顺序和相对运动的方式，相应地左乘（相对于参考坐标系的变换矩阵）或右乘（相对当前坐标系的变换矩阵），得到总变换矩阵：

$$^U\boldsymbol{T}_B = \text{Rot}(z,60°)\text{Rot}(x,45°)\text{Trans}(0,0,6)\text{Trans}(0,-9,0)$$

2) 代入具体的矩阵并将它们相乘，得到

$$^U\boldsymbol{P} = {}^U\boldsymbol{T}_B {}^B\boldsymbol{P}$$

$$= \begin{bmatrix} \cos60° & -\sin60° & 0 & 0 \\ \sin60° & \cos60° & 0 & 0 \\ 0 & 0 & 1 & 0 \\ 0 & 0 & 0 & 1 \end{bmatrix} \begin{bmatrix} 1 & 0 & 0 & 0 \\ 0 & \cos45° & -\sin45° & 0 \\ 0 & \sin45° & \cos45° & 0 \\ 0 & 0 & 0 & 1 \end{bmatrix} \begin{bmatrix} 1 & 0 & 0 & 0 \\ 0 & 1 & 0 & 0 \\ 0 & 0 & 1 & 6 \\ 0 & 0 & 0 & 1 \end{bmatrix} \begin{bmatrix} 1 & 0 & 0 & 0 \\ 0 & 1 & 0 & -9 \\ 0 & 0 & 1 & 0 \\ 0 & 0 & 0 & 1 \end{bmatrix} \begin{bmatrix} 2 \\ 6 \\ 7 \\ 1 \end{bmatrix}$$

$$= \begin{bmatrix} 10.7980 \\ -3.9248 \\ 7.0711 \\ 1 \end{bmatrix}$$

3.3 机器人的正逆运动学

假设有一个构型已知的机器人，即它的所有连杆长度和关节角度都是已知的，那么计算机器人工具（如焊枪）的位姿就称为正运动学分析。换言之，如果已知所有机器人关节变量，用正运动学方程就能计算任一瞬间机器人的位姿。即

$$\boldsymbol{H}_{\text{new}} = {}^B\boldsymbol{T}_H \times \boldsymbol{H}_{\text{old}}$$

式中，$\boldsymbol{H}_{\text{old}}$ 为变换前工具坐标系相对于基础坐标系的位姿；$\boldsymbol{H}_{\text{new}}$ 为变换后工具坐标系相对于基础坐标系的位姿；$^B\boldsymbol{T}_H$ 为各个关节运动变换的总变换矩阵。

如果想要将机器人的工具放在一个期望的位姿，就必须知道机器人的每一个连杆的长度和关节的角度，这叫作逆运动学分析。此时不是把已知的机器人关节变量代入正向运动学方程中，而是要设法找到这些方程的逆，从而求得所需的关节变量，使机器人放置在期望的位姿。

机器人的控制器就是利用逆运动学方程来计算关节值，将机器人运行至所期望的位姿的。下面首先推导机器人的正运动学方程，然后利用这些方程来计算逆运动学方程。

对正运动学，必须推导出一组与机器人特定构型（即连杆和关节的构型配置）有关的方程，建立机器人工具坐标系和参考坐标系（如基础坐标系）之间的联系。将有关的关节和连杆变量代入这些方程就能计算出机器人的位姿，然后可用这些方程推出逆运动

学方程。

图 3-14 所示是机器人中的坐标系，其中 H 为工具坐标系、B 为基础坐标系、E 为工件坐标系、T 为任务框架、U 为大地坐标系（或称全局坐标系），显然以下变换矩阵是成立的：

$$^{U}\boldsymbol{T}_H = {}^{U}\boldsymbol{T}_T\,{}^{T}\boldsymbol{T}_B\,{}^{B}\boldsymbol{T}_H = {}^{U}\boldsymbol{T}_T\,{}^{T}\boldsymbol{T}_E\,{}^{E}\boldsymbol{T}_H$$

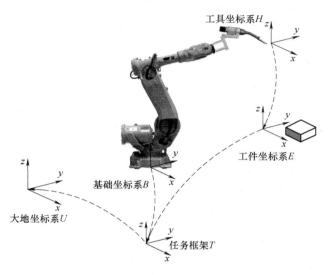

图 3-14　机器人中的坐标系

实际应用中比较关心机器人工具坐标系相对于机器人基础坐标系的变换关系，即 $^{B}\boldsymbol{T}_H$，而这与组成机器人的关节、连杆相关。机器人中的关节坐标系如图 3-15 所示，对于 6 自由度关节机器人，可以从机器人基座开始，构建基座到第一个关节的运动变换、第一个关节到第二个关节的变换、……、第六个关节到机器人工具的变换。若把每个变换定义为 $\boldsymbol{A}_n$，则可以得到许多表示变换的矩阵。在机器人的基座与工具之间的总变换矩阵则为：

$$^{B}\boldsymbol{T}_H = \boldsymbol{A}_1\boldsymbol{A}_2\boldsymbol{A}_3\boldsymbol{A}_4\boldsymbol{A}_5\boldsymbol{A}_6\boldsymbol{A}_7 = {}^{B}\boldsymbol{T}_1\,{}^{1}\boldsymbol{T}_2\,{}^{2}\boldsymbol{T}_3\,{}^{3}\boldsymbol{T}_4\,{}^{4}\boldsymbol{T}_5\,{}^{5}\boldsymbol{T}_6\,{}^{6}\boldsymbol{T}_H \tag{3-19}$$

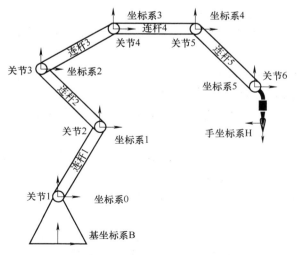

图 3-15　机器人中的关节坐标系

为使过程简化，可分别分析位姿问题，首先推导出位置方程，然后再推导出姿态方程，最后再将两者结合在一起而形成一组完整的方程。

3.3.1 机器人正运动学方程的 D-H 表示法

D-H 模型是一种对机器人连杆和关节进行建模的非常简单有效的方法，可用于任何机器人构型，而不管机器人的结构顺序和复杂程度如何。它也可用于表示任何坐标中的变换。

假设机器人由一系列关节和连杆组成。这些关节可能是滑动（线性）的或旋转（转动）的，它们可以按任意的顺序放置并位于任意平面上。连杆也可以是任意的长度（包括零），它可能被弯曲或扭曲，也可能位于任意平面上。所以任何一组关节和连杆都可以构成一个想要建模和表示的机器人。使用 D-H 表示法的目的是构建一套通用的运动变换，从而建立相邻坐标系的变换矩阵，进而实现总的变换矩阵及运动术解。

假设一台机器人由任意多的连杆和关节以任意形式构成。图 3-16 中有三个顺序的关节和两个连杆。这些关节可能是旋转的、滑动的，或两者都有。

1. 机械臂连杆、关节和坐标系的编号

机械臂的各个连杆通过移动副或转动副连接在一起，首先需要对从基座到机械臂末端执行器中的连杆、关节和连杆坐标系进行编号。基座的编号为 0，末端执行器的编号为 n，连杆的编号从 $1 \sim n-1$ 递增。每个连杆有前后两个关节，前面一个关节轴线编号和连杆编号一致，后面一个关节编号为连杆编号加 1。图中关节编号如图 3-16a 所示。

其次，需要为每个关节指定一个本地的参考坐标系，即必须指定一个 z 轴和 x 轴（由此就能确定 y 轴），步骤如下：

1）z 轴的确立：所有关节，无一例外地用 z 轴表示。如果关节是旋转的，z 轴位于按右手规则旋转的方向。如果关节是滑动的，z 轴为沿直线运动的方向。在每一种情况下，关节 n 处的 z 轴（以及该关节的本地参考坐标系）的下标为 $n-1$。对于旋转关节，绕 z 轴的旋转角度（θ 角）是关节变量；对于滑动关节，沿 z 轴的连杆长度 d 是关节变量。

2）x 轴的确立，分下面 3 种情况：

① 相邻关节的 z 轴不平行且不相交，可以找到公垂线与它们都垂直，在公垂线方向上定义本地参考坐标系的 x 轴。如 a_n 表示 z_{n-1} 与 z_n 之间的公垂线，则 x_n 的方向将沿 a_n 方向。

② 两个关节的 z 轴平行，那么它们之间就有无数条公垂线。这时可挑选与前一关节的公垂线共线的一条公垂线，这样可以简化模型。

③ 如果两个相邻关节的 z 轴是相交的，可将垂直于两条轴线构成的平面的直线定义为 x 轴。

在图 3-16a 中，θ 角表示绕 z 轴的旋转角，d 表示在 z 轴上两条相邻的公垂线之间的距离，a 表示每一条公垂线的长度（也叫关节偏移量），角 α 表示两个相邻的 z 轴之间的角度（也叫关节扭转）。通常，只有 θ 和 d 是关节变量。

2. 坐标系的变换

下一步来完成几个必要的运动，将一个参考坐标系变换到下一个参考坐标系。本地坐标系 x_n-z_n 通过以下 4 步标准运动即可到达下一个本地坐标系 x_{n+1}-z_{n+1}。

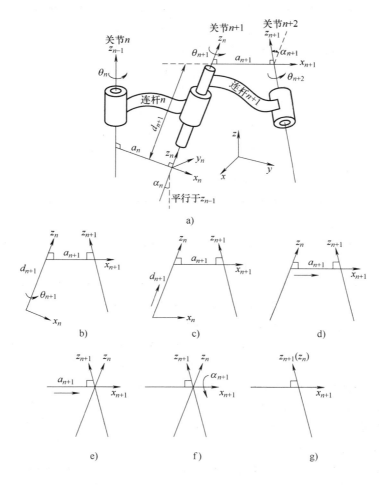

图 3-16　通用关节-连杆组合的 D-H 表示

a）关节坐标系的定义　b）绕 z_n 轴旋转 θ_{n+1}　c）沿 z_n 轴平移 d_{n+1}

d）沿 x_n 轴平移 a_{n+1}　e）两坐标系的原点重合　f）绕 x_{n+1} 轴旋转 α_{n+1}

g）两坐标系重合

1）绕 z_n 轴旋转 θ_{n+1}（见图 3-16a、b），使得 x_n 和 x_{n+1} 互相平行。

2）沿 z_n 轴平移 d_{n+1} 距离，使得 x_n 和 x_{n+1} 共线（见图 3-16c）。

3）沿 x_n 轴平移 a_{n+1} 的距离，使得 x_n 和 x_{n+1} 的原点重合（见图 3-16d、e），这时两个参考坐标系的原点处在同一位置。

4）将 z_n 轴绕 x_{n+1} 轴旋转 α_{n+1}，使得 z_n 轴与 z_{n+1} 轴对准（见图 3-16f）。这时坐标系 n 和 $n+1$ 完全相同（见图 3-16g）；至此，成功地从一个坐标系变换到了下一个坐标系。

对相邻坐标系重复以上步骤，就可以实现一系列相邻坐标系之间的变换。

由于所有的变换都是相对于当前坐标系的（即它们都是相对于当前的本地坐标系来测量与执行的），因此所有的矩阵都是右乘。通过右乘表示 4 个运动的 4 个矩阵就可以得到变换矩阵 **A**，从而得到如下结果：

$$^n\boldsymbol{T}_{n+1} = \boldsymbol{A}_{n+1} = \mathrm{Rot}(z, \theta_{n+1}) \mathrm{Tran}(0,0,d_{n+1}) \mathrm{Tran}(a_{n+1},0,0) \mathrm{Rot}(x, a_{n+1})$$

$$= \begin{bmatrix} \cos\theta_{n+1} & -\sin\theta_{n+1} & 0 & 0 \\ \sin\theta_{n+1} & \cos\theta_{n+1} & 0 & 0 \\ 0 & 0 & 1 & 0 \\ 0 & 0 & 0 & 1 \end{bmatrix} \begin{bmatrix} 1 & 0 & 0 & 0 \\ 0 & 1 & 0 & 0 \\ 0 & 0 & 1 & d_{n+1} \\ 0 & 0 & 0 & 0 \end{bmatrix}$$

$$\begin{bmatrix} 1 & 0 & 0 & a_{n+1} \\ 0 & 1 & 0 & 0 \\ 0 & 0 & 1 & 0 \\ 0 & 0 & 0 & 1 \end{bmatrix} \begin{bmatrix} 1 & 0 & 0 & 0 \\ 0 & \cos\alpha_{n+1} & -\sin\alpha_{n+1} & 0 \\ 0 & \sin\alpha_{n+1} & \cos\alpha_{n+1} & 0 \\ 0 & 0 & 0 & 1 \end{bmatrix}$$

$$= \begin{bmatrix} \cos\theta_{n+1} & -\sin\theta_{n+1}\cos\alpha_{n+1} & \sin\theta_{n+1}\sin\alpha_{n+1} & a_{n+1}\cos\theta_{n+1} \\ \sin\theta_{n+1} & \cos\theta_{n+1}\cos\alpha_{n+1} & -\cos\theta_{n+1}\sin\alpha_{n+1} & a_{n+1}\sin\theta_{n+1} \\ 0 & \sin\alpha_{n+1} & \cos\alpha_{n+1} & d_{n+1} \\ 0 & 0 & 0 & 1 \end{bmatrix}$$

如前所述，在机器人的基座上，可以从第一个关节开始变换到第二个关节，然后到第三个，……，再到机器人的末端执行器。若把每个变换定义为 A_{n+1}，则可以得到许多表示变换的矩阵。在机器人的基座与手之间的总变换则为

$$^R\boldsymbol{T}_H = {}^R\boldsymbol{T}_1 {}^1\boldsymbol{T}_2 {}^2\boldsymbol{T}_3 \cdots {}^{n+1}\boldsymbol{T}_n = \boldsymbol{A}_1 \boldsymbol{A}_2 \boldsymbol{A}_3 \cdots \boldsymbol{A}_n \tag{3-20}$$

式中，n 为关节数，若关节自由度为 1，则同样表示自由度数。

对于一个具有 6 个自由度的机器人而言，有 6 个 $\boldsymbol{A}$ 矩阵。

为了简化 $\boldsymbol{A}$ 矩阵的计算，可以制作一张关节和连杆参数的表格，其中每个连杆和关节的参数值可从机器人的原理示意图上确定，并且可将这些参数代入 $\boldsymbol{A}$ 矩阵。

3. D-H 建模方法的不足

D-H 建模方法的根本问题是，由于所有的运动都是关于 x 轴和 z 轴的，无法表示关于 y 轴的运动，因此若机器人系统中存在 y 轴的运动，则不能使用此建模方法。此外，该建模方法也不能对 y 轴方向的误差建模。

3.3.2　机器人的逆运动学解

实际应用中，经常需要使工具处于期望的位姿，需要进行逆运动学求解来确定每个关节的值。前述机器人正运动学方程利用机器人关节求解机器人工具位姿，但实际几乎没有人会利用上述方程直接求解机器人关节变量，这是因为计算机计算正运动方程的逆或将值代入正运动方程，并用高斯消去法来求解未知量（关节变量）将花费大量时间。实际计算中所用的仅为计算关节值的 6 个方程，用求解结果驱动机器人到达期望位置。

以关节机器人的期望位姿为例，计算如下：

$$\boldsymbol{H}_{\mathrm{desire}} = \begin{bmatrix} n_x & o_x & a_x & p_x \\ n_y & o_y & a_y & p_y \\ n_z & o_z & a_z & p_z \\ 0 & 0 & 0 & 1 \end{bmatrix}$$

控制器所需要的计算如下：

$$
\begin{cases}
\theta_1 = \arctan\left(\dfrac{p_y}{p_x}\right) \text{ 和 } \theta_1 = \theta_1 + 180° \\[2mm]
\theta_{234} = \arctan\left(\dfrac{a_z}{C_1 a_x + S_1 a_y}\right) \text{ 和 } \theta_{234} = \theta_{234} + 180° \\[2mm]
C_3 = \dfrac{(p_x C_1 + p_y S_1 - C_{234} a_4)^2 + (p_z - S_{234} a_4)^2 - a_2^2 - a_3^2}{2 a_2 a_3} \\[3mm]
S_3 = \pm \sqrt{1 - C_3^2} \\[2mm]
\theta_3 = \arctan \dfrac{S_3}{C_3} \\[3mm]
\theta_2 = \arctan \dfrac{(C_3 a_3 + a_2)(p_z - S_{234} a_4) - S_3 a_3 (p_x C_1 + p_y S_1 - C_{234} a_4)}{(C_3 a_3 + a_2)(p_x C_1 + p_y S_1 - C_{234} a_4) + S_3 a_3 (p_z - S_{234} a_4)} \\[3mm]
\theta_4 = \theta_{234} - \theta_2 - \theta_3 \\[2mm]
\theta_5 = \arctan \dfrac{C_{234}(C_1 a_x + S_1 a_y) + S_{234} a_z}{S_1 a_x - C_1 a_y} \\[3mm]
\theta_6 = \arctan \dfrac{-S_{234}(C_1 n_x + S_1 n_y) + C_{234} n_z}{-S_{234}(C_1 o_x + S_1 o_y) + C_{234} o_z}
\end{cases}
\tag{3-21}
$$

式中，C_1 为 $\cos\theta_1$；S_1 为 $\sin\theta_1$；其余以此类推。

虽然以上计算也并不简单，但用这些方程来计算关节角度比对矩阵求逆或使用高斯消去法计算要快得多。这里所有的运算都是简单的算术运算和三角运算。

上述逆运动学实现了由工具位姿到机器人关节变量的求解。为使机器人按预定的轨迹运动，则需要在规定的时间内反复求解关节变量，并驱动机器人到达。如图 3-17 所示，假设机器人需要从 A 点直线运动到 B 点，如果其间不采取其他措施，那么机器人从 A 运动到 B 的轨迹难以预测。为使机器人按直线运动，可以把这一路径分成如图 3-17 所示的许多小段，让机器人按照分好的小段路径在两点间依次运动。这就意味着对每一小段路径都必须计算新的逆运动学解。典型情况下，每秒钟要对位置反复计算 50～200 次。也就是说，如果计算逆解耗时 5～20ms 以上，那么机器人将丢失精度或不能按照指定路径运动。用来计算新解的时间越短，机器人的运动就越精确。因此，必须尽量减少不必要的计算，从而使计算机控制器能做更多的逆解计算。这也就是设计者必须事先做好所有的数学处理，并为计算机控制器编程来计算最终解的原因。

图 3-17　直线运动分解的小段

3.3.3　机器人的退化和灵巧特性

当机器人失去一个自由度，并因此不能按所期望的位姿状态运动时即称机器人发生了退化。在两种条件下会发生退化：机器人关节达到其物理极限而不能进一步运动；如果两个相

似关节的 z 轴共线时，机器人可能会在其工作空间中变为退化状态，这意味此时无论共轴线的哪个关节运动都将产生同样的运动，结果是控制器将不知道是哪个关节在运动。两种条件下机器人的自由度总数都小于6，机器人的方程无解。

随着机器人越来越接近其工作空间的极限，虽然机器人仍可能定位在期望的位置上，但却有可能不能保持在期望的姿态上。能对机器人工具定位但不能定姿的点的区域称为不灵巧区域。

如图 2-17 所示，在 RobotStudio 的"布局"浏览页面中，右键单击机器人对应元件，选择"显示机器人工作区域"，会出现一个白线框显示机器人的工作区域，如图 3-18 所示。选择不同的工具，该区域会不同。当机器人工具运动到工作区域边缘附近时，即处于不灵巧区域。

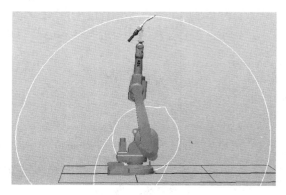

图 3-18　机器人的工作区域

3.4　微分运动和速度

上述机器人的正逆运动学只局限于对静态位置的讨论，而实际焊接时，需要控制焊枪（工具或末端执行器）的速度，这就涉及机器人的微分运动分析。它是在前面位姿分析的基础上进行微分处理，研究工具空间速度与关节空间速度的映射关系，这种关系可用雅可比矩阵表示。

3.4.1　雅可比矩阵

在多自由度的机器人中，可将关节的微分运动（或速度）与手的微分运动（或速度）联系起来。假如有一组变量为 x_j（关节变量）的方程 Y_i（工具位姿）为

$$Y_i = f_i(x_1, x_2, x_3, \cdots, x_j) \tag{3-22}$$

由 Y_i 的微分变化引起的 x_j 的微分变化为

$$
\begin{cases}
\delta Y_1 = \dfrac{\partial f_1}{\partial x_1}\delta x_1 + \dfrac{\partial f_1}{\partial x_2}\delta x_2 + \cdots + \dfrac{\partial f_1}{\partial x_j}\delta x_j \\[2mm]
\delta Y_2 = \dfrac{\partial f_2}{\partial x_1}\delta x_1 + \dfrac{\partial f_2}{\partial x_2}\delta x_2 + \cdots + \dfrac{\partial f_2}{\partial x_j}\delta x_j \\[2mm]
\qquad\qquad\qquad \cdots \\[2mm]
\delta Y_i = \dfrac{\partial f_i}{\partial x_1}\delta x_1 + \dfrac{\partial f_i}{\partial x_2}\delta x_2 + \cdots + \dfrac{\partial f_i}{\partial x_j}\delta x_j
\end{cases} \tag{3-23}
$$

式（3-23）可以写成矩阵形式，它表示各关节微分和工具微分变化的关系，包含这一关系的矩阵便是雅可比矩阵。因此，可以通过在每一个方程中对所有的变量求导来计算雅可比矩阵，也可以用同样的原理来计算机器人的雅可比矩阵。

$$\begin{bmatrix} \delta Y_1 \\ \delta Y_2 \\ \vdots \\ \delta Y_i \end{bmatrix} = \begin{bmatrix} \dfrac{\partial f_1}{\partial x_1} & \dfrac{\partial f_1}{\partial x_2} & \cdots & \dfrac{\partial f_1}{\partial x_j} \\ \dfrac{\partial f_2}{\partial x_1} & \dfrac{\partial f_2}{\partial x_2} & \cdots & \dfrac{\partial f_2}{\partial x_j} \\ \vdots & \vdots & \vdots & \vdots \\ \dfrac{\partial f_i}{\partial x_1} & \dfrac{\partial f_i}{\partial x_2} & \cdots & \dfrac{\partial f_i}{\partial x_j} \end{bmatrix} \begin{bmatrix} \delta x_1 \\ \delta x_2 \\ \vdots \\ \delta x_j \end{bmatrix} \qquad (3\text{-}24)$$

或
$$\begin{bmatrix} \delta Y_i \end{bmatrix} = \begin{bmatrix} \dfrac{\partial f_i}{\partial x_j} \end{bmatrix} \begin{bmatrix} \delta x_j \end{bmatrix}$$

　　根据上述关系对机器人的位置方程求微分,可以写出下列方程,它建立了机器人的关节微分运动和机器人工具坐标系微分运动之间的联系。若上述两个矩阵都除以 $\mathrm{d}t$,则表示的就是速度。

$$\begin{bmatrix} \mathrm{d}x \\ \mathrm{d}y \\ \mathrm{d}z \\ \delta x \\ \delta y \\ \delta z \end{bmatrix} = \begin{bmatrix} 机器人 \\ 雅可比 \end{bmatrix} \times \begin{bmatrix} \mathrm{d}\theta_1 \\ \mathrm{d}\theta_2 \\ \mathrm{d}\theta_3 \\ \mathrm{d}\theta_4 \\ \mathrm{d}\theta_5 \\ \mathrm{d}\theta_6 \end{bmatrix}$$

或
$$\boldsymbol{D} = \boldsymbol{J}\boldsymbol{D}_\theta \qquad (3\text{-}25)$$

式中, $\boldsymbol{D}$ 中的 $\mathrm{d}x$、$\mathrm{d}y$、$\mathrm{d}z$ 为机器人工具沿 x 轴、y 轴、z 轴的微分运动;$\boldsymbol{D}$ 中的 δx、δy、δz 为机器人工具绕 x 轴、y 轴、z 轴的微分旋转;$\boldsymbol{D}_\theta$ 为关节的微分运动。

　　例 3.8　给定某一时刻的机器人雅克比矩阵如下,计算给定关节的微分运动,求机器人工具坐标系的线位移微分运动和角位移微分运动。

$$\boldsymbol{J} = \begin{bmatrix} 2 & 0 & 0 & 0 & 1 & 0 \\ -1 & 0 & 1 & 0 & 0 & 0 \\ 0 & 1 & 0 & 0 & 0 & 0 \\ 0 & 0 & 0 & 2 & 0 & 0 \\ 0 & 0 & 1 & 0 & 0 & 0 \\ 0 & 0 & 0 & 0 & 0 & 1 \end{bmatrix}, \quad \boldsymbol{D}_\theta = \begin{bmatrix} 0 \\ 0.1 \\ -0.1 \\ 0 \\ 0 \\ 0.2 \end{bmatrix}$$

　　解:
将上述矩阵代入式(3-25),得

$$\boldsymbol{D} = \boldsymbol{J}\boldsymbol{D}_\theta = \begin{bmatrix} -2 & 0 & 0 & 0 & 1 & 0 \\ -1 & 0 & 1 & 0 & 0 & 0 \\ 0 & 1 & 0 & 0 & 0 & 0 \\ 0 & 0 & 0 & 2 & 0 & 0 \\ 0 & 0 & 1 & 0 & 0 & 0 \\ 0 & 0 & 0 & 0 & 0 & 1 \end{bmatrix} \begin{bmatrix} 0 \\ 0.1 \\ -0.1 \\ 0 \\ 0 \\ 0.2 \end{bmatrix} = \begin{bmatrix} 0 \\ -0.1 \\ 0.1 \\ 0 \\ -0.1 \\ 0.2 \end{bmatrix} = \begin{bmatrix} \mathrm{d}x \\ \mathrm{d}y \\ \mathrm{d}z \\ \delta x \\ \delta y \\ \delta z \end{bmatrix}$$

3.4.2 坐标系的微分运动

坐标系微分运动可以分为微分平移、微分旋转和微分变换（平移与旋转）。

1. 微分平移

微分平移就是坐标系平移一个微分量，因此它可以用 $\mathrm{Trans}(\mathrm{d}x,\mathrm{d}y,\mathrm{d}z)$ 来表示，其含义是坐标系沿 3 条坐标轴做了微小量的运动。易知

$$\mathrm{Trans}(\mathrm{d}x,\mathrm{d}y,\mathrm{d}z)=\begin{bmatrix} 1 & 0 & 0 & \mathrm{d}x \\ 0 & 1 & 0 & \mathrm{d}y \\ 0 & 0 & 1 & \mathrm{d}z \\ 0 & 0 & 0 & 1 \end{bmatrix} \tag{3-26}$$

2. 微分旋转

微分旋转是坐标系的小量旋转，它通常用 $\mathrm{Rot}(k,\mathrm{d}\theta)$ 来描述，即绕坐标系 k 轴转动 $\mathrm{d}\theta$ 角度。

特别要说明，绕 x 轴、y 轴、z 轴的微分运动分别定义为 δx、δy、δz。因为旋转很小，所以可以用如下的近似等式：

$$\sin\delta x = \delta x（弧度表示）$$
$$\cos\delta x = 1$$

因此，表示绕 x 轴、y 轴、z 轴的微分旋转矩阵为

$$\mathrm{Rot}(x,\delta x)=\begin{bmatrix} 1 & 0 & 0 & 0 \\ 0 & 1 & -\delta x & 0 \\ 0 & \delta x & 1 & 0 \\ 0 & 0 & 0 & 1 \end{bmatrix}$$

$$\mathrm{Rot}(y,\delta y)=\begin{bmatrix} 1 & 0 & \delta y & 0 \\ 0 & 1 & 0 & 0 \\ -\delta y & 0 & 1 & 0 \\ 0 & 0 & 0 & 1 \end{bmatrix} \tag{3-27}$$

$$\mathrm{Rot}(z,\delta z)=\begin{bmatrix} 1 & -\delta z & 0 & 0 \\ \delta z & 1 & 0 & 0 \\ 0 & 0 & 1 & 0 \\ 0 & 0 & 0 & 1 \end{bmatrix}$$

在微分运动中，可忽略高阶微分，此时微分变换的顺序并不重要，例如有如下关系：

$$\mathrm{Rot}(x,\delta x)\mathrm{Rot}(y,\delta y)=\mathrm{Rot}(y,\delta y)\mathrm{Rot}(x,\delta x)$$

假设绕一般 k 轴的微分运动是由绕 3 条坐标轴的 3 个微分运动以任意的顺序构成的，因此绕一般 k 轴的微分运动可以表示为

$$\mathrm{Rot}(k,\mathrm{d}\theta)=\mathrm{Rot}(x,\delta x)\mathrm{Rot}(y,\delta y)\mathrm{Rot}(z,\delta z)$$

$$=\begin{bmatrix} 1 & -\delta z & \delta y & 0 \\ \delta z+\delta x\delta y & 1-\delta x\delta y\delta z & -\delta x & 0 \\ -\delta y+\delta x\delta z & \delta x+\delta y\delta z & 1 & 0 \\ 0 & 0 & 0 & 1 \end{bmatrix} \tag{3-28}$$

忽略所有的高阶微分，可得

$$\mathrm{Rot}(k,\mathrm{d}\theta)=\mathrm{Rot}(x,\delta x)\mathrm{Rot}(y,\delta y)\mathrm{Rot}(z,\delta z)=\begin{bmatrix}1 & -\delta z & \delta y & 0\\ \delta z & 1 & -\delta x & 0\\ -\delta y & \delta x & 1 & 0\\ 0 & 0 & 0 & 1\end{bmatrix} \tag{3-29}$$

例 3.9　求绕 3 个坐标轴做 δx、δy、δz 微分旋转所产生的总微分变换，其中 $\delta x = 0.15$ 弧度，$\delta y = 0.08$ 弧度，$\delta z = 0.02$ 弧度。

解：

将给定的旋转值代入式（3-28），得

$$\mathrm{Rot}(k,\mathrm{d}\theta)=\begin{bmatrix}1 & -\delta z & \delta y & 0\\ \delta z & 1 & -\delta x & 0\\ -\delta y & \delta x & 1 & 0\\ 0 & 0 & 0 & 1\end{bmatrix}=\begin{bmatrix}1 & -0.02 & 0.08 & 0\\ 0.02 & 1 & -0.15 & 0\\ -0.08 & 0.15 & 1 & 0\\ 0 & 0 & 0 & 1\end{bmatrix}$$

3. 微分变换

坐标系的微分变换是微分平移和微分旋转运动的合成。如果用 T 表示原始坐标系，并假定由于微分变换所引起的坐标系 T 的变化量用 $\mathrm{d}T$ 表示，则有

$$[T+\mathrm{d}T]=[\mathrm{Trans}(\mathrm{d}x,\mathrm{d}y,\mathrm{d}z)\mathrm{Rot}(k,\mathrm{d}\theta)][T]$$

或

$$[\mathrm{d}T]=[\mathrm{Trans}(\mathrm{d}x,\mathrm{d}y,\mathrm{d}z)\mathrm{Rot}(k,\mathrm{d}\theta)-I][T] \tag{3-30}$$

式中，I 为单位矩阵。也可写成

$$[\mathrm{d}T]=[\Delta][T]$$

$$[\Delta]=[\mathrm{Trans}(\mathrm{d}x,\mathrm{d}y,\mathrm{d}z)\times\mathrm{Rot}(k,\mathrm{d}\theta)-I] \tag{3-31}$$

式中，Δ 为微分算子，用它乘以一个坐标系将导致坐标系的变化。

$$\Delta=\mathrm{Trans}(\mathrm{d}x,\mathrm{d}y,\mathrm{d}z)\times\mathrm{Rot}(k,\mathrm{d}\theta)-I$$

$$=\begin{bmatrix}1 & 0 & 0 & \mathrm{d}x\\ 0 & 1 & 0 & \mathrm{d}y\\ 0 & 0 & 1 & \mathrm{d}z\\ 0 & 0 & 0 & 1\end{bmatrix}\times\begin{bmatrix}1 & -\delta z & \delta y & 0\\ \delta z & 1 & -\delta x & 0\\ -\delta y & \delta x & 1 & 0\\ 0 & 0 & 0 & 1\end{bmatrix}-\begin{bmatrix}1 & 0 & 0 & 0\\ 0 & 1 & 0 & 0\\ 0 & 0 & 1 & 0\\ 0 & 0 & 0 & 1\end{bmatrix}$$

$$=\begin{bmatrix}0 & -\delta z & \delta y & \mathrm{d}x\\ \delta z & 0 & -\delta x & \mathrm{d}y\\ -\delta y & \delta x & 0 & \mathrm{d}z\\ 0 & 0 & 0 & 0\end{bmatrix} \tag{3-32}$$

3.4.3　机器人的微分运动

机器人的雅可比矩阵建立了关节微分运动与工具微分运动之间的联系。若机器人关节移动一个微分量，由式（3-24）以及已知的雅克比矩阵就可计算出工具的 $\mathrm{d}x$、$\mathrm{d}y$、$\mathrm{d}z$、δx、δy、δz 值，即工具的微分运动。为了得到工具所需的微分运动（或速度），需要通过

式（3-24）计算雅可比矩阵的逆，进而计算出每个关节的微分量（或速度）。

随着机器人的运动及机器人构型的变化，机器人雅可比矩阵中所有元素的实际值也会变化。为了确保机器人工具保持期望的速度，必须不断地计算雅可比矩阵的逆及关节的速度。为此需要保证计算过程非常高效和快速，否则结果将不精确。

求雅可比矩阵的逆有两种方法，一种是求出符号形式的雅克比矩阵的逆，然后把工具变量值代入其中计算出关节变量值；另一种是将工具变量值代入雅克比矩阵，然后用高斯消去法或其他类似的方法来求该数值矩阵的逆。尽管这些方法都可行，但计算量大且费时，并不常用。一个替代的方法是用逆动力学方程来计算关节的速度。

3.5　机器人机械臂动力学

动力学研究的是物体的运动和受力之间的关系。机械臂动力学有以下两个问题需要解决：

1）动力学正问题：根据关节运动力矩或力，计算机械臂的运动（关节位移、速度和加速度）。

2）动力学逆问题：已知轨迹运动对应的关节位移、速度和加速度，求出所需要的关节力矩或力。

机器人机械臂是个复杂的动力学系统，由多个连杆和多个关节组成，具有多个输入和多个输出，存在错综复杂的耦合关系和严重的非线性。因此，对于机器人动力学的研究，引起了十分广泛的重视。所采用的方法很多，有拉格朗日方法、牛顿-欧拉方法、高斯法、凯恩方法、旋量对偶数方法等。

研究机器人动力学的目的是多方面的，动力学正问题与机械臂仿真有关，逆问题是为满足实时控制的需要，利用动力学模型，实现最优控制，以期达到良好的动态性能和最优指标。

机器人动力学模型主要用于机器人的设计和离线编程。在设计中需根据连杆质量、运动学和动力学参数、传动机构特征和负载大小进行动态仿真，从而决定机器人的结构参数和传动方案，验算设计方案的合理性和可行性，以及结构优化程度。在离线编程时，为了估计机器人高速运动引起的动载荷和路径偏差，要进行路径控制仿真和动态模型的仿真。这些都必须以机器人动态模型为基础。

考虑到对焊接专业学生的要求，本书并未对机械臂动力学展开讲述，读者有兴趣可以参考相关书籍。

3.6　RobotStudio 中构建常用坐标系

下面采用 RobotStudio 软件对运动学中所涉及的坐标系进行构建。

3.6.1　工件坐标系的构建

如图 3-4 所示，工件坐标系一般构建在工作台或工件上。本节采用 ABB 建模方法构建一个简单的固定工作台，然后在其上构建工件坐标系。

1. 工作台及工件的构建

如图 3-19 所示，在"建模"选项卡①中依次单击"固体"图标②、"矩形体"按钮③，弹出"创建方体"对话框④，然后输入矩形体的位置和尺寸等参数后，单击"创建"按钮⑤，即可构建方体，方体将显示在工作站视图区，并作为部件显示在"布局页面"中。为创建工作台，创建了 5 个方体，其参考坐标系为大地坐标系，其余参数见表 3-1。

图 3-19　建模中创建方体的操作

表 3-1　用于创建工作台的方体参数

序号	角点 x	角点 y	角点 z	长度	宽度	高度
1	0	0	0	100	100	400
2	300	0	0	100	100	400
3	0	300	0	100	100	400
4	300	300	0	100	100	400
5	−50	−50	400	500	500	50

为使这 5 个方体构成一个整体，利用"结合"功能。如图 3-20 所示，在"建模"选项卡①中单击"结合"图标②，弹出"结合"对话框③，清除"保留初始位置"选项④，在⑤和⑥选择框中，通过单击工作站视图区相关组件，或单击"建模"浏览页⑧相关部件下的物体图标，即可选中要结合的部件。每次将工作台面与其中一条腿组合，即可将桌面与所有支腿结合成一个整体。

工件可通过类似方法创建圆柱体获得，此处圆柱体高度为 50mm，半径为 100mm。工件创建完后将其移至工作台中央。

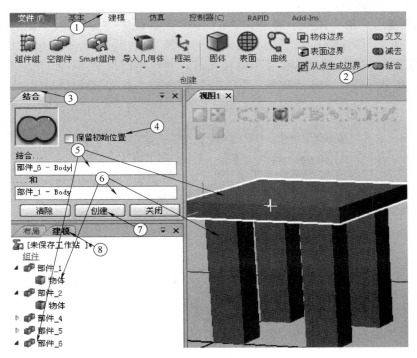

图 3-20 结合部件

2. 工件坐标系的构建

在机器人工作站中引入机器人 IRB 1600（10kg，1.45m）和焊枪 Binzel air 22。构建方法可以参考 2.3 节。默认的工件坐标系和大地坐标系同位置。此处将以工作台桌面左下角为原点构建新的工件坐标系，如图 3-21a 所示。

构建工件坐标系的操作如图 3-21b 所示，在"基本"选项卡①中，单击"其他"②，然后在其下拉列表中单击"创建工件坐标"③，会弹出"创建工件坐标"对话框④。在 Misc 数据中的"名称"选项⑤中，可以输入工件坐标系的名称。用户坐标框架可不修改，其默认值与大地坐标系同位置。若需要修改，其操作方法与下述工件坐标框架的修改方法相同。

在"工件坐标框架"中，可以输入工件坐标系的原点位置和坐标轴方向，如数据⑥所示。在⑥对应值框中单击，在位置 x、y、z 框中输入值以确定工件坐标框架的位置。在旋转 rx、ry、rz 框中，选择 RPY（EulerZYX）或四元数，然后输入旋转值。

除输入坐标值确定坐标框架外，也可以通过"取点创建框架"确定工件坐标系框架。单击"取点创建框架"对应值框⑦，会弹出如⑧所示的对话框，若单击对话框上的"三点"单选框，则会弹出如⑨所示的对话框。

下面先解释一下位置法、三点法构建坐标系的原理。如图 3-22 所示，要确定坐标系，需要确定坐标系原点和各坐标轴的方向。由于坐标系的 x 轴、y 轴、z 轴互相垂直且满足右手法则，故实际上只需要确定坐标原点和两个坐标系轴方向 x 和 y 即可。如图 3-22a 所示，位置法中，给出了坐标原点位置，再通过 x 轴上的点就可以确定 x 轴方向。通过 xy 平面上的点和 x 轴即可确定 xy 轴所在平面，进而根据 x 轴和 y 轴的垂直关系即可确定 y 轴（其正

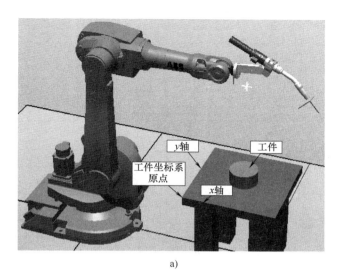

图 3-21　工件坐标系的构建

a）工件坐标系示意图　b）构建工件坐标系的操作

方向由 xy 平面上的点决定），最后由 x 轴、y 轴得到 z 轴位置。

如图 3-22b 所示，对三点法来说，x 轴上的第一点和 x 轴上的第二点可以确定 x 轴的位置，其正方向为第一点指向第二点。y 轴上的点在 x 轴上的垂点即为坐标原点，其垂线即为 y 轴所在（y 轴正方向由 "y 轴上的点" 决定），最后，根据 x 轴、y 轴即可得到 z 轴。

下面使用位置法来构建工件坐标系，如图 3-23 所示。首先打开 "端点捕捉" 模式①，然后鼠标左键单击 "位置" 的 x 坐标文本框②，再将光标移动到台面左下角附近③，当台面角点处出现一个灰色小圆球时，表示系统已捕捉到该点，单击鼠标左键，成功后则②所对应坐标发生变化，其值为对应角点的坐标。若捕捉不成功可重复操作。以此类推，可以捕捉 x 轴上的点和 xy 平面图上的点，如④、⑤、⑥、⑦所示，然后单击 "Accept" 按钮⑧，回到

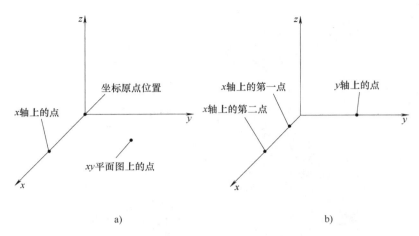

图 3-22　取点构建框架/坐标系的原理

a) 位置法　b) 三点法

创建工件坐标对话框，然后单击"创建"按钮，则构建如⑨所示工件坐标系。新工件坐标同时显示在"路径和目标点"浏览页中机器人节点下的"工件坐标 & 目标点"子节点下，如图 3-24 所示。

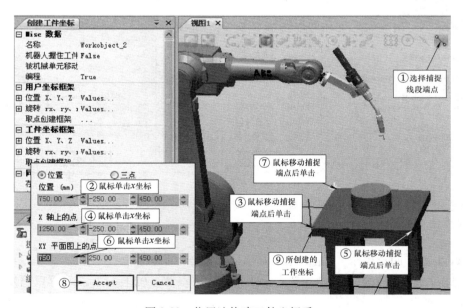

图 3-23　位置法构建工件坐标系

3. 工件坐标系的调整

如前所述，调整工件坐标系有利于弥补工件位置发生变化带来的不利影响。修改工件坐标系如图 3-24 所示，在"基本"选项卡中，选择"路径和目标点"浏览页①，右键单击新建的工件坐标系②，选择对应右键弹出菜单，即可进行工件坐标系的修改③、设定④、偏移⑤、旋转⑥、删除⑦等功能。在此不再赘述，读者可自行尝试。

图 3-24　修改工件坐标系

3.6.2　工具坐标系的构建

1. 安装已有的工具

如前所述，在 ABB 机器人中，若未安装工具，则默认的工具坐标系位于机器人末端法兰盘中心，其名称为 tool0，如图 3-25a 所示。安装焊枪工具后（安装方法参考图 2-14、图 2-15 及相关叙述），则机器人会将工具坐标系从 tool0 移到焊枪的工具坐标处，如图 3-25b 所示。

2. 自行创建工具

实际应用时，若不能从 RobotStudio 的模型库中找到合适的工具（焊枪），则需要自行构建，主要包含三个步骤：构建工具模型，构建安装坐标系，构建工具坐标系。

（1）构建焊枪模型　焊枪模型的构建可以采用 RobotStudio 的建模功能构建，也可以通过几何体导入的方式引入其他 CAD 软件创建的三维模型。此处采用 RobotStudio 的建模功能构建一个焊枪模型。

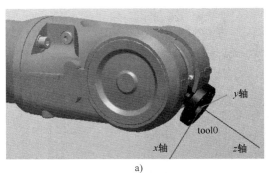

a)

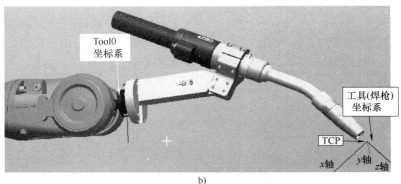

b)

图 3-25 机器人的工具坐标系

a）未安装工具前的默认工具坐标系 tool0 b）安装焊枪后的工具坐标系

依如图 3-19 所示操作创建 3 个方体，其参考坐标系为大地坐标系，其余参数见表 3-2。

表 3-2 创建焊枪用方体

序号	角点 x	角点 y	角点 z	绕 y 轴转动	长度	宽度	高度
1	0	0	0	0	100	100	10
2	25	25	0	0	50	50	150
3	25	25	150	30	50	50	100

与创建方体类似，再创建一个角锥体，其参数如图 3-26 所示。基座中心点在表 3-2 所示方体 3 的上表面，用"中心点捕捉"方式（见图 2-7）获取。

将上述 4 个部件进行合并，其操作同图 3-20，最终可得一个自制焊枪模型，如图 3-27 所示。

（2）设定安装坐标系 构建焊枪几何体后，需要设定安装坐标系，以在安装时与机器人的 tool0 默认工具坐标系重合。如图 3-28 所示，在"基本"选项卡①布局浏览页②中右键单击自制焊枪的部件③，单击菜单项"设定本地原点"④，会弹出对话框⑤，激活"选择部件"和"捕捉中心"方式⑥，单击位置 x 的值框⑦，再捕捉几何体下表面中心点并单击⑧，捕捉成功后该点坐标自动填入⑦处。安装坐标系的方向也可在对话框⑤中"方向"处修改。单击"应用"按钮⑨，获得工件的安装坐标系如⑩所示。

图 3-26 创建焊枪用角锥体

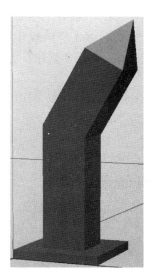

图 3-27 自制焊枪模型

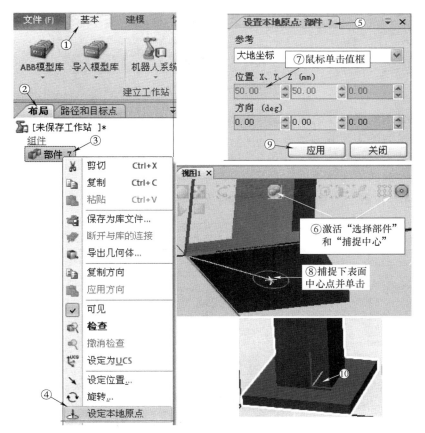

图 3-28 创建自制焊枪的本地原点

（3）构建框架并移动至 TCP 处 构建完焊枪的安装坐标系后，移动焊枪使其本地坐标系移至大地坐标系处。然后构建框架，方便后续构建工具坐标系。构建框架如图 3-29 所示，在"基本"选项卡①中单击"框架"图标②，在下拉菜单中选择"三点创建框架"③，弹出"创建框架"对话框④。后续步骤与创建工件坐标系类似，选择"位置"方式⑤，捕捉3个点⑥、⑦、⑧，单击"创建"按钮⑨，可在四面体底座处构建框架，如图3-30a所示。

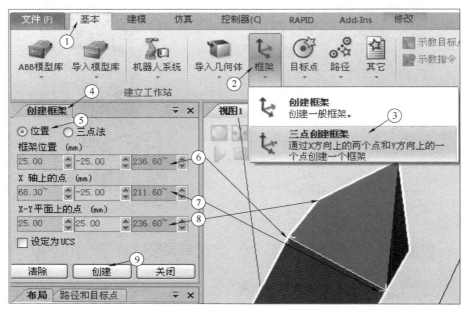

图3-29　构建框架

接下来，将所创建的框架移至工具TCP处。目标TCP位于四面体顶点沿轴线上方20mm处。框架的移动如图3-30所示，在"布局"浏览页①，右键单击之前创建的框架②，在弹出菜单上单击"设定位置"③，在弹出的对话框④上，选择"本地"坐标系⑤，然后采用端点捕捉方式获取四面体顶点坐标⑥，将捕捉的z坐标数值增加20，则框架沿本地坐标系z方向上移20mm，单击"应用"按钮⑦，则将框架移动到工具TCP上。

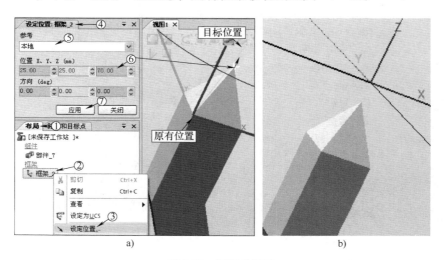

a)　　　　　　　　　　　　　　　　b)

图3-30　框架的移动

a）移动前　b）移动后

（4）构建焊枪 TCP 及工具坐标系 单击"建模"选项卡上的"创建工具"图标，可弹出如图 3-31a 所示的对话框，输入 Tool 名称①，选择"使用已有的部件"②，并选择之前所创建的焊枪部件④，输入重量⑤。此处假设焊枪是同质的，则焊枪重心可以通过重心捕捉方式获取。即激活"选择部件"和"捕捉重心"图标（见图 2-7），单击重心的 x 坐标位置⑥，然后鼠标单击焊枪几何体，即可捕捉重心位置，并显示其坐标值。

单击图 3-31a 中"下一个"按钮⑦，弹出如图 3-31b 所示对话框，输入 TCP 名称①。可以通过捕捉图 3-30 中已构建的 TCP 处的框架来获取工具坐标系原点位置和坐标轴方向②。也可以通过"端点捕捉"方式捕捉 TCP 的位置，此时还需要设定工具方向。输入完成后依次单击③、④、⑤即可创建该工具坐标系，结果如图 3-32 所示。圆锥状工具是在图 3-31a 中选择"使用模型"选项③创建所得，此时可以不需要自行构建焊枪几何体（或模型）。

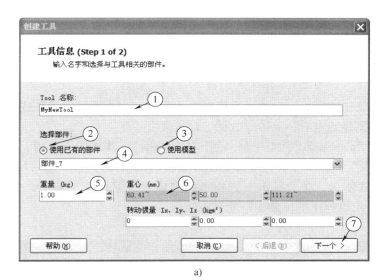

a)

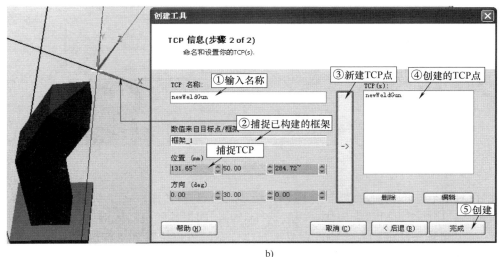

b)

图 3-31 "创建工具"对话框
a）对话框 1 b）对话框 2

此外，还需要注意的是，需要构建机器人系统（见图 2-21），并使控制器正常启动，才能使用定制工具完成轨迹规划等操作。

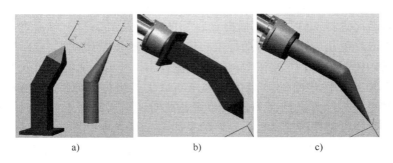

图 3-32　创建的工具 TCP 坐标系
a）自制焊枪　b）安装图 1　c）安装图 2

3.6.3　工具数据的构建

弧焊焊枪一般比较轻巧，尺寸、重量影响不明显。而点焊焊钳和某些夹具尺寸、重量都较大，有必要对工具的重心、重量等数据进行定义。

上述设置在 RobotStudio 中统一为"创建工具数据"，其具体步骤如下：

1）在"布局"浏览页中，使要创建工具数据的机器人为选中/激活状态。

2）如图 3-33 所示，在"基本"选项卡①中单击"其他"图标②，然后单击"创建工具数据"③，打开"创建工具数据"对话框④。

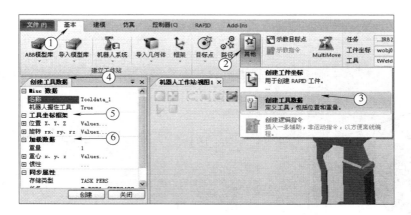

图 3-33　创建工具数据

3）在对话框④的"Misc 数据"组内，可以输入工具名称，在"机器人握住工具"列表中，选择工具是否由机器人握住，一般选择 True，即工具随机器人运动。

4）在"工具坐标框架"组中，定义工具坐标系的原点位置和坐标轴方向，这些在创建工具坐标系时已介绍过。

5）在"加载数据"组内，输入工具重量、工具重心和工具惯性。若工具由同一种材料构成，其重心可以采用"重心捕捉"方式获取。

6）在"同步属性"组的内存储类型列表中，选择"PERS"或"TASK PERS"。若想在 MultiMove 模式下使用该工具数据，则选择"TASK PERS"。

7）单击"创建"按钮。工具数据在图形窗口中显示为坐标系。

3.7　复习思考题

1. 机器人系统中常用的坐标系与作用是什么？

2. 什么是机器人的正运动学和逆运动学？

3. 求点 $P = [3,4,5]^T$ 绕 x 轴旋转 $60°$ 后相对于参考坐标系的坐标。

4. 分别采用 ABB 中的虚拟示教器和离线编程软件构建工具坐标系和工件坐标系。

第 4 章

机器人驱动器与轨迹规划

驱动器为机器人提供动力，它通过移动或转动机器人上的连杆来改变机器人的构型，使得末端执行器（工具）能够改变位姿。驱动器必须有足够的功率对连杆进行加/减速并带动负载，此外驱动器自身须轻便、经济、准确、灵敏、可靠且便于维护。

机器人常用的驱动方式主要有液压驱动、气压驱动和电气驱动三种类型。目前电气驱动的机器人所占有的比例越来越大，但在需要很大出力的应用场合，或运动精度不高、有防爆要求的场合，液压、气压驱动仍获得满意的应用。

为使机器人实现末端执行器所需要的运动，除驱动器提供动力外，还需要结合机器人运动学，对机器人进行轨迹规划。故本章先介绍驱动器基本原理，再介绍轨迹规划基本原理。

4.1 驱动器基本原理

在选择焊接机器人驱动器时，要考虑弧焊和点焊的作业特点：弧焊机器人工作速度不高，空行程速度高，对驱动器无特殊要求（仅满足功率要求）；点焊机器人往往是行程（两焊点间距离）较短，而且要求快速移动焊钳，因此点焊机器人的驱动器除满足功率要求外还应考虑是否能够在较大的惯性负载（焊钳）条件下，提供足够的加速度以满足作业要求，即应核算负载惯量折算到电动机轴的值是否在驱动电动机允许的范围内。

为便于比较不同驱动器，引入下列指标：

1）重量、功率-重量比和工作压强。驱动系统的重量、功率-重量比非常重要。液压驱动的功率-重量比最高，电气驱动次之，气压驱动的最低。电气驱动中，同样功率下，步进电动机通常比伺服电动机要重，因而具有较低的功率-重量比。电动机的电压越高，驱动能力越强，其功率-重量比也越高。

2）刚度和柔性。刚度代表材料对抗变形的能力，柔性则正好相反。刚度和材料的弹性模量有关，液体的弹性模量很高，因此液压系统刚性很好，没有柔性，相反气动系统很容易压缩，所以是柔性的。

刚性系统对变化负载和压力的响应较快，精度较高。系统刚性越高，在负载作用下的弯曲和变形就越小，位置保持的精度便越高。但系统刚性太高，则对误差的容忍能力也越低，容易造成系统损坏，故必须在这两个相互矛盾的性能之间取得平衡。

3）减速齿轮的使用。类似液压装置等一些系统，可以用很小的行程产生很大的力。这意味着液压活塞只需要很小的位移就可以输出全部的力。液压驱动装置可以直接安装在机器人连杆上，没有必要使用减速齿轮来增大力矩，其同时使运动速度降低。

而对于电动机来说，其通常以很高的速度旋转，必须和减速齿轮一起使用来增大转矩，降低转速。减速齿轮还使得电动机只感受到负载的部分转动惯量（减速比平方的倒数），故可以快速加/减速。

4）驱动系统的比较。

表 4-1 中对驱动系统性能进行了比较。

表 4-1　驱动系统性能比较

性能	液压驱动	电气驱动	气压驱动
适用场合	适用于大型机器人和大负载	适用所有尺寸机器人，控制性能好，适用于高精度机器人	适用于开关控制以及拾取和放置
刚性和柔性	刚性好，缓冲作用差	与液压系统相比，有较好的柔性	柔性系统，容易变形，缓冲作用好
功率-重量比	最高	中等	最低
减速齿轮	不需要	一般需要	不需要
控制精度	高	高	很难控制线性位置
响应速度	快	快	慢
其他	需要泵、储液箱、电动机、液管等装置 对灰尘及液体中的杂质敏感 油液黏度随温度而变化，且在高温与低温条件下很难应用	不供电时，需要制动装置，否则手臂会掉落	噪声较大，需要气压机、过滤器等装置 若压缩空气含冷凝水，系统易锈蚀，低温下易结冰 气源方便 废气可直接排入大气不会造成污染

4.1.1　液压驱动器

液压系统及液压驱动器的功率-重量比高，低速时出力大（无论直线驱动还是旋转驱动），适合微处理器及电子控制，可用于极端恶劣的外部环境。

液压驱动器分为两种：直线液压缸和液压电动机，前者做直线运动，后者做回转运动。典型液压系统如图 4-1 所示。液压系统通常由以下几部分组成：

1）直线或旋转液压缸和活塞，用于产生驱动关节的力和力矩，并由伺服阀或手动阀来控制。

2）高压液压泵，为系统提供高压液体。

3）电动机（或其他动力源），用于驱动液压泵。

4）冷却系统，用于系统散热。

5）储液箱，用于储藏系统所用液体。

6）伺服阀，控制流向活塞的液量和流速。伺服阀通常由伺服电动机驱动。

7）安全装置，安全检验阀、恒压阀以及整个系统的其他安全阀。

8）连接管路，用于将高压液输送至活塞，或流回储液箱。

9）传感器，用于控制液压缸的运动，包括位置、速度、电磁、接触，以及其他种类的传感器。

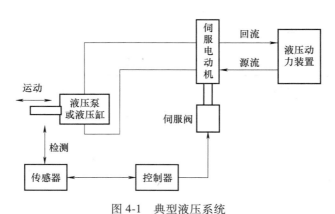

图 4-1　典型液压系统

4.1.2　气压驱动器

气压驱动系统的组成与液压系统有许多相似之处，它使用压缩空气作为气源驱动直线或旋转气缸，并用人工或电磁阀进行控制。

气压驱动系统在以下两个方面与液压驱动有明显的不同：

1）空气压缩机输出的压缩空气首先储存于储气罐中，然后供给各个回路使用。

2）气动回路使用过的空气无须回收，而是直接经排气口排入大气，因而没有回收空气的回气管道。

由于压缩空气和运动的驱动器是分离的，所以系统的惯性负载较低。然后由于气动装置的工作压强低，所以和液压系统相比，功率-重量比要低很多。

气动系统的主要问题是，空气是可压缩的，在负载作用下会压缩和变形。因此，气动装置通常仅用于插入、拾取等操作，气动装置也可以用在全开或全关的1/2自由度关节上，而要精确控制气缸的位置非常困难。

图 4-2 所示为典型的气压驱动回路，图中没有画出空气压缩机和储气罐。压缩空气由空气压缩机产生，其压力为 0.5~0.7MPa，并被送入储气罐。然后由储气罐用管道接入驱动回路。在过滤器内除去灰尘和水分后，流向压力调整阀调压，以控制气缸的输出和速度。

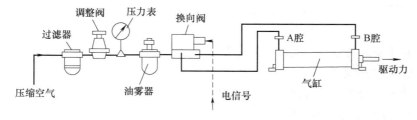

图 4-2　典型的气压驱动回路

在油雾器中，压缩空气被混入油雾。这些油雾用于润滑系统的滑阀及气缸，同时也起到一定的防锈作用。

从油雾出来的压缩空气接着进入换向阀，电磁换向阀根据电信号，改变阀芯的位置使压缩空气进入气缸 A 腔或者 B 腔，驱动活塞向右或者向左运动。

4.1.3　电气驱动器

电气驱动是利用各种电动机产生的力或力矩，直接（或经过减速机构）去驱动机器人的关节，以获得要求的位置、速度和加速度。电气驱动具有无环境污染、易于控制、运动精度高、成本低、驱动效率高等优点，应用最为广泛，电气驱动可分为步进电动机驱动、直流伺服电动机驱动、交流伺服电动机驱动和直线电动机驱动等方式。交流伺服电动机驱动具有大的转矩质量比和转矩体积比，没有直流电动机的电刷和整流子，因而可靠性高，运行时几乎不需要维护，可用在防爆场合，因此在现代机器人中广泛应用。

1. 步进电动机及其控制

步进电动机是一种用电脉冲信号进行控制，将电脉冲信号转换成相应的角位移或线位移的控制电动机。每个脉冲对应的转动角度固定，称作步距角。由于步进电动机的步距或转速，不受电压波动和负载变化的影响，不受环境条件的限制，仅与脉冲频率同步，能按控制脉冲的要求立即起动、停止、反转或改变转速。它每一转都有固定的步数，在不丢步的情况下运行时，步距误差不会长期积累。因此，步进电动机不仅在开环系统中作控制元件，而且在程序控制系统中作开发控制和传动元件用时能大大简化系统。通过控制脉冲个数来控制角位移量，可达到准确定位的目的；同时，通过控制脉冲频率来控制电动机转动的速度和加速度，可达到调速的目的。

2. 直流伺服电动机及其控制

伺服电动机是对应用于伺服机构的电动机总称。伺服（Servo）一词来自拉丁文"Servus"，本为奴隶之意，此处指依照命令动作的意义。所谓伺服系统，就是依照指示命令动作所构成的控制装置，应用于电动机的伺服控制，将传感器装在电动机与控制对象机器上，检测结果会返回伺服放大器与指令值做比较。由此可知，因为伺服电动机是以反馈信号控制，与借由输入脉波信号控制的步进电动机有所区别。

直流伺服电动机是用直流供电的伺服电动机。其功能是将输入的受控电压/电流能量转换为电枢轴上的角位移或角速度输出。直流伺服电动机结构如图 4-3 所示，它由定子、转子（电枢）、换向器和机壳组成。定子的作用是产生磁场，转子由铁芯、线圈组成，用于产生电磁转矩；换向器由整流子、电刷组成，用于改变电枢线圈的电流方向，保证电枢在磁场作用下连续旋转。

（1）直流电动机的特点

1）稳定性好。具有较好的机械性，能在较宽的速度范围内运行。

2）可控性好。具有线性调节的特性，能使转速正比于控制电压的大小；转向取决于控制电压的极性（或相位）；控制电压为零时，转子惯性很小，能立即停止。

3）响应迅速。具有较大的起动转矩和较小的转动惯量，在控制信号增加、减小或消失的瞬间，能快速起动、增速、减速及停止。

4）控制功率低，损耗小。

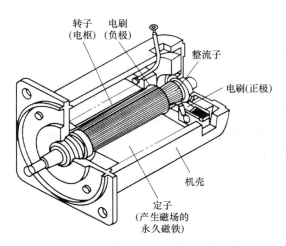

图 4-3 直流伺服电动机结构

5）转矩大。直流伺服电动机广泛应用在宽调速系统和精确位置控制系统中，其输出功率为 1～600W，电压有 6V、9V、12V、24V、27V、48V、110V、220V 等，转速可达 1500～1600r/min。

（2）直流电动机的控制 直流伺服电动机用直流供电，为调节电动机转速和方向需要对其直流电压的大小和方向进行控制。目前常用晶体管脉宽调速驱动和可控硅直流调速驱动两种方式。可控硅直流调速驱动主要通过调节触发装置控制可控硅的导通角（控制电压的大小）来移动触发脉冲的相位，从而改变整流电压的大小，使直流电动机电枢电压的变化易于平滑调速。由于可控硅本身的工作原理和电源的特点，导通后是利用交流（50Hz）过零来关闭的，因此在低整流电压时，其输出电流脉动程度很大，电流甚至不连续。而采用脉宽调速驱动系统，其开关频率高，伺服机构能够响应的频带范围也比较宽。与可控硅相比，其输出电流脉动非常小，接近于纯直流。

3. 交流伺服电动机及其控制

长期以来，在要求调速性能较高的场合，一直占据主导地位的是直流电动机调速系统。但直流电动机都存在一些固有的缺点，如电刷和换向器易磨损，需经常维护。换向器换向时会产生火花，使电动机的最高速度受到限制，也使应用环境受到限制。此外，直流电动机结构复杂，制造困难，所用钢铁材料消耗大，制造成本高。而交流电动机，特别是鼠笼式感应电动机没有上述缺点，且转子惯量较直流电动机小，使得动态响应更好。在同样体积下，交流电动机输出功率可比直流电动机提高 10%～70%，此外，交流电动机的容量可比直流电动机造得大，达到更高的电压和转速。现代数控机床和机器人都倾向采用交流伺服驱动，交流伺服驱动已有取代直流伺服驱动之势。

（1）交流伺服电动机的种类 交流伺服电动机及控制器如图 4-4 所示，分为同步型和感应型两种。

1）同步型（SM）电动机是采用永磁结构的同步电动机，其特点如下：

① 无接触换向部件。

② 需要磁极位置检测器（如编码器）。

图 4-4　交流伺服电动机及控制器

③ 具有直流伺服电动机的全部优点。

2）感应型（LM）电动机指笼型感应电动机。其特点如下：

① 对定子电流的激励分量和转矩分量分别控制。

② 具有直流伺服电动机的全部优点。

（2）交流伺服电动机控制方法　异步电动机转速的基本关系式如下：

$$n = \frac{60f}{p}(1-S) = n_0(1-S)$$

式中，n 为电动机转速；f 为电源电压频率；p 为电动机磁极对数；n_0 为电动机定子旋转磁场转速或称同步转速，$n_0 = 60f/p$；S 为转差率，$S = (n_0 - n)/n_0$。

可见，改变异步电动机转速的方法有以下 3 种：

1）改变磁极对数 p 调速，一般所见的交流电动机磁极对数不能改变，磁极对数可变的交流电动机称为多速电动机。通常，磁极对数设计成 4/2、8/4、6/4 等几种。显然磁极对数只能成对改变，转速只能成倍改变，速度不能平滑调节。

2）改变转差率 S 调速。此办法只适用于绕线式异步电动机，在转子绕组回路中串入电阻使电动机机械特性变软，转差率增大。串入电阻越大，转速越低，调速范围通常为 3 : 1。

3）改变频率 f 调速。如果电源频率能平滑调节，那么速度也就可能平滑改变。目前，高性能的调速系统大都采用这种方法，设计了专门为电动机供电的变频器 VFD。变频调速器是把工频电源（50Hz 或 60Hz）变换成各种频率的交流电源，以实现电动机变速运行的设备，其中控制电路完成对主电路的控制，整流电路将交流电变换成直流电，直流中间电路对整流电路的输出进行平滑滤波，逆变电路将直流电再逆变成由控制电路指定频率的交流电。

各种常用电动机驱动的比较见表 4-2。

4. 电动机的减速机构

液压驱动由于驱动力较大，一般可以直接驱动机器人。而对于电动机驱动来说，由于其转速较快、驱动力较小，一般需要经过减速机构降低其转速。减速装置同时可以提高驱动力矩和控制精度。在机器人上常用的减速机构包括谐波减速机和 RV 摆线针轮减速机（以下简称 RV 减速机）。

表 4-2　各种常用电动机驱动的比较

驱动类型	步进电动机	直流伺服电动机	交流伺服电动机
反馈方式	开环控制	闭环控制	闭环控制
控制方式	脉冲频率和个数控制电动机转速和转动角度	电流控制	变频器控制
成本	低	高	高
控制精度	由步距角决定。前者一般为0.9°、1.8°	由电动机轴后端的旋转编码器保证，17位编码器可达0.0027466°	由电动机轴后端的旋转编码器保证，17位编码器可达0.0027466°
平稳性	低速时容易出现低频振动	运行平稳	运转非常平稳
承载能力	输出转矩随转速升高而下降，较高转速时急剧下降	承载能力高	额定转速内都能输出额定转矩。具有较强过载能力
其他	不具有过载能力	结构较复杂，直流有刷电动机需要维护	结构可以做得比直流伺服更小，无须维护电刷

RV 减速机和谐波减速机数量比约为 6∶4。RV 减速机主要用于 20kg 以上的机器人关节，谐波减速器用于 20kg 以下的机器人关节。RV 减速机由于组成零件更复杂，承载强度更高，难度要比谐波减速机大，而且 RV 减速机生产线投资规模远大于谐波减速机。世界范围内 RV 减速机企业主要包括纳博特斯克、Spinea 和住友，谐波减速机企业主要是 Harmonic。国内正在研制或打算研制减速机的企业很多，RV 减速机企业包括南通振康、秦川发展、山东帅克等，谐波减速机企业包括江苏绿的和中技克美。

（1）谐波减速器　谐波减速器是利用行星齿轮传动原理发展起来的一种新型减速器。它体积小、重量轻、承载能力大、运动精度高、单级传动比大。如图 4-5a 所示，谐波减速器三组件为刚轮、柔轮、波发生器。刚轮具有刚性内齿，柔轮具有柔性外齿。波发生器通常为椭圆形的凸轮，将凸轮装入薄壁轴承内，再将它们装入柔轮内。此时柔轮由原来的圆形变成椭圆形，椭圆长轴两端的柔轮齿与配合的刚轮齿则处于完全啮合状态，即柔轮的外齿与刚轮的内齿沿齿高啮合，这是啮合区。一般有 30% 左右的齿处在啮合状态。椭圆短轴两端的柔轮齿与刚轮齿处于完全脱开状态，简称脱开；在波发生器长轴和短轴之间的柔轮齿，沿柔轮周长的不同区段内，处在半脱开状态，有的逐渐进入刚轮齿间（称之为啮入），有的逐渐退出刚轮齿间（称之为啮出），如图 4-5b 所示。

当刚轮固定，波发生器为主动，柔轮为从动时，波发生器在柔轮内转动，迫使柔轮产生连续的弹性变形，柔轮齿不断进行"啮入-啮合-啮出-脱开"状态循环。由于柔轮比刚轮的齿数少几个（一般为 2 个或 4 个），柔轮和刚轮啮合的齿数必须相等，所以柔轮在啮合过程中，就必须相对刚轮转过所缺少齿数对应的角位移，这个角位移正是减速器输出轴的转动，从而实现了减速的目的。

与一般齿轮传动相比，谐波传动有如下特点：

1）传动比大，单级可达 50～300。

2）传动平稳，承载能力高，传递单位扭矩的体积和重量小。在相同条件下，体积可减少 20%～50%。

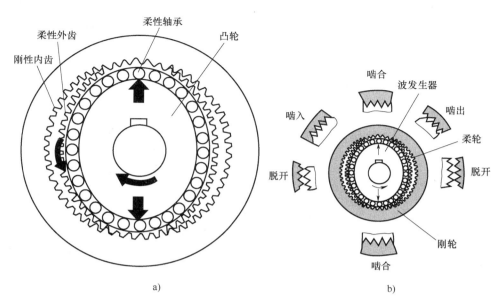

图 4-5　谐波减速器原理

a）组成　b）齿轮状态

3）齿面磨损小而均匀，传动效率高。当结构合理润滑效果良好时，对 $i=100$ 的传动，效率可达 0.85。

4）传动精度高。在制造精度相同的情况下，谐波传动的精度可比普通齿轮传动高一级。若齿面经过很好的研磨，则谐波齿轮传动的精度要比普通齿轮传动高 4 倍。

5）回差小。精密谐波传动的回差一般可小于 3′，甚至可以实现无回差传动。

6）可以通过密封壁传递运动，这是其他传动机构很难实现的。

7）谐波传动不可能获得中间输出，并且杯式柔轮刚度较低。

基于谐波减速器的上述特点，在机器人关节传动中应用较为普遍，多作为机器人手腕关节的减速及传动装置。

（2）RV 减速器　RV 减速器是在摆线针轮减速器基础上发展起来的一种新型二级封闭行星轮系：第一级是行星齿轮减速机构；第二级是摆线针轮减速机构。

焊接机器人运动时，需要在 6 个自由度方向上灵活工作，运动承载能力和精度要求苛刻。因而，作为关节的减速装置必须具有超高的稳定性和精度。RV 减速器的技术特点满足如下所有要求：传动链运动误差不超过 1′；间隙回差不超过 1′~1.5′；负载运动时，包括弹性变形引起的回差在内的总回差不超过 6′；传动机构置于行星架的两支撑轴内侧，可使传动轴向尺寸大大减小；摆线针轮结构，低速传动工作更加平稳；转臂轴承个数增多且内外环相对转速下降，提高了使用寿命；输出机构采用两端支承的刚性笼形结构，比单一结构摆线针轮减速器的刚性更大、抗冲击性能更高；传动比范围大（31~171）；传动效率高（0.85~0.92）。

RV 减速机结构紧凑、传动比大、振动小、噪音低、能耗低，且在一定条件下具有自锁功能。它较机器人中常用的谐波传动具有高得多的疲劳强度、刚度和寿命，而且回差精度稳定，不会像谐波传动那样随着使用时间增长运动精度就会显著降低，故许多国家高精度机器人传动多采用 RV 减速器。RV 减速器在先进机器人传动中有逐渐取代谐波减速器的发展趋势。

4.2　轨迹规划

结合驱动器和机器人运动学，就可以对机器人进行轨迹规划，使机器人实现所需要的运动。

4.2.1　轨迹规划的基本原理

路径（Path）和轨迹（Trajectory）是机器人领域经常遇到的两个名词。路径表示机器人 TCP 在空间上途经的点或曲线的集合，与时间无关。而轨迹除了包含空间路径外，既与时间相关，还强调 TCP 途经路径时的速度和加速度等。控制轨迹也就是按时间控制 TCP 以所需姿态走过的空间路径。

为使机器人在作业空间完成给定的任务，其 TCP（或工具坐标系）必须按一定的轨迹运行。对于关节式机器人来说，由于工具的运动是靠不同关节运动的组合来实现的，因此最终需要知道各个关节的角度、角速度、角加速度等随时间变化的函数，才能实现所期望的运动，这就是轨迹规划。

对点位作业的机器人（如点焊机器人），通常要求 TCP 以准确的位姿到达作业点，即从工具坐标系的起始值 $\{T_0\}$ 到达目标值 $\{T_f\}$；只要不发生碰撞，一般对点与点之间的轨迹不做过多要求。这种运动形式称为点到点运动（Point To Point，PTP）。而对于一些作业，如弧焊和曲面加工等，不仅要规定 TCP 的起始点和终止点，而且要指明两点之间的路径，甚至对速度与加速度也有明确要求。这类运动称为连续路径运动（Continuous Path，CP）或轮廓运动。下面分别讨论这两种模式的轨迹规划。

（1）PTP 模式的轨迹规划　如图 4-6 所示，对于 PTP 模式的轨迹规划，是要机器人的 TCP 通过所有设定的工作点 $P_1 \sim P_n$。每个工作点对应的关节值可以通过逆运动学获得。这样，TCP 集合就转换为一系列与时间相关的关节角度值的集合：

$$\{(\theta_1,\theta_2,\theta_3,\theta_4,\theta_5,\theta_6)^{t1},(\theta_1,\theta_2,\theta_3,\theta_4,\theta_5,\theta_6)^{t2},\cdots,(\theta_1,\theta_2,\theta_3,\theta_4,\theta_5,\theta_6)^{tn})\}$$

通过函数插值，可以获取每个关节的时间函数，机器人驱动关节角度按照上述函数运动，就可以使 TCP 按照所需要的轨迹运动，完成 PTP 模式的轨迹规划，即

$$\theta_1 = f_1(t)$$
$$\theta_2 = f_2(t)$$
$$\theta_3 = f_3(t)$$
$$\theta_4 = f_4(t)$$
$$\theta_5 = f_5(t)$$
$$\theta_6 = f_6(t)$$

（2）CP 模式的轨迹规划　对于 CP 模式（如弧焊）要求 TCP 严格按照设定的轨迹运行。由于直线或者曲线上的点是无穷多个，显然，对所有点进行运动学变换是不切实际的。可以采取定时或者定距的方式从轨迹上提取有限个点（称作目标点），若点之间距离够小的

话，轨迹误差也能在允许范围内，这样剩下的轨迹规划就变得和 PTP 模式的轨迹规划一样了。轨迹规划原理如图 4-6 所示。

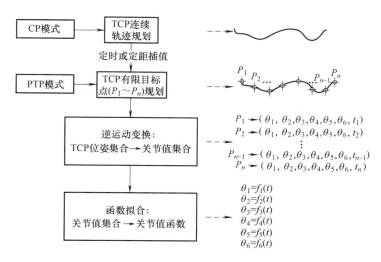

图 4-6　轨迹规划原理

注：θ_1、θ_2、θ_3、θ_4、θ_5、θ_6 为关节机器人各关节的角度值，t 为时间。

在轨迹规划过程中还必须使所规划的轨迹函数连续和平滑，使得机械臂运动平稳，避免产生过大的加速度和力，不超出驱动器（如电动机和减速机）的输出范围，避免对相关机械产生损害。一般轨迹函数都是二阶以上的多项式函数。

4.2.2　目标点的获取

如前所述，CP 模式的轨迹规划是将连续路径的轨迹规划变为一系列目标点的轨迹规划。目标点的获取对于保证运算效率和轨迹规划精度来说是非常重要的，通常采用定时插补和定距插补方法来获得目标点。

1. 定时插补和定距插补

定时插补是指按照一定的时间间隔来获得 TCP 的位姿。显然，机器人 TCP 的移动速度越快，目标点的距离越大。

由于关节型机器人的机械结构大多属于开链式，刚度不高，插补时间间隔 t_s 一般不超过 25ms（40Hz），这样就产生了 t_s 的上限值。显然 t_s 越小越好，但它的下限值受到计算量限制，即机器人控制器要在 t_s 时间里完成一次插补运算和一次逆向运动学计算。对于目前的大多数机器人控制器，完成这样一次计算约需几毫秒，这样产生了 t_s 的下限值。显然，应当选择 t_s 接近或等于它的下限值，这样可保证轨迹精度较高和运动过程平滑。

下面以一个 xOy 平面里的直线轨迹为例说明定时插补的方法。

设机器人需要的运动轨迹为直线，运动速度为 v（mm/s），时间间隔为 t_s（ms），则每个 t_s 间隔内机器人应走过的距离为

$$P_i P_{i+1} = v t_s$$

可见两个插补点之间的距离正比于要求的运动速度，两点之间的轨迹不受控制，只有插

补点之间的距离足够小，才能满足一定的轨迹精度要求。

机器人控制系统易于实现定时插补，例如采用定时中断方式每隔 t_s 中断一次进行一次插补，计算一次逆向运动学，输出一次给定值。由于 t_s 仅为几毫秒，机器人沿着要求轨迹的速度一般不会很高，且机器人总的运动精度不如数控机床、加工中心高，故大多数工业机器人采用定时插补方式。

当要求以更高的精度实现运动轨迹时，可采用定距插补。定距插补是指相邻目标点之间的距离相同。显然，若机器人运动速度越快，则此时的插补时间间隔 t_s 就越小。

这两种插补方式的基本算法相同，只是前者固定 t_s，易于实现，后者保证轨迹插补精度，但 t_s 要随之变化，实现起来稍困难些。

确定目标点除了要知道起点和终点、所采取的策略（定时或定距），还需要知道路径的类型。实际路径的形式多种多样，但无论是多么复杂的曲线，都可以采用分段拟合的方式来逼近，而直线和弧线是两种常用的拟合用曲线。故直线插补和圆弧插补是机器人系统中的基本插补算法。对于非直线和圆弧轨迹，可以采用直线或圆弧逼近，以实现这些轨迹。

2. 直线插补

空间直线插补是在已知该直线始末两点的位姿的条件下，求各轨迹中间点（插补点）的位姿。由于在大多数情况下，机器人沿直线运动时其姿态不变，所以无姿态插补，即保持第一个示教点时的姿态。当然在有些情况下要求变化姿态，这就需要姿态插补，可仿照下面介绍的位置插补原理处理，也可参照圆弧的姿态插补方法解决，如图 4-7 所示，已知直线始末两点的坐标值 $P_0(x_0, y_0, z_0)$、$P_e(x_e, y_e, z_e)$ 及姿态，其中 P_0、P_e 是相对于基础坐标系的位置。这些已知的位

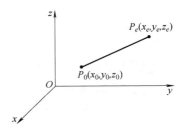

图 4-7 空间直线插补

姿通常是通过示教方式得到的。设 v 为要求的沿直线运动的速度；t_s 为插补时间间隔。

为减少实时计算量，示教完成后，可求出如下内容：

1）直线长度 $L = \sqrt{(x_e - x_0)^2 + (y_e - y_0)^2 + (z_e - z_0)^2}$。

2）t_s 间隔内行程 $d = vt_s$。

3）插补总步数 $N = \text{int}(L/d) + 1$。

4）各轴增量为

$$\Delta x = (x_e - x_0)/N$$
$$\Delta y = (y_e - y_0)/N$$
$$\Delta z = (z_e - z_0)/N$$

各插补点坐标值为

$$x_{i+1} = x_i + i\Delta x$$
$$y_{i+1} = y_i + i\Delta y \quad (i = 0, 1, 2, \cdots, N)$$
$$z_{i+1} = z_i + i\Delta z$$

3. 圆弧插补

圆弧插补主要有平面圆弧插补和空间圆弧插补。

（1）平面圆弧插补　平面圆弧是指圆弧平面与基础坐标系的三大平面之一重合，下面以 xOy 平面圆弧为例说明。

已知不在一条直线上的三点 P_1、P_2、P_3 及这三点对应的机器人工具的姿态如图 4-8、图 4-9 所示。

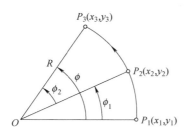

图 4-8　由已知的三点 P_1、P_2、P_3 决定的圆弧

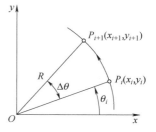

图 4-9　圆弧插补

设 v 为沿圆弧运动速度；t_s 为插补时间间隔。类似直线插补情况，计算出如下内容：

1）由 P_1、P_2、P_3 决定的圆弧半径 R。

2）总的圆心角 $\phi = \phi_1 + \phi_2$，其中

$$\phi_1 = \arccos\{[(x_2-x_1)^2+(y_2-y_1)^2-2R^2]/2R^2\}$$
$$\phi_2 = \arccos\{[(x_3-x_2)^2+(y_3-y_2)^2-2R^2]/2R^2\}$$

3）t_s 时间内角位移量 $\Delta\theta = t_s v/R$，据图 4-8 所示的几何关系求各插补点坐标。

4）总插补步数 N（取整数）。

$$N = \phi/\Delta\theta + 1$$

对 P_{i+1} 点的坐标，有

$$x_{i+1} = R\cos(\theta_i+\Delta\theta) = R\cos\theta_i\cos\Delta\theta - R\sin\theta_i\sin\Delta\theta = x_i\cos\Delta\theta - y_i\sin\Delta\theta$$
$$y_{i+1} = R\sin(\theta_i+\Delta\theta) = R\sin\theta_i\cos\Delta\theta + R\cos\theta_i\sin\Delta\theta = y_i\cos\Delta\theta + x_i\sin\Delta\theta$$

其中

$$x_i = R\cos\theta_i$$
$$y_i = R\sin\theta_i$$

由 $\theta_{i+1} = \theta_i + \Delta\theta$ 可判断是否到插补终点。若 $\theta_{i+1} \leqslant \phi$，则继续插补下去；当 $\theta_{i+1} > \phi$ 时，则修正最后一步的步长 $\Delta\theta$，并以 $\Delta\theta'$ 表示，$\Delta\theta' = \phi - \phi_i$，故平面圆弧位置插补为

$$x_{i+1} = x_i\cos\Delta\theta - y_i\sin\Delta\theta$$
$$y_{i+1} = y_i\cos\Delta\theta + x_i\sin\Delta\theta$$
$$\theta_{i+1} = \theta_i + \Delta\theta$$

（2）空间圆弧插补　空间圆弧是指三维空间任一平面内的圆弧，此为空间一般平面的圆弧问题。

空间圆弧插补可分以下三步来处理：

1）把三维问题转化成二维，找出圆弧所在平面。

2）利用二维平面插补算法求出插补点坐标（x_{i+1}，y_{i+1}）。

3）把该点的坐标值转变为基础坐标系下的值（见图 4-10）。

通过不在同一直线上的三点 P_1、P_2、P_3 可确定一个圆及三点间的圆弧，其圆心为 O_R，

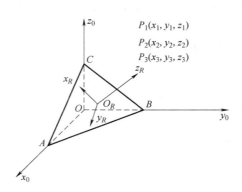

图 4-10　基础坐标与空间圆弧平面的关系

半径为 R，圆弧所在平面与基础坐标系平面的交线分别为 AB、BC、CA。

建立圆弧平面插补坐标系，即把 $O_R x_R y_R z_R$ 坐标系原点与圆心 O_R 重合，设 $O_R x_R y_R z_R$ 平面为圆弧所在平面，且保持 z_R 为外法线方向。这样，一个三维问题就转化成平面问题，可以应用平面圆弧插补算法。

求解两坐标系（见图 4-10）的转换矩阵。令 $\boldsymbol{T}_R$ 表示由圆弧坐标 $O_R x_R y_R z_R$ 至基础坐标系 $O x_0 y_0 z_0$ 的转换矩阵。

若 z_R 轴与基础坐标系 z_0 轴的夹角为 α，x_R 轴与基础坐标系的夹角为 θ，则可完成下述步骤：

1）将 $x_R y_R z_R$ 的原点 O_R 放到基础原点 O 上。

2）绕 z_R 轴转 θ 角，使 x_0 与 x_R 平行。

3）绕 x_R 轴转 α 角，使 z_0 与 z_R 平行。

这三步完成了 $x_R y_R z_R$ 向 $x_0 y_0 z_0$ 的转换，故总转换矩阵应为

$$\boldsymbol{T}_R = \boldsymbol{T}(x_{O_R}, y_{O_R}, z_{O_R}) R(z, \theta) R(x, \alpha)$$

$$= \begin{bmatrix} \cos\theta & -\sin\theta\cos\theta & a\sin\theta\cos\theta & x_{O_R} \\ \sin\theta & \cos\theta\cos\alpha & -\cos\theta\sin\alpha & y_{O_R} \\ 0 & \sin\alpha & \cos\alpha & z_{O_R} \\ 0 & 0 & 0 & 1 \end{bmatrix}$$

式中，x_{O_R}、y_{O_R}、z_{O_R} 为圆心 O_R 在基础坐标系下的坐标值。

$$\cos\alpha = \frac{B}{\sqrt{A^2 + B^2 + C^2}}$$

$$\sin\alpha = \frac{\sqrt{A^2 + C^2}}{\sqrt{A^2 + B^2 + C^2}}$$

$$\cos\theta = \frac{A}{\sqrt{A^2 + C^2}}$$

$$\sin\theta = \frac{-C}{\sqrt{A^2 + C^2}}$$

式中，A、B、C 为圆弧平面与基础坐标系坐标轴的交点。

欲将基础坐标系的坐标值表示在 $O_R x_R y_R z_R$ 坐标系，则要用到 $\boldsymbol{T}_R$ 的逆矩阵。

$$\boldsymbol{T}_R^{-1} = \begin{bmatrix} \cos\theta & \sin\theta & 0 & -(x_{O_R}\cos\theta+y_{O_R}\sin\theta) \\ -\sin\theta\cos\theta & \cos\theta\cos\alpha & \sin\alpha & -(x_{O_R}\sin\theta\cos\alpha+y_{O_R}\cos\theta\cos\alpha+z_{O_R}\sin\alpha) \\ \sin\theta\sin\alpha & -\cos\theta\sin\alpha & \cos\alpha & -(x_{O_R}\sin\theta\sin\alpha+y_{O_R}\cos\theta\sin\alpha+z_{O_R}\cos\alpha) \\ 0 & 0 & 0 & 1 \end{bmatrix}$$

总之，空间插补可以按照如下步骤进行：

1）将 P_1、P_2、P_3 坐标值转换为 $O_R x_R y_R z_R$ 坐标值：

$$\boldsymbol{P}_{Ri} = \begin{bmatrix} x_{Ri} \\ y_{Ri} \\ 0 \\ 1 \end{bmatrix} = \boldsymbol{T}_R^{-1} \begin{bmatrix} x_i \\ y_i \\ z_i \\ 1 \end{bmatrix} \quad (i=1,2,3)$$

2）得到 P_{R1}、P_{R2}、P_{R3} 三点，按照平面圆弧计算插补点坐标。

3）将计算出来的插补点坐标表示在基坐标中，即

$$\begin{bmatrix} x_p \\ y_p \\ z_p \\ 1 \end{bmatrix} = \boldsymbol{T}_R \begin{bmatrix} x_R \\ y_R \\ 0 \\ 1 \end{bmatrix}$$

4.2.3　机器人关节变化的函数插值

如上所述，无论是 PTP 模式，还是 CP 模式的轨迹规划，都可以确定好轨迹上的 TCP 目标点。此后就可以通过逆运动学将任何一个 TCP 目标点转换为它所对应的 t_j 时刻机器人各个关节的角度值 $(\theta_1, \theta_2, \theta_3, \theta_4, \theta_5, \theta_6)^{tj}$（以六自由度关节机器人为例，$\theta_i$ 表示第 i 个关节的角度值）。因此，轨迹上的目标点集合最终可以转换为与时间相关的关节角度值集合的集合。

$$\{(\theta_1,\theta_2,\theta_3,\theta_4,\theta_5,\theta_6)^{t1},(\theta_1,\theta_2,\theta_3,\theta_4,\theta_5,\theta_6)^{t2},\cdots,(\theta_1,\theta_2,\theta_3,\theta_4,\theta_5,\theta_6)^{tn})\}$$

对每个机器人关节来说，就可以得到一个关节角度值与时间的二元关系集合。

$$\{(\theta_i,t_1),(\theta_i,t_2),\cdots,(\theta_i,t_n)\}$$

只要机器人运动控制器控制机器人关节按时间实现对应关节角度值，就可以保障机器人 TCP 通过轨迹目标点。一般会采用函数插值的方式使机器人关节实现上述运动，使各个关节位移、速度、加速度在整个时间间隔内满足连续性要求，其极值必须在各个关节变量的容许范围之内等。可以选取不同类型的关节插值函数生成不同的轨迹，如下所述。

1. 三次多项式插值

多项式插值是常用的插值函数。一般需要高阶函数才能实现复杂的关节轨迹，同时速度和加速度函数也会连续，使得关节受力在允许的范围内。但是，多项式插值的阶数越高运算越复杂，因此常采用三次多项式插值。

在机械臂运动的过程中，由于相应于起始点的关节角度度 θ_0 是已知的，而终止点的关节

角度 θ_f 可以通过运动学反解得到，因此，运动轨迹的描述，可用起始点关节角度与终止点关节角度的一个平滑插值函数 $\theta(t)$ 来表示。$\theta(t)$ 在时刻 $t_0=0$ 的值是起始关节角度 θ_0，终端时刻 t_f 的值是终止关节角度 θ_f。显然，有许多平滑函数可作为关节插值函数。单个关节的不同轨迹曲线如图 4-11 所示。

为实现单个关节的平稳运动，轨迹函数 $\theta(t)$ 至少需要满足 4 个约束条件，即两端点位置约束和两端点速度约束。

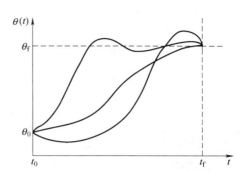

图 4-11　单个关节的不同轨迹曲线

端点位置约束是指起始位姿和终止位姿分别所对应的关节角度。$\theta(t)$ 在时刻 $t_0=0$ 的值是起始关节角度 θ_0，在终端时刻 t_f 的值是终止关节角度 θ_f，即

$$\theta(0)=\theta_0$$
$$\theta(t_f)=\theta_f$$

为满足关节运动速度的连续性要求，还有两个约束条件，即在起始点和终止点的关节速度要求。在当前情况下，可简单地设定为零，即

$$\dot{\theta}(0)=0$$
$$\dot{\theta}(t_f)=0$$

上面给出的 4 个约束条件可以唯一地确定一个三次多项式：

$$\theta(t)=a_0+a_1t+a_2t^2+a_3t^3$$

运动过程中的关节速度和加速度则为

$$\dot{\theta}(t)=a_1+2a_2t+3a_3t^2$$
$$\ddot{\theta}(t)=2a_2+6a_3t$$

为求得三次多项式的系数 a_0、a_1、a_2 和 a_3，代以给定的约束条件，有方程组

$$\theta_0=a_0$$
$$\theta_f=a_0+a_1t_f+a_2t_f^2+a_3t_f^3$$
$$0=a_1$$
$$0=a_1+2a_2t_f+3a_3t_f^2$$

求解该方程组，得

$$a_0=\theta_0$$
$$a_1=0$$
$$a_2=\frac{3}{t_f^2}(\theta_f-\theta_0)\tag{4-1}$$
$$a_3=-\frac{2}{t_f^3}(\theta_f-\theta_0)$$

对于起始速度及终止速度为零的关节运动，满足连续平稳运动要求的三次多项式插值函数为

$$\theta(t)=\theta_0+\frac{3}{t_f^2}(\theta_f-\theta_0)t^2-\frac{2}{t_f^3}(\theta_f-\theta_0)t^3\tag{4-2}$$

由式可得关节角速度和角加速度的表达式为

$$\dot{\theta}(t) = \frac{6}{t_f^2}(\theta_f - \theta_0)t - \frac{6}{t_f^3}(\theta_f - \theta_0)t^2$$

$$\ddot{\theta}(t) = \frac{6}{t_f^2}(\theta_f - \theta_0) - \frac{12}{t_f^3}(\theta_f - \theta_0)t$$

(4-3)

三次多项式插值的关节运动轨迹曲线如图 4-12 所示。由图可知其速度曲线为抛物线，相应的加速度曲线为直线。

这里再次指出：这组解只适用于关节起始、终止速度为零的运动情况。对于其他情况应再求解。

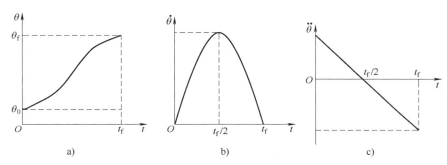

图 4-12　三次多项式插值的关节运动轨迹曲线
a）角位移　b）角速度　c）角加速度

例 4.1　设有一台具有转动关节的机器人，其在执行一项作业时关节运动历时 2s。根据需要，其上某一关节必须运动平稳，并具有如下作业状态：初始时，关节静止不动，位置 $\theta_0 = 0°$；运动结束时 $\theta_f = 90°$，此时关节速度为 0。试根据上述要求规划该关节的运动。

解：

根据要求，可以对该关节采用三次多项式插值函数来规划其运动。已知 $\theta_0 = 0°$，$\theta_f = 90°$，$t_f = 2s$，代入式（4-1）可得三次多项式的系数如下：

$$a_0 = 0$$
$$a_1 = 0$$
$$a_2 = 22.5$$
$$a_3 = 67.5$$

由式（4-2）和式（4-3）可确定该关节的运动轨迹，即

$$\theta(t) = 22.5t^2 + 67.5t^3$$
$$\dot{\theta}(t) = 45t + 202.5t^2$$
$$\ddot{\theta}(t) = 45 + 405t$$

2. 高阶多项式插值

若对于运动轨迹的要求更严格，约束条件增多，三次多项式就不能满足需要，须用更高阶的多项式对运动轨迹的路径段进行插值。

例如，对某段路径的起始点和终止点都规定了关节的位置、速度和加速度，则要用一个五次多项式进行插值，即

$$\theta(t) = a_0 + a_1 t + a_2 t^2 + a_3 t^3 + a_4 t^4 + a_5 t^5$$

多项式的系数 a_0，a_1，$\cdots$，a_5 必须满足以下 6 个约束条件：

$$\theta_0 = a_0$$

$$\theta_f = a_0 + a_1 t_f + a_2 t_f^2 + a_3 t_f^3 + a_4 t_f^4 + a_5 t_f^5$$

$$\dot{\theta}_0 = a_1$$

$$\dot{\theta}_f = a_1 + 2a_2 t_f + 3a_3 t_f^2 + 4a_4 t_f^3 + 5a_5 t_f^4$$

$$\ddot{\theta}_0 = 2a_2$$

$$\ddot{\theta}_f = 2a_2 + 6a_3 t_f + 12a_4 t_f^2 + 20a_5 t_f^3$$

相比三次多项式插值，五次多项式插值加速度曲线具有更好的平滑性，从而可以实现更加平滑的运动。

3. 用抛物线过渡的线性插值

在关节空间轨迹规划中，对于给定起始点和终止点的情况选择线性插值较为简单，如图 4-13 所示。然而，单纯线性插值会导致起始点和终止点的关节运动速度不连续，且加速度无穷大，显然，在两端点会造成刚性冲击。

为此应对线性插值方案进行修正，在线性插值两端点的邻域内设置一段抛物线形缓冲区段。由于抛物线函数对于时间的二阶导数为常数，即相应区段内的加速度恒定，这样保证起始点和终止点的速度平滑过渡，从而使整个轨迹上的位置和速度连续。线性函数与两段抛物线函数平滑地衔接在一起形成的轨迹称为带有抛物线过渡域的线性轨迹，如图 4-14 所示。

为了构造这段运动轨迹，假设两端的抛物线轨迹具有相同的持续时间 t_a，具有大小相同而符号相反的恒加速度 $\ddot{\theta}$。对于这种路径规划存在多个解，其轨迹不唯一，但是每条路径都对称于时间中点 t_h 和位置中点 θ_h，如图 4-15 所示。

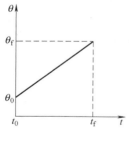

图 4-13 两点间的线性插值轨迹

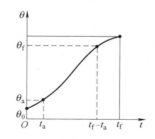

图 4-14 带有抛物线过渡域的线性轨迹

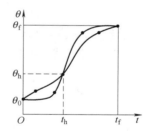

图 4-15 轨迹的多解性与对称性

要保证路径轨迹的连续、光滑，即要求抛物线轨迹的终点速度必须等于线性段的速度，故有下列关系：

$$\ddot{\theta} t_a = \frac{\theta_h - \theta_a}{t_h - t_a} \tag{4-4}$$

式中，θ_a 为对应于抛物线持续时间 t_a 的关节角度。θ_a 的值可以按式（4-5）计算：

$$\theta_a = \theta_0 + \frac{1}{2}\ddot{\theta} t_a^2 \tag{4-5}$$

设关节从起始点到终止点的总运动时间为 t_f，则 $t_f = 2t_h$，并注意到

$$\theta_h = \frac{1}{2}(\theta_0 + \theta_f) \tag{4-6}$$

则由式（4-4）~式（4-6），得

$$\ddot{\theta}t_a^2 - \ddot{\theta}t_f t_a + (\theta_f - \theta_0) = 0 \tag{4-7}$$

一般情况下，θ_0、θ_f、t_f 是已知条件，这样，可以选择相应的 $\ddot{\theta}$ 和 t_a，得到相应的轨迹。通常的做法是先选定加速度 $\ddot{\theta}$ 的值，然后求出相应的 t_a：

$$t_a = \frac{t_f}{2} - \frac{\sqrt{\ddot{\theta}^2 t_f^2 - 4\ddot{\theta}(\theta_f - \theta_0)}}{2\ddot{\theta}} \tag{4-8}$$

可知，为保证 t_a 有解，加速度值 $\ddot{\theta}$ 必须选得足够大，即

$$\ddot{\theta} \geqslant \frac{4(\theta_f - \theta_0)}{t_f^2} \tag{4-9}$$

当式（4-9）中的等号成立时，轨迹线性段的长度缩减为零，整个轨迹由两个过渡域组成，这两个过渡域在衔接处的斜率（关节速度）相等；加速度 $\ddot{\theta}$ 的取值越大，过渡域的长度越短，若加速度趋于无穷大，轨迹又复归到简单的线性插值情况。

例 4.2　θ_0、θ_f 和 t_f 的定义同例 4.1，若将已知条件改为 $\theta_0 = 15°$，$\theta_f = 75°$，$t_f = 3\mathrm{s}$，试设计两条带有抛物线过渡的线性轨迹。

解：

根据题意，按式（4-9）定出加速度的取值范围，为此，将已知条件代入式中，有 $\ddot{\theta} \geqslant 26.67°/\mathrm{s}^2$。

1）设计第一条轨迹。

对于第一条轨迹，如果选 $\ddot{\theta}_1 = 42°/\mathrm{s}^2$，由式（4-8）算出过渡时间 t_{a1}，则

$$t_{a1} = \left(\frac{3}{2} - \frac{\sqrt{42^2 \times 3^2 - 4 \times 42 \times (75 - 15)}}{2 \times 42} \right)\mathrm{s} = 0.59\mathrm{s}$$

用式（4-4）和式（4-5）计算过渡域终了时的关节位置 θ_{a1} 和关节速度 $\dot{\theta}_1$，得

$$\theta_{a1} = 15 + \left(\frac{1}{2} \times 42 \times 0.59^2 \right)^° = 22.3°$$

$$\dot{\theta}_1 = \ddot{\theta}_1 t_{a1} = (42 \times 0.59)°/\mathrm{s} = 24.78°/\mathrm{s}$$

据上面计算得出的数值可以绘出如图 4-16a 所示的轨迹曲线。

2）设计第二条轨迹。

对于第二条轨迹，若选择 $\ddot{\theta}_2 = 27°/\mathrm{s}^2$，可求出

$$t_{a2} = \left(\frac{3}{2} - \frac{\sqrt{27^2 \times 3^2 - 4 \times 27 \times (75 - 15)}}{2 \times 27} \right)\mathrm{s} = 1.33\mathrm{s}$$

$$\theta_{a2} = 15 + \left(\frac{1}{2} \times 27 \times 1.33^2 \right)^° = 38.88°$$

$$\dot{\theta}_2 = \ddot{\theta}_2 t_{a2} = (27 \times 1.33)°/\mathrm{s} = 35.91°/\mathrm{s}$$

相应的轨迹曲线如图 4-16b 所示。

用抛物线过渡的线性函数插值进行轨迹规划的物理概念非常清楚，即如果机器人每一关节电动机采用等加速、等速和等减速运动规律，则关节的位置、速度、加速度随时间变化的曲线如图 4-16 所示。

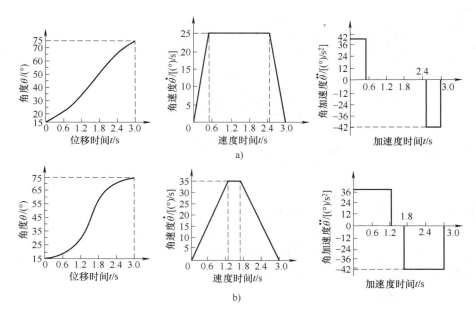

图 4-16　带有抛物线过渡的线性插值
a）加速度较大时的位移、速度、加速度曲线　　b）加速度较小时的位移、速度、加速度曲线

若某个关节的运动要经过一个路径点，则可采用带抛物线过渡域的线性路径方案。多段带有抛物线过渡域的线性路径方案如图 4-17 所示，关节的运动要经过一组路径点，用关节角度 θ_j、θ_k 和 θ_l 表示其中 3 个相邻的路径点，以线性函数连接每两个相邻路径点，而所有路径点附近都采用抛物线过渡。

应该注意的是，对于各路径段采用抛物线过渡域线性函数所进行的规划，机器人的运动关节并不能真正到达那些路径点。即使选取的加速度充分大，实际路径也只是十分接近理想路径点，如图 4-17 所示。

4.2.4　焊接规划

上述轨迹规划实际上是一种层次比较低的、动作级的规划，更高层次的包括焊接参数规划与焊接任务规划。由于实际应用中往往是从最高级的焊接任务开始，一步步往下落实到焊接轨迹规划，故以下按照层次由高到低介绍。如果把规划理解成问题求解，焊接规划就是利用计算机对焊接工艺问题进行求解。由于焊接方法选择、焊接工艺设备选择、焊接工装选择包含了一定的设计性工作，受实际生产条件影响较大，不适合由计算机规划完成，所以在焊接规划中一般不包括这三方面。可以将焊接规划划分为焊接任务规划、焊接参数规划、焊接机器人路径规划和焊接机器人轨迹规划四类。

（1）焊接任务规划　这是指对焊接工艺路线进行规划。例如，装配-焊接顺序是"整装-整焊""随装-随焊"，还是"零件-部件装配焊接-总装配焊接"？各部件如何拆成小部件？各

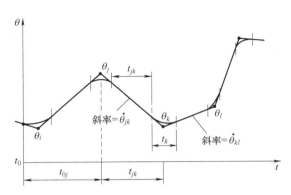

图 4-17　多段带有抛物线过渡域的线性路径方案

焊道焊接的焊接方法选择和焊接工艺设备及工装选择包含有一定的设计性工作，不适合由计算机规划完成。无论先后顺序如何，这些问题规划难度很大，考虑的因素十分复杂。包括对焊接变形的控制、提高劳动生产率和降低成本的考虑、保证具有良好的焊缝可达性和施焊方位等。焊接任务规划与机器人学中的机器人任务规划概念是一致的，但更为复杂。

（2）焊接参数规划　这是指对焊接电流、焊接速度等焊接参数进行规划。特别对复杂空间焊缝，通过焊接参数规划可确定出焊缝上每一点精确的焊接参数。焊接参数规划有两种思路，一种是对焊接过程进行数学建模，通过数值模拟的方法进行焊接参数规划，但由于焊接过程的复杂性，很难对其进行严格的数学建模，所以这一研究短期很难实用化；另一种是利用专家系统、神经元网络等一些先进的人工智能技术进行焊接参数规划，其部分研究成果已达到实用化。虽然这方面已有较多研究，但如何在焊接参数规划中考虑散热条件、热积累、焊接变形等因素仍是困难的课题。

（3）焊接机器人路径规划　这是指对于某一指定焊缝规划出无碰撞的机器人焊枪运动路径。由于点焊机器人的路径规划问题比较简单，在此主要讨论弧焊机器人的路径规划问题。对于弧焊机器人，即为弧焊机器人无碰路径规划。这与机器人学中路径规划的概念是一致的。

"路径"一词并非焊接专业术语，而在机器人学中，路径包括机器人工具的位姿。因此，在弧焊机器人无碰路径规划中，路径也包括焊枪位置和焊枪姿态。但与通常机器人路径规划的研究相比，在规划目标和约束条件上都有不同。

虽然焊接位置必须在焊缝上，但是焊枪姿态却可以在一定范围内调节。从焊接生产实际来说，焊接质量是首先追求的指标。焊接规划的首要任务是为提高焊接质量服务，质量不优的"无碰"是没有任何意义的。所以，应将弧焊机器人无碰路径规划看作焊枪姿态的最优化问题，其优化目标是焊接质量。

（4）焊接机器人轨迹规划　这是指将焊接路径变成机器人各关节的空间坐标，形成运动轨迹并生成机器人程序。在焊接机器人轨迹规划中，主要目标是使机器人避开关节极限和机器人退化区等运动限制，并保持机器人运动的灵活性与平稳性。这与机器人学中轨迹规划的概念是一致的。由于从焊接工艺的角度看，焊接机器人一般都是有冗余度的，故焊接机器人轨迹规划包含冗余机器人规划的内容。当机器人与变位机等辅助设备配合时，焊接机器人轨迹规划中又包括了机器人与变位机的协调规划的内容。

以上四类焊接规划是紧密联系的有机整体，但四类规划的层次又是不同的。焊接任务规划处于最高层，以下依次是焊接参数规划、焊接机器人路径规划、焊接机器人轨迹规划。也就是说，焊接任务规划确定出各焊缝的焊接顺序。焊接参数规划则对具体某一焊缝规划出合适的焊接参数（包括焊枪工艺角度）。焊接机器人路径规划根据焊接参数规划提出的工艺要求，规划出无碰撞的焊枪位姿。焊接机器人轨迹规划针对具体机器人的运动限制，实现路径规划提出的焊枪位姿要求。本章限于篇幅所限，主要介绍轨迹规划。随着人工智能技术的发展，如何实现焊接高级规划的智能化也越来越成为研究的热点。

4.3　复习思考题

　　1. 气压驱动机构的组成和特点是什么？

　　2. 液压驱动机构的组成和特点是什么？

　　3. 电压驱动机构的组成和特点是什么？

　　4. 为什么采用电动机驱动需要减速装置？常用减速装置的特点是什么？

　　5. 轨迹与路径的区别是什么？

　　6. 轨迹规划的原理与步骤是什么？

　　7. 在 CP 连续轨迹规划中，比较采用定时插补和定距插补获得目标点的优缺点。

　　8. 简述焊接规划的内容。

第 5 章

焊接机器人编程

如前所述，机器人最主要的功能是使工具（如焊枪）实现期望的运动与操作。实际应用中为便于使用，机器人的运动学、轨迹规划等都作为系统程序在运行，用户使用时无须过多涉及机器人的基本原理和底层硬件。对于用户来说，在正确设置机器人系统后，主要是通过编程与机器人进行交互，使机器人能获知内外部状态，分析和做出决策，实现期望的运动与动作，最终高效优质地完成作业。可见，机器人编程是应用机器人的核心与关键。机器人编程分为在线编程与离线编程，在线编程是利用示教盒、示教再现方式的编程；离线编程是利用上位机，借助仿真技术的编程。无论采用哪种方式，机器人编程都是类似 C 语言的高级编程方式。本章先简要介绍数据类型和编程指令，再介绍如何编写和调试程序。

5.1 机器人编程概述

用机器人代替人作业时，必须预先对机器人下达指令，规定机器人需要完成的动作和作业的具体内容。该过程称为机器人编程。编程过程通常采用在线或离线编程方式，在线编程也称为示教编程。

机器人编程所用语言也是一种高级编程语言，类似 C++、Basic 等，所不同的是编程过程会涉及诸如坐标系、目标点（位姿）、外界接口的数据类型和指令。在编程过程中往往需要操作机器人到某个位置，并将其记录为 TCP 目标点并写入编程语句，这说明传统示教编程不仅仅是一个脑力活，也是一个体力活。随着技术的进步，出现了机器人拖动示教编程，拖动机器人末端执行器运动，示教装置可记录机器人位置，自动生成程序，进而完成机器人示教工作。受篇幅所限，本书主要介绍传统的示教编程。

示教编程时，示教器是人与机器人的接口，操作人员通过示教器设定各种坐标系，设置机器人参数，设置工具参数，移动机器人，记录 TCP 位置，编写命令，调试程序，运行和监控机器人等。以下以 ABB RAPID 编程语言为例简要介绍。

ABB 应用程序结构如图 5-1 所示。通常一台机器人对应一个任务（Task），多台机器人则对应多个任务。每个任务包含了一个 RAPID 程序模块和系统模块。模块（Module）是将相关的数据（Data）和例行程序（Routine）集中在一起，以实现一些集中的或相关的功能，使机器人完成特定任务，如焊接操作、焊接检查、TCP 服务、清理喷嘴等功能。模块中的例行程序（Routine）可以被别的模块调用。模块以关键词"MODULE"开始，以"ENDMOD-ULE"为结束；例行程序以关键词"PROC"开始，以"ENDPROC"为结束进行定义。名为"main"的特殊例行程序，被定义为程序执行的起点。

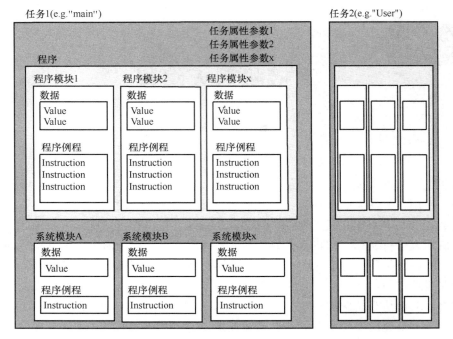

图 5-1　ABB 应用程序结构

下面所示代码中，MainModule 模块中使用了例行程序 draw_square（画方块），而后者作为一个通用的例行程序，被定义在 figures_module 模块中，可被任何程序调用。而 figures_module 模块中还包含 draw_triangle（画三角形）、draw_circle（画圆）等例行程序。

```
MODULE MainModule
  ...
  draw_square;
  ...
ENDMODULE

MODULE figures_module
  PROC draw_square()
   ...
  ENDPROC
  PROC draw_triangle()
   ...
  ENDPROC
  PROC draw_circle()
   ...
```

```
    ENDPROC
    ENDMODULE
```

如下是另外一个程序，其注释在程序后以"!"标出。

```
    PERS tooldata tPen:=...   ! 定义工具数据
    CONST robtarget p10:=...! 定义一个目标点
    PROC main()  ! 主例行程序,由此处开始运行
        ! 调用例行程序 draw_square
        draw_square 100;! draw_square 的参数为 100
        draw_square 200;! draw_square 的参数为 200
        draw_square 300;! draw_square 的参数为 300
        draw_square 400;! draw_square 的参数为 400
    ENDPROC ! 主例行程序结束
    PROC draw_square(num side_size)! 定义的例行程序 draw_square
        VAR robtarget p20;! 定义目标点 p20
        VAR robtarget p30;! 定义目标点 p30
        VAR robtarget p40;! 定义目标点 p40
        ! p20 is set to p10 with an offset on the y value
        p20:=Offs(p10,0,side_size,0);! 根据 p10 偏移获得 p20 点位置
        p30:=Offs(p10,side_size,side_size,0);! 根据 p10 偏移获得 p30 点
位置
        p40:=Offs(p10,side_size,0,0);! 根据 p10 偏移获得 p40 点位置
        MoveL p10,v200,fine,tPen;! 移动到 p10 点
        MoveL p20,v200,fine,tPen;! 移动到 p20 点
        MoveL p30,v200,fine,tPen;! 移动到 p30 点
        MoveL p40,v200,fine,tPen;! 移动到 p40 点
        MoveL p10,v200,fine,tPen;! 移动到 p10 点
    ENDPROC ! 定义的程序结束
```

5.2 数据类型

数据类型是编程语言中的主要内容。一方面，指令中要包含各种类型数据，其次，数据有不同的生命周期或作用范围。数据类型的种类可以一定程度上看出编程语言的功能强大性。常用数据类型见表 5-1。此外，数据类型分为变量（VAR）、常量（CONST）和保持型变量（PERS）。常量不能被改变，而保持型变量在程序关闭后其值不变。

此外，之前所涉及的工具坐标系、工件坐标系、示教目标点、位姿、输入输出等在 RAPID 中都是一种数据类型。面向焊接还有一些特殊的数据类型，如 Seam data、weld data 和 weave data 等。

表 5-1　常用数据类型

数据类型	说明
num	数据类型，可同时表示整数和小数点数
dnum	比 num 的精度更高
string	字符串
bool	布尔类型

在 ABB RobotStudio 中，变量定义和复制的代码示例如下：

```
VAR num length;
VAR dnum pi;
VAR string name;
VAR bool finished;
length:=10;
pi:=3.141592653589793;
name:="John";
finished:=TRUE;
```

5.3　编程指令

编程指令有以下几类：

1. 控制程序流程的指令

IF THEN 为条件指令；TEST CASE 为变量选择指令；FOR、WHILE 用于实现循环；Goto 语句为跳转指令；其他还有一些返回、停止和退出指令。

1）"IF THEN" 条件指令，以下是其示例。"！" 后为注释。"： ＝" 为给变量赋值。

```
VAR num time:=62.3;! 定义数值变量并赋值
VAR bool full_speed:=TRUE;! 定义布尔变量并赋值
PROC main()              ! main 程序
    IF time > 60 THEN ! 条件循环
        IF full_speed THEN
            TPWrite "Examine why the production is slow";! 示教器上
显示
        ELSE
            TPWrite "Increase robot speed for faster production";
        ENDIF
    ENDIF
ENDPROC
```

2）FOR 循环和 WHILE 循环，其示例如下：

```
! For 循环
VAR num sum:=0;
FOR i FROM 1 TO 50 DO
    sum:=sum+i;
ENDFOR
```

```
! WHILE 循环
VAR num sum1:=0;
VAR num i1:=0;
WHILE sum1<=100 DO
    i1:=i1+1;
    sum 1:=sum1+i1;
ENDWHILE
```

3）TEST CASE 指令，相当于 C++中的 SWITCH CASE 或 Basic 中的 Select Case 语句，其示例如下：

```
TEST reg1 ! 检测 reg1 的值
CASE 1,2,3 :! 值为 1、2 或 3 时,执行 routine1 例程
    routine1;
CASE 4 : ! 值为 4 时,执行 routine2 例程
    routine2;
DEFAULT : ! 其他值时,示教器上显示非法选择,程序停止
    TPWrite "Illegal choice";
    Stop;!
ENDTEST
```

4）Goto 语句，与 C++中 Goto 语句类似，将指针跳转到例行程序内标签的位置，标签用一个字符串加冒号表示。

5）Return 指令；从当前例行程序返回。

6）Break 指令；程序停止，同时机器人立即停止，可以用于分析变量，调试程序。

7）ProcCall 指令，调用例程。例如
weldpipe2 10, lowspeed;! 调用 weldpipe2 例程，并附带 2 个参数 10，lowspeed。

8）Exit 指令，停止程序执行，并禁止在停止处再开始。

9）Stop 指令用于停止程序执行，任何执行的运动将停止。

2. 运动指令

MoveL 表示直线移动，MoveC 表示圆弧移动，MoveJ 表示跳转，MoveAbsJ 表示绝对位置跳转。StopMove 为停止运动，StartMove 为继续运动。此外，对外轴的控制包括 DeactUnit、ActUnit 等指令。

1）MoveL 指令是将机器人从当前点沿直线移动到目标点，其语法如下：
MoveL ToPoint Speed Zone Tool;
① ToPoint 是目标点，是一个 robtarget 类型的常量，示例如下：
CONST robtarget p10:=[［600,-100,800］,［1,0,0,0］,［0,0,0,0］,［9E9,9E9,9E9,9E9,9E9,9E9］];

在该例中，［600，-100，800］表示 TCP 相对当前对象框架（属于工件坐标系）位置

的 x，y，z 坐标为（600，-100，800）。如果没有定义工件坐标系，则表示相对于大地坐标系。[1，0，0，0] 表示工具坐标系相对当前对象框架的方位，如果没有定义工件坐标系，则表示相对于大地坐标系。[0，0，0，0] 表示机器人的轴设置，是相对于轴 1，4，6，cfx 的象限来说的，0 表示处于第一象限，具体可参考 confdata 数据类型。[9E9，9E9，9E9，9E9，9E9，9E9] 表示附加轴的状态，具体可参考 extjoint 数据类型。实际应用时，通常是通过示教目标点的方式来获取目标点的值。

② Speed 是一个 speeddata 类型的常量，如 v5 表示 5mm/s，v100 表示 100mm/s，vmax 表示机器人的最大速度。

③ Zone 表示一个角点区域，其数据类型为 zonedata。若其值为 fine，则表示机器人会精确到达指定的目标点。若其值为 z50，则表示机器人在距离目标点小于 50mm 时会拐弯指向下一目标点（见图 5-2）。

④ Tool 表示机器人的工具坐标系，其数据类型为 tooldata。ABB 机器人默认的工具坐标系为 tool0，若安装焊枪，则变为焊枪的工具坐标系。

以下命令表示机器人会做如图 5-2 所示的运动：

```
MoveL p10,v1000,z50,tool0;
MoveL p20,v1000,fine,tool0;
```

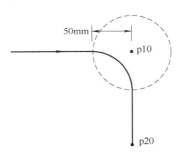

图 5-2　MoveL 指令范例

为让机器人走一个如图 5-3 所示的矩形，其命令如下：

```
Proc main()
    MoveL p10,v50,fine,tool0;
    MoveL p20,v50,z50,tool0;
    MoveL p30,v50,z50,tool0;
    MoveL p40,v50,z50,tool0;
    MoveL p10,v50,fine,tool0;
End Proc;
```

命令中 p10、p20、p30、p40 表示目标点，在采用示教器进行编程时，可以将机器人工具以期望姿态移动到目标点，然后示教该目标点，写入指令中。也可以事先示教目标点，并保存；然后在编写程序时选用。

2）MoveJ 指令是通过关节空间规划将机器人工具 TCP 迅速地从当前点移动到目标点，

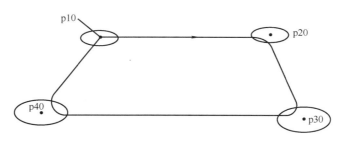

图 5-3　示教编程范例

两点之间的路径不一定是直线。其指令与 MoveL 很类似，示例如下：

　　MoveJ ToPoint Speed Zone Tool；

3）MoveC 指令是表示机器人的 TCP 将从当前点沿着圆弧运动到目标点，显然，命令中还需要指定一个中间点。其命令格式如下：

```
MoveC MidPoint ToPoint Speed Zone Tool;
```

与 MoveL 指令相比，MoveC 多了一个 MidPoint 表示圆弧中间点，其余参数与 MoveL 含义相同，以下为一个范例，其运动如图 5-4 所示。

```
MoveL p10,v500,fine,tPen;
MoveC p20,p30,v500,fine,tPen;
MoveL p40,v500,fine,tPen;
```

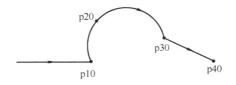

图 5-4　MoveC 指令范例运动

4）MoveAbsJ 指令，和 MoveJ 指令类似，移动机器人轴和外部轴到一个绝对轴位置，该命令不受工具和工件影响。常用于机器人的复位。

5）StopMove 和 StartMove 指令。

StopMove 用于暂停机器人，StartMove 用于令 StopMove 暂停的机器人继续运动。如以下示例，程序被停止，直到 ready_input 被赋值为 1。

```
StopMove;
WaitDI ready_input,1;
StartMove;
```

6）DeactUnit、ActUnit 指令，分别完成关闭单元和激活单元功能。在以下范例中，track_motion 单元在机器人运动到 p20 和 p30 时将保持静止，之后机器人和 track_motion 单元一起运动到 p40。该指令在机器人和变位机协调动作时非常重要。

```
MoveL p10,v100,fine,tool1;
DeactUnit track_motion;
MoveL p20,v100,z10,tool1;
MoveL p30,v100,fine,tool1;
ActUnit track_motion;
MoveL p40,v100,z10,tool1;
```

3. I/O 控制指令

I/O 信号被用于机器人与协同操作设备之间进行通信。数字输入由外部设备写入，数字输出由机器人输出到外部设备。此外 TPWrite、TPReadFK 和 TPReadNum 用于与机器人示教器通信。

1）Set 数字信号置位指令。此命令用于将数字输出 DO 置位为 1。如

Set do15；！将数字输出 do15 置位（值为 1）。

2）Reset 数字信号复位指令。此命令用于将数字输出 DO 复位为 0。如

Reset do15；！将数字输出 do15 复位（值为 0）。

3）SetDO 指令。此命令可以设置数字输出的值，并具有时间延迟和同步操作的功能。示例如下：

SetDO do15，1；！信号 do15 被设置为 1。

SetDO weld，off；！信号 weld 被设置为 off。

SetDO \SDelay：= 0.2，weld，high；！信号 weld0.2 s 后被设置成 high，程序继续执行下一条指令。

SetDO \Sync，do1，0；！信号 do1 被设置成 0。程序等待信号被设定成指定值后才继续执行。

4）SetAO 改变模拟输出信号，其格式为 SetAO Signal Value，示例如下：

SetAO ao2，5.5；！设置 ao2 模拟输出的值为 5.5。

SetAO weldcurr，curr_outp；！设置 weldcurr 模拟输出的值为 curr_outp 的当前值。

此外，还有 SetGo 命令可以设置信号组合的值。

5）WaitDI、WaitDO、WaitAO、WaitAI、WaitGI、WaitGO 信号判断指令。程序只有等到指定信号的值为指定值时，程序才继续程序。

WaitDI di4，1；！程序只有等到 di4 数字输入值为 1 才继续执行。

WaitDO grip_status，0；！程序只有等到 grip_status 数字输出值为 0 才继续执行。

WaitAO ao1，\GT，5；！程序只有等到 ao1 模拟输出信号值大于 5 才继续执行。

WaitAI ai1，\LT，5；！程序只有等到 ai1 模拟输入信号值小于 5 才继续执行。

6）WaitUntil 指令用于等待其中的逻辑条件满足。

WaitUntil di4 = 1；！程序只有等到 di4 数值输入被置位才继续执行。

WaitUntil \Inpos，di4 = 1；！程序只有等到机器人到达停止点，且 di4 数值输入为 1 才继续执行。

WaitUntil start_input = 1 AND grip_status = 1\MaxTime：= 60 \TimeFlag：= timeout；！程序只有等到 start_input 为 1 且 grip_status = 11 才继续执行，最大等到时间 60s，否则报错。

7）IsignalAI、IsignalAO、IsignalDI、IsignalDO、IsignalGI、IsignalGO 指令。信号达到某个条件时，触发中断。示例如下（还可参考 7.2.1 节范例）：

```
VAR intnum sig1int;! 定义 int 变量
PROC main()! 主例行程序
    CONNECT sig1int WITH iroutine1;! 将变量与 iroutine1 绑定
    ISignalAI \Single,ai1,AIO_BETWEEN,1.5,0.5,0,sig1int;! 若模拟输入
ai1 的值为 0.5~1.5 则触发中断程序 iroutine1。中断仅在第一触发时产生。
```

4. 焊接指令

ArcStart、ArcL、ArcEnd 等指令用于实现带焊接的移动。而 Weld data、Weave data 和 Seam data 三种数据类型用于定义焊接过程的相关参数。关于焊接相关指令可以参考 RobotStudio 软件所带帮助的附加资源中的 "Arc 和 Arc Sensor"。下面先介绍与焊接相关的数据类型。

焊接过程编程需要定义了三种数据格式，即 Weld data、Weave data 和 Seam data。

Weld data 是焊接时需要使用的数据，主要包括焊接速度、送丝速度（电流）和焊接电压。

Weave data 是定义焊接过程中的摆动参数，主要包括摆动宽度、摆动高度和摆动偏差，如图 5-5 所示。

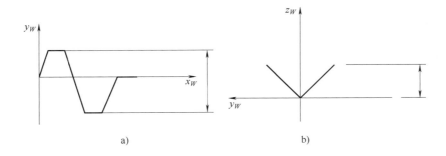

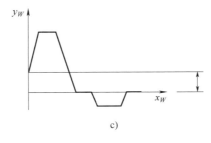

图 5-5　Weave data 参数
a）摆动宽度　b）摆动高度　c）摆动偏差

Seam data 用于控制焊接开始和结束阶段，也用于焊接中断后的重新启动。主要包括清理喷嘴时间、提前/滞后送气时间、引弧电流、送丝速度、引弧电压、移动滞后时间、填弧

时间、填弧电压等。

在 ABB 机器人中，焊接以 ArcLStart（直线运动）或 ArcCStrat（圆弧运动）命令为开始，以 ArcLEnd（直线运动）或 ArcCEnd（圆弧运动）命令为结束。ArcC 表示电弧通过圆弧移动到目标点，ArcL 表示电弧通过直线移动到目标点。在弧焊命令中，还可以指定摆动的形式，如图 5-6 所示。

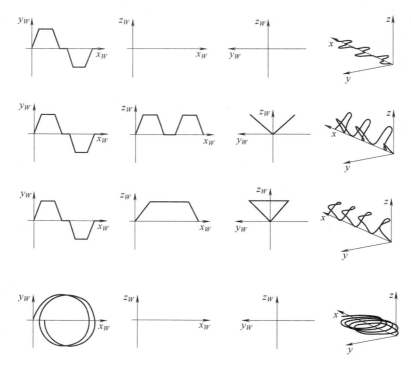

图 5-6　几种摆动的形式

1）ArcLStart 和 ArcCStart。ArcLStart 用于将机器人 TCP 直线移动到目标点，在目标点处开始焊接，作为焊接的起点，同时控制焊接过程的开始和结束阶段的参数，并连续监控焊接过程。其指令格式如下：

```
ArcLStart ToPoint [\ID] Speed Seam Weld [\Weave] Zone Tool [\WObj] [\
Corr] [|Track] [\SeamName] [\T1] [\T2] [\T3] [\T4] [\T5] [\T6] [\T7] [\TLoad]
```

［］中表示可选项。ToPoint 表示开始焊接的目标点；Speed 表示焊接速度；Seam 表示焊接开始和结束阶段的焊接参数；Weld 表示焊接阶段的焊接参数；［\ Weave］表示摆动方式；Zone 表示接近目标点的方式；Tool 表示工具坐标系；［\ WObj］表示工件坐标系，其余参数含义可参考帮助。

ArcCStart 表示 TCP 沿着圆弧运动到目标点，并在目标点处引弧作为焊接起点。同时，也在指令中规定了焊接开始、中间和结束阶段的参数，甚至规定了摆动参数等。

2）ArcL 和 ArcC。ArcL 用于沿着直线焊接，ArcC 用于沿着圆弧焊接。ArcL 焊接命令格式如图 5-7 所示。ArcC 与 ArcL 的不同点在于 ArcC 要指定一个中间点，用于确定圆弧。

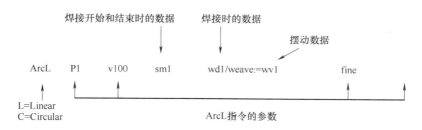

图 5-7　ArcL 焊接命令格式

3）ArcLEnd 和 ArcCEnd。ArcLEnd 表示焊枪沿着直线焊接移动到目标点，并熄弧作为焊接终点；ArcCEnd 表示焊枪沿着圆弧焊接移动到目标点，并熄弧作为焊接终点。

4）焊缝跟踪指令。在焊接过程中还可以使用焊缝跟踪。如果系统设定为使用视觉跟踪器，则焊接指令中的可选项［\Track］应被使用，以使用 Track data 来确定路径。如果不使用［\Track］则焊缝跟踪功能不被激活。如下述指令中添加了"\Track：=track1"。

```
ArcLStart p3,v100,seam1,weld1,weave1,fine,gun1\Track:=track1;
```

图 5-8 所示的焊接轨迹程序代码如下：

```
MoveJ p10,v100,z10,torch;
ArcLStart p20,v100,sm1,wd1,wv1,fine,torch;
ArcC p30,p40,v100,sm1,wd1,wv1,z10,torch;
ArcL p50,v100,sm1,wd1,wv1,z10,torch;
ArcC p60,p70,v100,sm1,wd2,wv1,z10,torch;
ArcLEnd p80,v100,sm1,wd2,wv1,fine,torch;
MoveJ p90,v100,z10,torch;
```

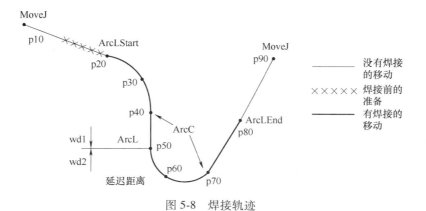

图 5-8　焊接轨迹

上述命令中 p* 通常表示目标点或中间点（圆弧移动需要），v* 表示移动速度，z* 表示在接近目标点一定范围时开始拐弯，fine 表示精确到达，torch 表示所使用的工具坐标系，此处为焊枪。sm1 定义引弧和收弧的参数，wd1、wd2 为焊接过程参数，wv1 定义了摆动参数。

5.4 示教编程

5.4.1 示教编程的准备

用机器人代替人进行作业时，必须预先对机器人发出指令，规定机器人应该完成的动作和作业的具体内容，这个指示过程称为对机器人的示教（teaching），或者称为对机器人的编程（programming）。对机器人的示教内容通常存储在机器人的控制装置内，通过存储内容的再现（playback），机器人就能实现人们所要求的动作和作业。

机器人的示教方式有多种形式，但目前使用最多的仍然是示教再现方式。虽然示教再现方式机器人有占用机时、效率低等诸多缺点，人们试图在传感器的基础上使机器人智能化以取消示教，但在复杂的生产现场和作业可靠性仍存在不足，因此目前机器人仍然大量使用示教再现编程方式。

示教内容主要由两部分组成，一是机器人运动轨迹的示教，二是机器人作业条件的示教。机器人运动轨迹的示教主要是为了完成某一作业，TCP 所要运动的轨迹，包括运动类型和运动速度的示教。机器人作业条件的示教主要是为了获得好的焊接质量，对焊接条件进行示教，包括被焊金属的材质、板厚、对应焊缝形状的焊枪姿势、焊接参数、焊接电源的控制方法等。

目前机器人语言还不是通用型语言，各机器人生产厂都有自己的机器人语言，给用户使用带来了很大的不便，但各种机器人所具有的功能却基本相同，因此只要熟悉和掌握了一种机器人的示教方法，对于其他种类的机器人就可以很容易学会。

通过手持机器人示教器可完成示教。示教时首先选择或定义相关坐标系，移动机器人获取示教目标点，编写程序定义行走轨迹和焊接参数，最后根据实际焊接情况来手动检查试运行。示教编程流程如图 5-9 所示。

下面以 ABB 机器人为例介绍编程。ABB 的编程语言为 RAPID，可以使用 ABB 的示教器和 RobotStudio 来编程。如前所述，示教器是一种手持式操作装置，用于执行与操作机器人系统有关的许多任务——运行程序，使操纵器微动，修改机器人程序等。

示教器适用于处理机器人动作和普通操作，而 RobotStudio 则适用于配置、编程及其他与日常操作相关的任务。此外，示教器最适用于修改程序，如位置和路径，而 RobotStudio 适合用于更复杂的编程。3.6 节中已讨论了在 RobotStudio 中构建工具坐标系、工件坐标系等内容。下面介绍如何使用 ABB 的示教器完成类似的操作，并进行编程。

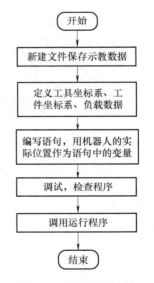

图 5-9　示教编程流程

1. 示教器工具坐标系的定义

在使用示教器编程之前，需要定义工具坐标系、工件坐标系甚至有效载荷。无论是采用 RobotStudio，还是采用示教器，其构建坐标系的原理都是相同的。工具坐标系的相关介绍可以参考 3.1.1 节，构建工具坐标系同样需要使机器人处于手动模式，构建方法如下：

1）在示教器中，如图 5-10a 所示，单击 ABB 菜单①，单击"手动操纵"选项②，进入图 5-10b 所示界面。

2）在图 5-10b 中单击"工具坐标"③，显示可用工具列表（见图 5-10c）。单击"新建…"按钮④创建新工具坐标系，则弹出如图 5-10d 所示对话框。

3）在图 5-10d 中，输入相关参数后，单击"确定"按钮，则回到图 5-10c 所示界面，此时工具列表中会显示之前新建的工具坐标系。

4）在图 5-10c 中，选中新建的工具坐标系⑤，单击"编辑"按钮⑥，然后单击"定义…"按钮⑦，即会弹出如图 5-10e 所示定义工具坐标系对话框。

5）在图 5-10e 中，单击⑧选择工具坐标系定义方法。若工具方向与机器人基础坐标系相同，可选择"TCP（默认方向）"；弧焊一般选择"TCP 和 Z，X"⑨，这是因为弧焊质量受焊枪倾斜角度（z 轴相关）、焊枪前进方向（x 轴相关）的影响，而不受电弧旋转角度（y 轴相关）影响；若是进行点焊，可以选择"TCP 和 Z"⑩，因为点焊质量不受焊枪移动方向（x 轴相关）的影响。TCP 定义的数目如图中⑪所示，此处选择 4 个点，TCP 定义原理如图 5-10f 所示：焊枪以四种不同的姿态定位于同一个目标点，即 TCP。四种点位姿对应图 5-10e 中的点 1、点 2、点 3、点 4。若选择 x 轴，则需要定义"延伸器点 X"；若选择 z 轴，则需要定义"延伸器点 Z"（在点 1、点 2、点 3、点 4 下方，未显示）。

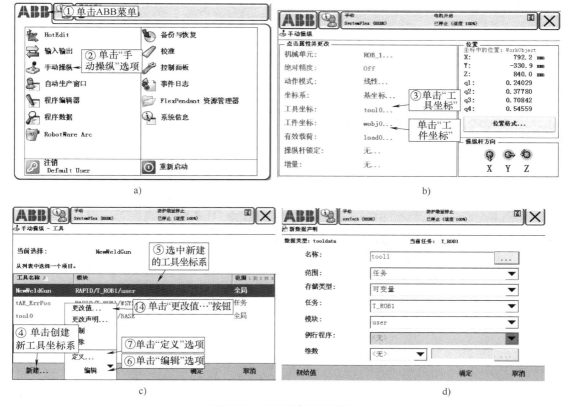

图 5-10　工具坐标系的定义

a）单击手动操纵　b）单击相应坐标系　c）工具坐标系列表　d）编辑工具坐标

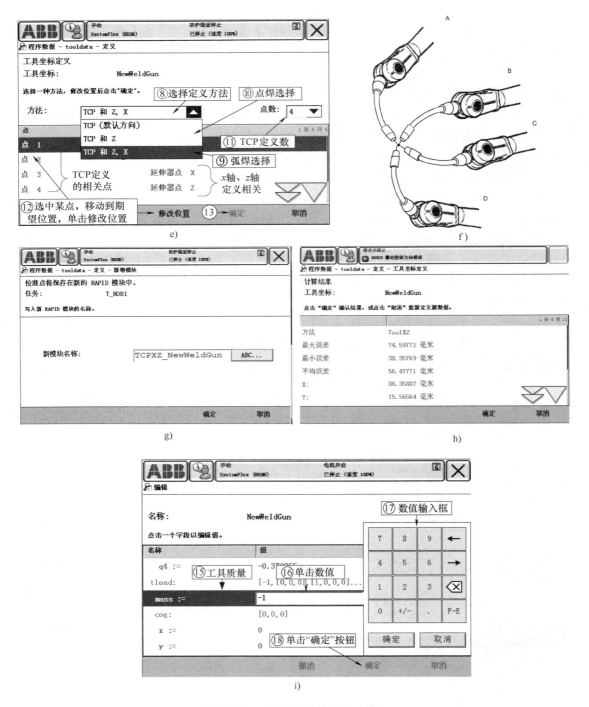

图 5-10　工具坐标系的定义（续）

e）定义工具坐标　f）TCP 定义原理　g）保存校准点　h）计算结果　i）输入值

实际操作时，对于图 5-10e 中需要定义的点，单击选中，然后利用示教器操纵杆、选择合适的模式将机器人 TCP 移动到期望位姿，然后单击"修改位置"⑫，此时该点后面出现

"已修改"，代表修改成功。

6）图 5-10e 中所有点都修改好后，单击"确定"按钮⑬，会弹出对话框询问是否保留修改点以便下次使用，单击"是"按钮，系统提示校准点保存的模块，如图 5-10g 所示。单击"确认"按钮，则显示如图 5-10h 所示的构建工具坐标系相关信息。单击"确认"按钮，回到图 5-10c 所示界面。

7）上述步骤定义了工具坐标系的位姿，还需要定义工具数据。单击相应工具坐标系⑤，单击"编辑"按钮⑥，然后单击"更改值…"按钮⑭，弹出如图 5-10i 所示界面。

8）图 5-10i 中绿色显示的项能输入数值。坐标系原点、坐标系方向和"工具质量"⑮为必须输入有效数值的项。单击质量对应数值⑯，会弹出数值输入框⑰，可输入数值。如有必要，还可以输入工具的重心坐标、力矩方向、转动力矩等。输入完毕后单击"确定"按钮⑱，完成值的修改。回到如图 5-10c 所示界面，再单击"确定"按钮，会回到如图 5-10b 所示界面，此时工具坐标系变为刚才新建的工具坐标系。

2. 工件坐标系的构建

如图 5-9 所示，在定义工具坐标系后还需定义工件坐标系。工件坐标系的相关介绍可以参考 3.1.1 节。

机器人的轨迹是在工件坐标系内进行定义的。如果工件发生移动，只要相应移动工件坐标系即可实现所需要的轨迹，而不用重新示教编程。工件坐标系的定义如图 5-11 所示，主要是通过定义 x 轴上 2 个点和 z 轴上 1 个点来完成的。

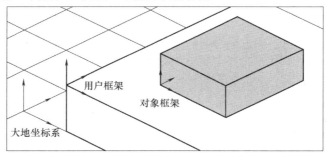

a)

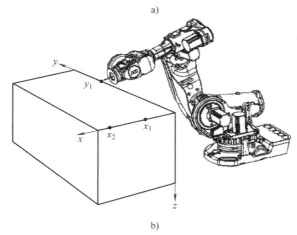

b)

图 5-11　工件坐标系的定义

a）工件坐标系由用户框架和对象框架组成　b）三点法定义用户框架

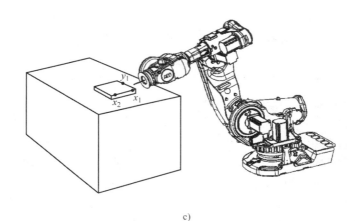

c)

图 5-11　工件坐标系的定义（续）

c）三点法定义工件（对象）框架

采用示教器定义工件坐标系同样需要机器人处于手动模式，步骤如下：

1）与定义工具坐标系类似，进行如图 5-10a 所示操作①、②后，在图 5-10b 中单击"工件坐标"，则弹出如图 5-12a 所示界面，单击"新建…"按钮①，则弹出如图 5-12b 所示界面，输入或选择相关定义后，单击"确定"按钮，则回到如图 5-12a 界面，此时，多了一个新建工件坐标。

2）在图 5-12a 中，选中新建的工件坐标系②，然后单击"编辑"按钮③，单击"定义"按钮④，则弹出如图 5-12c 所示界面。

3）在图 5-12c 中，选择用户框架定义方法⑤和工件框架定义方法⑥，一般只需将"目标方法"选为 3 点，文本框中会显示要示教的工件框架定义点⑦，三点的含义可参考图 5-11b，x_1、x_2 为 x 轴上的点，y_1 为 y 轴上的点。

4）与示教工具坐标相关点类似（见图 5-10e），在图 5-12c 中选中要示教的点⑧，然后移动机器人到目标点（移动方法参考 2.3.2、2.3.3 节），再单击"修改位置"⑨，则完成该点的示教。x_1 和 x_2 之间的距离越大，定义就越精确。完成所有点的示教后，单击"确定"按钮。会弹出对话框提示是否保存文件，确认保存，则提示保存的位置，如图 5-12d 所示。

5）在图 5-12d 中单击"确定"按钮，则会提示相关工件坐标系信息，如图 5-12e 所示。

6）在图 5-12e 中单击"确定"按钮，则回到如图 5-12a 所示界面。

3. 有效载荷的定义

载荷数据主要是在搬运机器人或点焊机器人中需要定义，包括其质量和重心偏移等数据，在此不再赘述。读者可以参考 RobotStudio 软件中自带的"示教器帮助"。

5.4.2　示教器编程

1. 创建数据

下面演示如何在示教器中查看、定义、编辑变量。如图 5-13 所示，单击 ABB 菜单项①，单击"程序数据"选项②，会弹出如图 5-13b 所示界面，显示当前范围内的数据类型。

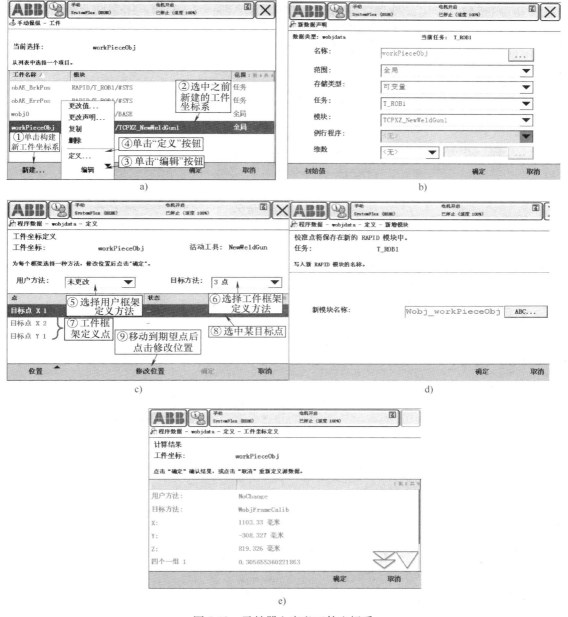

图 5-12　示教器上定义工件坐标系

a）工具坐标系列表　b）新建工具坐标系定义　c）标定框架点　d）保存标定点　e）定义的工具坐标系信息

单击图 5-13b 中"更改范围"按钮③，弹出界面如图 5-13c 所示。在图 5-13c 中选择数据显示范围，并单击"确定"按钮⑤，可查看该范围内数据类型，界面返回到图 5-13b。

单击图 5-13b 中"视图"⑥，可以切换"全部数据类型"（选择后界面如图 5-13d 所示）和"已用数据类型"。

在图 5-13b（或图 5-13d）中选中某种数据类型⑦，单击"显示数据"按钮⑧，即可查看当前数据范围内该类型数据的变量，如图 5-13e 所示。

单击图 5-13e 中的"新建…"按钮⑨，弹出如图 5-13f 所示界面，用于定义该数据类型的新变量。ABB 的数据变量范围分为全局、本地和任务。存储类型分为变量、可变量和常量。选择或输入完毕后，单击图 5-13f 中"确定"按钮完成新变量的创建。界面回到图 5-13e，变量列表中多了刚刚新建的变量。

在图 5-13e 中，选中某变量⑩，单击"编辑"按钮⑪，即可对已有变量进行删除、更改、复制等操作，在此不再赘述。若需示教目标点，添加 robtarget 变量，通过 edit 菜单修改值或是设定当前 TCP 值。

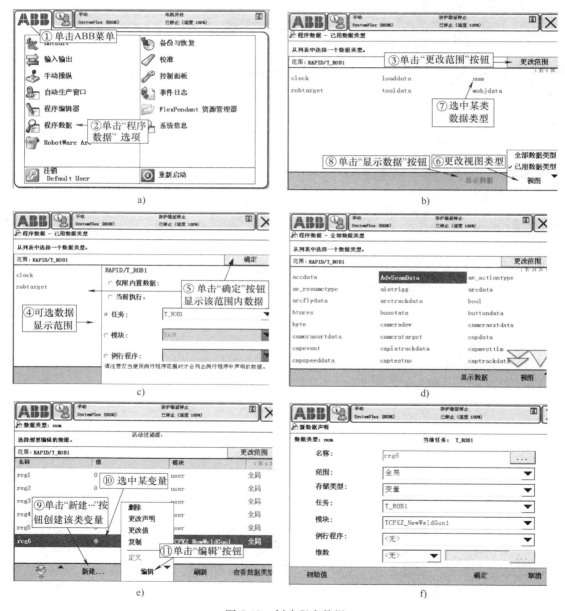

图 5-13 创建程序数据

a）进入程序数据 b）已用数据类型 c）显示数据 d）全部数据范围
e）某类数据类型列表 f）新建数据变量

2. 创建程序模块

1）如图 5-14a 所示，单击 ABB 菜单①，单击"程序编辑器"选项②，会进入如图 5-14b 所示界面。

2）在图 5-14b 中，单击"文件"按钮③，然后单击"新建模块…"按钮④。如果已有程序加载，就会出现一个警告对话框。单击"Save"（保存）按钮保存已加载的程序。单击"Don't save"（不保存）按钮可关闭已加载程序，但不保存该程序，即从程序内存中将其删除。单击"Cancel"（取消）按钮使程序保持加载状态。此外，还会弹出对话框提示"会丢失程序指针"。单击"是"按钮继续。弹出如图 5-14c 所示界面。

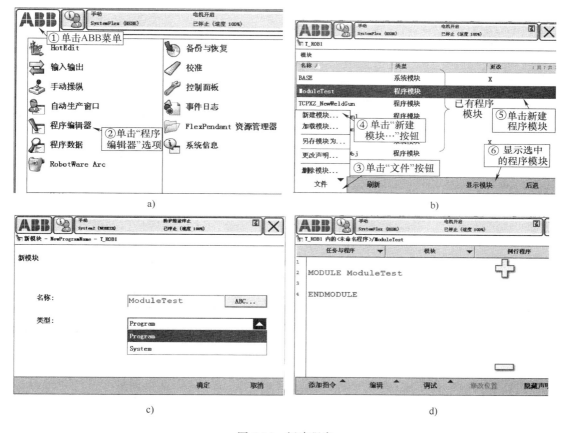

图 5-14　新建程序

a）选择程序编辑器　b）新建模块　c）定义模块名称和类型　d）显示程序模块

3）在图 5-14c 中，定义模块名称和模块类型。此处，名称设定为"ModuleTest"，类型选为 Program，然后单击"确定"按钮，会回到如图 5-14b 所示界面，程序列表中增加了刚才定义的模块。

4）在图 5-14b 所示界面中选中之前新建的程序模块⑤，然后单击"显示模块"按钮⑥，则弹出如图 5-14d 所示的界面。

在图 5-14b 中还可以单击"文件"③上的"加载模块…""另存模块为…""删除模块…"等操作实现对程序模块的管理，在此不再赘述。

3. 示教器编程

在定义上述坐标系后，可以在工件坐标系内对 TCP 轨迹进行编程。首先需要将机器人置于手动模式（见图 2-28）。然后进入 main 例行程序。

如图 5-15a 所示，若要添加指令，单击要添加指令的位置①，单击"Add Instruction"按钮②，则在示教器右边弹出命令提示，选择需要的指令④（此处为 MoveL），则弹出对话框提示是在当前指令的上方还是下方插入指令，选择后，则弹出一个新指令，如图 5-15b 所示。该新指令需要修改的话，则双击该指令⑤，弹出如图 5-15c 所示的参数选项。要修改哪个参数就双击该参数，此处选择修改目标点⑥，则弹出如图 5-15d 所示界面，可以新建或选中已有的点⑦。通过选择命令中其他参数⑧，也可以对其他参数进行修改。单击"OK"按钮确认后，则可以完成指令修改。

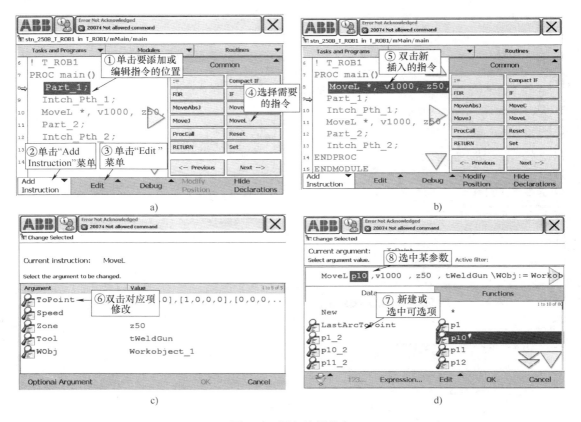

图 5-15 添加编辑指令

a）插入指令 b）双击新插入的指令 c）双击对应项修改 d）修改目标点

此外，编辑指令如图 5-16 所示，选中要编辑的指令①，单击"Edit"菜单②，弹出编辑指令界面③，可以完成剪切、复制、删除等编辑操作。

通过添加、编辑指令，可以按照需要进行程序编程，完成移动、焊接等功能。然后可以对程序进行编辑，如图 5-16 所示。

输入完程序后，可以对程序进行调试，如图 5-17 所示，单击"Debug"菜单①，弹出调试指令界面②，选择"Check Program"检查程序，只有没有错误的程序才能被执行。单击

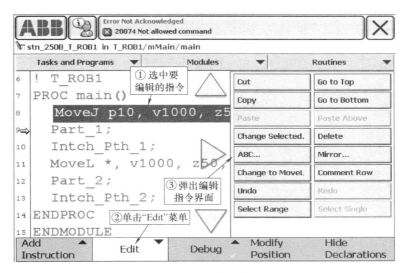

图 5-16　编辑指令

"PP to Main"③，程序指针指向 main 例程，单击图 2-28 上"程序启动"按钮⑦，执行程序，机器人进行仿真演示。

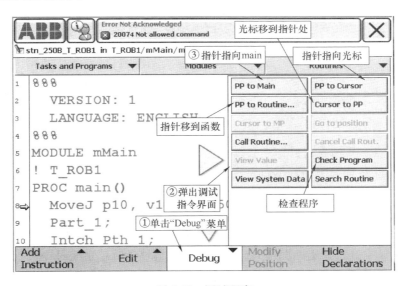

图 5-17　调试程序

以上是程序在手动模式下运行，程序也可以在自动模式下运行。将图 2-28 所示控制器切换到自动模式⑧，按电动机开启按钮⑨，则可以通过示教器上的启动按钮⑦执行程序。此时，示教器会显示执行的指令，遇到错误的指令则停止并报错。

5.5　离线编程

在 ABB RobotStudio 中，机器人轨迹规划的工作流程如图 5-18 所示。首先要根据焊缝特征构建目标点，然后根据目标点构建路径，并检查路径的可达性，进行防碰撞检测等；最后可以进行仿真演示。

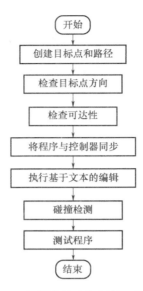

图 5-18　机器人轨迹规划的工作流程

众所周知，两点确定一条直线，而三点可以确定一个圆弧。对于复杂曲线，则可以通过直线段和圆弧段分段拟合完成。故焊接轨迹的确定可以转换为对感兴趣的点——目标点的确立。

1. 创建目标点

如图 5-19a 所示，依次单击"基本"选项卡①、"目标点"图标②，在下拉菜单中显示三种构建目标点的方法③④⑤，此外，在主菜单项中还有一个"示教目标点"图标⑥，也可用于构建目标点。所构建的目标点会以小坐标系图标的方式显示在工作站视图中，同时，所示教的目标点也会显示在"基本"选项卡下"路径与目标点"浏览页中当前任务框架所选定的工件坐标系中，如图 5-19e 所示。

单击图 5-19a 中④，弹出如图 5-19b 所示界面。可以修改机器人关节和外轴（如变位机）的数值，单击"创建"按钮将创建由这些关节值和外轴值对应的 TCP 为目标点。

单击图 5-19a 中③，弹出如图 5-19c 所示界面。此时以所选定坐标系为参照，可以输入或捕捉一系列目标点。

单击图 5-19a 中⑤，弹出如图 5-19d 所示界面。此时会激活"捕捉表面"和"捕捉边缘"，以捕捉方式捕捉物体/部件的边缘点作为目标点。

单击图 5-19a 中⑥，会直接示教当前机器人所在位姿的工具坐标系的 TCP。

2. 创建轨迹

根据目标点可以创建路径/轨迹（在软件中用 path 表示）。路径和轨迹的区别在于轨迹是和速度或时间相关的。

路径的创建有两种方式（见图 5-20），一种是创建"空路径"；另一种是创建"自动路径"。

（1）通过"空路径"创建轨迹 如图 5-21 所示，单击"基本"选项卡下菜单"路径"
①中的子菜单"空路径"，则会在"路径和目标点"浏览页所选机器人的"路径"菜单下
增加一个路径项"Path_10"②；右键单击该路径，单击"插入运动指令"③，弹出"创建
运动指令"对话框④。

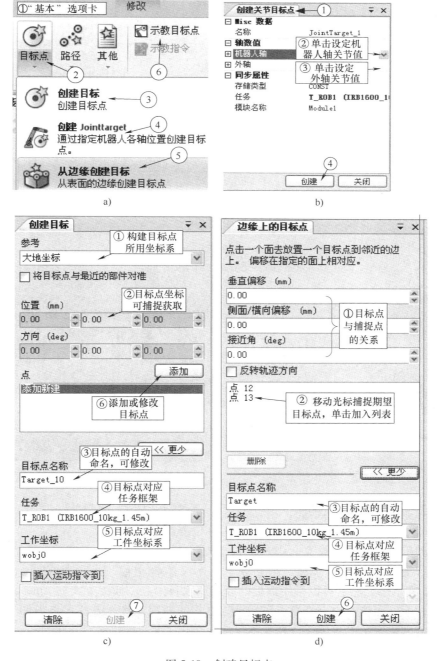

图 5-19 创建目标点

a）创建目标点的方式　b）"创建 JointTarget"方式　c）创建目标方式　d）从边缘创建目标方式

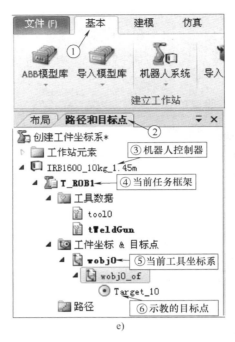

图 5-19　创建目标点（续）

e）所创建的目标点位置

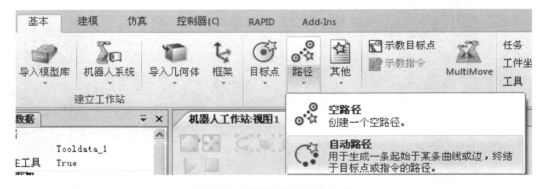

图 5-20　路径创建的两种方式

如前所述，运动指令一般包括两个方面，一个是运动方式（包括移动方式、移动速度、逼近目标点的方式等，如⑧所示；另一个是目标位姿。

目标点的位置可以通过输入来获取，也可以通过捕捉点获取。前者需要选择坐标系⑤并输入坐标点位姿⑥，然后点添加，则会在⑦所示文本框中出现所添加的点。后者是单击"添加新建"文字⑦，然后可以采用捕捉的方式获取目标点。捕捉方式与 AutoCAD 类似，能实现对工件表面、曲线、中点、端点、切点等方式的捕捉，具体方式可参考图 2-7。也可以右键单击之前创建的示教目标点，在弹出菜单上单击"添加到路径"，将目标点添加到新建路径中。此部分后文会详述。

（2）通过"自动路径"创建轨迹　"自动路径"可帮助生成基于 CAD 几何体的准确路径，其前提是需要拥有一个具有边、曲线或同时具备这两者的几何对象。其操作步骤如下：

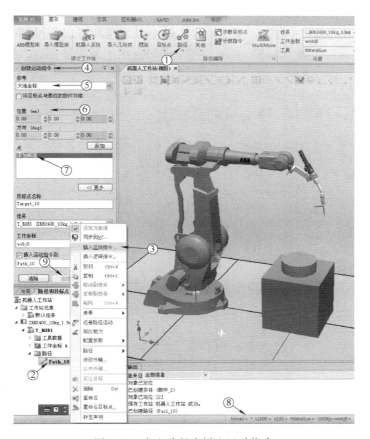

图 5-21 在空路径中插入运动指令

1）步骤 1——构建曲线（若已有曲线，则可跳至步骤 2）曲线的创建在"建模"选项卡中。边或曲线的创建如图 5-22 所示，可以通过单击"曲线"①、单击"物体边界"⑧、"表面边界"⑨或"从点生成边界"②创建。

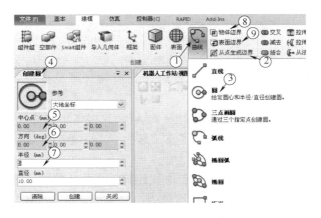

图 5-22 边或曲线的创建

在图 5-22 中，单击"曲线"图标①，在弹出菜单中可选择不同的曲线构建方式。如创建圆，则单击"圆"③，弹出"创建圆"对话框④，然后需要输入所选择坐标系下特征点的位姿⑤⑥，并确定半径/直径⑦来获得。对话框中点的坐标可以通过捕捉方式获取，其方法是单击要输入坐标的位置（如⑤），然后在工作站视图上捕捉特征点，捕捉成功则点的坐标自动发生变化。

若单击"物体边界"按钮⑧、"表面边界"按钮⑨或"从点生成边界"按钮②，则会对应弹出如图 5-23a~c 所示对话框，同样可以创建曲线，其原理和操作不再赘述。

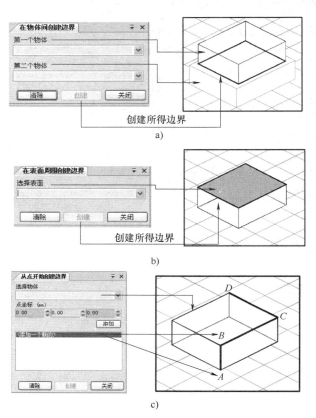

图 5-23　通过"物体边界"创建曲线原理
a)"物体边界"方式　b)"表面边界"方式　c)"从点生成边界"方式

无论采用何种方式构建曲线，该曲线都会在"布局"浏览页中以组件的形式呈现，其默认名称为"部件_*"（*代表自然数）。

下面对图 5-21 所示圆柱体上表面外围进行选择，其操作步骤如下：

a. 选择曲线。如图 5-22 所示，在"建模"选项卡上，单击"表面边界"按钮⑨，弹出如图 5-24 所示的对话框。

b. 单击"选择表面"的文本框①，然后在工作站界面上激活"选择表面"模式②，然后单击圆柱体上表面③。操作成功后，所选择表面会变红，文本框①内也会显示所选择表面的名称。

c. 单击"创建"按钮④，生成所需要的曲线，"建模"浏览页中会相应增加一个新的部件，所生成的曲线会在工作站中白色高亮显示。

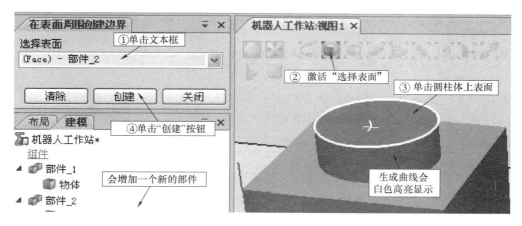

图 5-24　表面边界方式创建曲线

2）步骤 2——创建自动路径。如图 5-25 所示，在"基本"选项卡①中，单击"路径"图标②，然后单击"自动路径"按钮③，此时，将显示"自动路径"对话框④。

选择要创建自动路径的几何对象的边或曲线（以下统一用"曲线"描述），即先用鼠标左键单击⑤所在空白框，即可用对象捕捉方式捕捉一条或多条边或者曲线，成功选择后⑤所在空白框会显示曲线所对应组件。要更改选定边的次序，可选择"反转"复选框⑥。

注意：此时需要打开"捕捉曲线"方式，即单击"选择曲线""图标使其显示实化，即处于激活状态。

参照面文本框⑦中显示被选作垂直面来创建自动路径的平/曲面。此时，需要注意激活"选择表面"图标，才能进行面的选择。

在图 5-25 界面上还可以设置表 5-2 所列的参数。

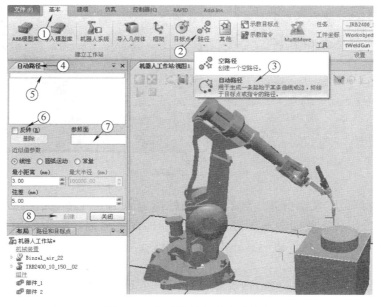

图 5-25　自动路径方式生成轨迹

表 5-2　自动路径下的参数含义

参数名称	参数含义
最小距离/mm	设置两生成点之间的最小距离；即小于该最小距离的点将被过滤掉
弦差/mm	设置生成点所允许的几何描述的最大偏差
最大半径/mm	在将圆周视为直线前确定圆的半径大小；即可将直线视为半径无限大的圆
线性	为每个目标生成线性移动指令
圆弧运动	在描述圆弧的选定边上生成环形移动指令，在直线上仍是直线指令
常量	生成具有恒定距离的点

单击图 5-25 中"创建"按钮⑧即可生成一条新的自动路径。该自动路径根据"近似值参数"中的设置生成目标点和移动指令。

以之前创建的曲线为例，演示如何构建自动路径。

a. 如图 5-25 所示，依次单击①②③，弹出对话框④。

b. 如图 5-26 所示，单击"自动路径"文本框①，然后可在工作站视图中单击图 5-24 所构建的如图 5-26 所示曲线③（注意需要激活"选择曲线"②），选择成功后在"自动路径"文本框会出现<Start>、所选择曲线名、<End>。

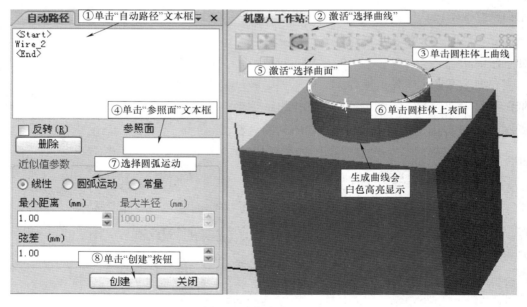

图 5-26　自动路径实例

c. 单击"参照面"文本框④，然后单击圆柱体上表面⑥（注意需要激活"选择曲面"⑤）。选择成功后会在参照面文本框显示所选曲面的部件名称。参照面用来选择焊枪的位姿，若此处选择上表面，则焊枪与圆柱体上表面垂直，若选择圆柱体侧面，则焊枪与圆柱体侧面垂直。

d. 因为是圆周运动，所以近似值参数选择圆弧运动⑦。其他参数不变。曲线上会出现一个（选择圆弧运动）或多个（选择线性）小图标，代表工具坐标系的位姿。一般 x 轴为红色，y 轴为绿色，z 轴为蓝色。此处，z 轴代表焊枪指向的方向。

　　e. 单击"创建"按钮⑧，则会创建自动路径。可以在"路径和目标点"浏览页面的"工件坐标 & 目标点"下的工件坐标系 wobj0②下生成目标点，如图 5-27 所示。右键单击目标点，可以设置显示工具，如图中④⑤⑥所示。

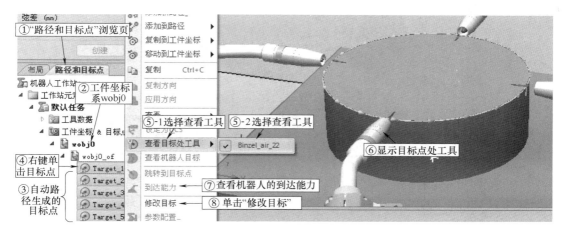

图 5-27　生成目标点及工具

　　f. 可以单击"到达能力"⑦，测试机器人是否能到达所设置的目标点。需要注意的是，到达性与焊枪位姿有关，若不能达到，可能需要改变焊枪姿态或是改变工件的位置和高度。

　　g. 可以单击"修改目标"⑧，修改焊枪的角度。可以进行单目标点修改，也可以同时选中多个目标点进行修改。

　　3）步骤 3——自动路径修改。

　　a. 焊枪姿态修改。在图 5-27 中单击"修改目标"⑧，然后会弹出如图 5-28b 所示对话框，选择"设定位置"，弹出如图 5-28c 所示对话框。在对话框 deg 文本框内输入"-45"，则焊枪会围绕本地坐标 x 轴旋转-45°，焊枪姿态修改前后如图 5-28a、d 所示。

　　b. 焊枪位置调整。此处将图 5-28d 所示目标点和路径改为沿圆柱体下表面外沿，可以通过修改工件坐标系来完成。如图 5-29 所示，在"路径和目标点"浏览页，右键单击当前工件坐标系①，单击"偏移位置…"②，在弹出的对话框③中，使之沿着本地坐标系 z 轴方向偏移-100mm（见④），单击"应用"按钮，可看到工件坐标系进行了偏移（见⑤），目标点和路径也相应偏移，达到期望位置⑥。

　　c. 为了检测点的到达能力，如图 5-30 所示，在"路径和目标点"浏览页①，选中全部示教目标点②，然后右键单击弹出菜单，单击"到达能力"③，在弹出的对话框④中，会显示目标点的到达能力。若不能达到，可能要修改焊枪的位姿（见图 5-29），直到所有点都能到达。

3. 起始点和结束点的添加

　　在焊接中，自动轨迹一般生成的是焊接的目标点和路径。还需要添加起始点和结束点，即焊接前焊枪的位置和焊接结束后焊枪的位置。

　　常用的方法可以是通过手动移动方式将焊枪移动到开始和结束位置，然后单击"基本"选项卡上的"示教目标点"命令来记录该目标点。

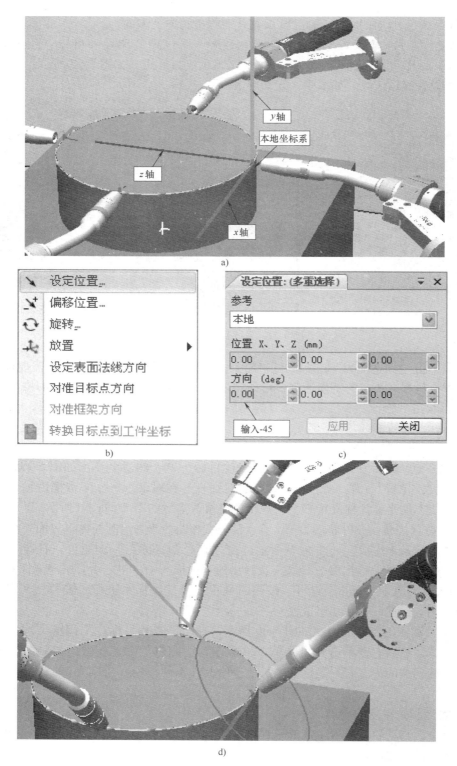

图 5-28　修改焊枪位置

a）修改前位姿　b）"修改目标"右键弹出菜单　c）"设定位置"对话框　d）修改后焊枪位姿

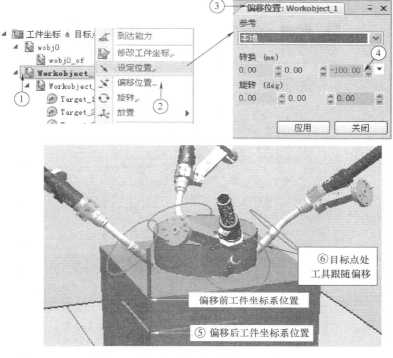

图 5-29　修改工件坐标系位置和目标点

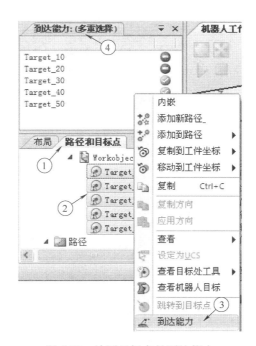

图 5-30　检测目标点的到达能力

另外一种方式是复制原有的开始和结束目标点，然后修改名称并设定其位置来完成，如

图 5-31a 所示。该目标点可以添加到已有的自动路径中，如图 5-31b 所示。

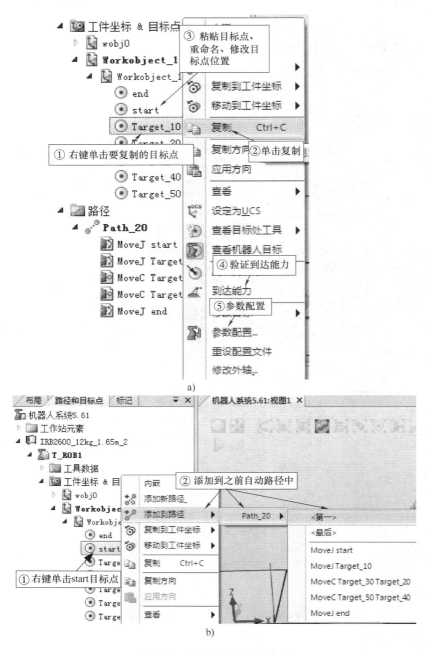

图 5-31　添加开始点和结束点

a）添加 start 目标点　b）添加 start 目标点到已有自动路径

　　添加的目标点和路径需要进行"到达能力"验证，单击图 5-31a 中菜单项"到达能力"④进行操作。若有某些点不能满足，则需要调整焊枪姿态，甚至工件的位姿。其次，需要对其目标点进行参数配置，单击图 5-31a 中菜单项"参数配置"⑤，弹出如

图 5-32 所示的对话框，配置参数下有多组配置，说明机器人的关节可以通过多种方式实现目标点位姿，根据前后点焊枪位姿，选择一种。此时，机器人工作站上会显示机器人机械臂姿态。

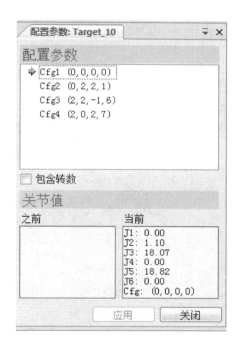

图 5-32　目标点的参数配置

4. 焊接指令的添加

焊接指令的介绍同 5.3 节。指令的添加可以通过右键单击路径，然后单击添加指令，添加相应焊接开始、焊接行走和焊接结束指令。添加后的指令如图 5-33a 所示。添加后的指令还需要进行参数配置，如图 5-33b 所示。右键单击"路径"①，然后单击"配置参数"②，然后单击"自动配置"③，弹出与图 5-32 类似界面。若出错，则说明某些目标点不能达到，需要修改焊枪位姿或是其他部件位姿。配置成功则焊枪会沿着设定的路径行走一遍。

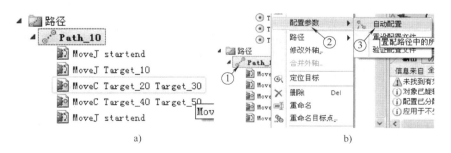

图 5-33　添加指令和配置参数

a）添加的路径　b）配置参数

5. 焊接路径的仿真

程序的仿真如图 5-34 所示，在"仿真"选项卡①中单击"仿真设定"②，弹出"仿真设置"对话框③，选中要激活任务的选择框④，则会在右侧文本框中显示可用子程序（路径）列表；选中要仿真的子程序⑤，单击左向箭头⑥，将程序加入仿真队列中⑦（同一路径可以多次添加）；单击"确定"按钮⑧，界面③关闭。单击"播放"按钮⑨，则可以观看仿真。

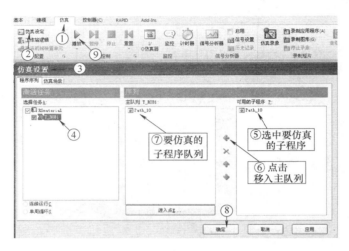

图 5-34　程序的仿真

5.6　复习思考题

1. 使用示教器编程的步骤是什么？
2. 试采用 ABB RobotStudio 实现一个长 1m、宽 0.5m 的矩形轨迹的编程。
3. 试采用 ABB RobotStudio 实现一个焊接轨迹编程。

第 6 章

机器人传感器技术

作为一个运动控制系统，机器人需要传感器来检测自身运动状态；作为一个加工中心，机器人需要传感器来感知周围输入输出的变化并调整自己的操作。对于实际焊接机器人来说，除了通用传感器外，还需要各种焊接传感器。这是因为实际焊接过程中作业条件经常变化，存在加工和装配误差，受热和散热条件的改变影响会造成焊接变形和熔透不均。为克服各种不确定因素对焊接质量的影响，机器人焊接经常要求实现空间焊缝的自动实时跟踪、焊接参数的在线调整及焊接质量的实时控制。

6.1 机器人常用传感器的分类

机器人的控制系统相当于人类的大脑，执行机构相当于人类的四肢，传感器相当于人类的五官。因此，要想让机器人像人一样接收和处理外界信息，机器人传感器技术是必不可少的，其智能化是机器人智能化的重要体现。

传感器是机器人获取感觉能力的必要手段，通过传感器的感觉作用，将机器人自身的相关特性或相关物体的特性转化为机器人执行某项功能时所需要的信息。根据传感器在机器人上应用的目的和使用范围不同，可分为内部传感器和外部传感器，见表 6-1。

内部传感器用于检测机器人自身状态（如手臂间角度、机器人运动过程中的位置、速度和加速度等）；外部传感器用于检测机器人所处的外部环境和对象状况等，如抓取对象的形状、空间位置、有没有障碍、物体是否滑落等。

表 6-1　机器人用内、外传感器分类

类别	传感器	检测内容	检测器件	应用
内部传感器	位置	位置、角度	电位器、光电编码器	位置、角度检测
	速度	速度	测速发电机、增量式码盘	速度检测
	加速度	加速度	压电式、压阻式	加速度检测
外部传感器	触觉	接触	限制开关	动作顺序控制
		把握力	应变计、半导体感压元件	把握力控制
		荷重	弹簧变位测量器	张力控制，指压控制
		分布压力	导电橡胶、感压高分子材料	姿势、形状判别
		多元力	应变计、半导体感压元件	装配力控制
		力矩	压阻元件、电动机电流计	协调控制
		滑动	光学旋转检测器、光纤	滑动判定，力控制

（续）

类别	传感器	检测内容	检测器件	应用
外部传感器	接近觉	接近	光电开关、LED、红外、激光	动作顺序控制
		间隔	光电晶体管、光电二极管	障碍物躲避
		倾斜	电磁线圈、超声波传感器	轨迹移动控制、探索
	视觉	平面位置	摄像机、位置传感器	位置决定、控制
		距离	测距仪	移动控制
		形状	线图像传感器	物体识别、判别
		缺陷	面图像传感器	检查，异常检测
	听觉	声音	麦克风	语言控制
		超声波	超声波传感器	导航
	嗅觉	气体成分	气体传感器、射线传感器	化学成分检测
	味觉	味道	离子敏感器、pH 计	化学成分检测

6.2　机器人内部传感器

机器人机械臂一般有位置、速度、碰撞等内部传感器。

机器人首先要满足末端执行器的运动要求，控制末端执行器的运动轨迹、运动速度和运动加速度等。一般机器人的运动被分解成各个关节或各个轴伺服系统的运动。为了保障伺服系统的高速、频繁启停动作和精确定位，伺服系统一般采用位置、速度和加速度闭环控制方式，从而需要高精度测角、测速传感器。测速传感器可采用测速发电机或编码器，测角传感器一般都采用精密电位计或编码器。

6.2.1　位移传感器

按照位移的特征，可分为线位移和角位移。

线位移是指机构沿着某一条直线运动的距离，角位移是指机构沿某一定点转动的角度。下面以电位器式（电阻式）位移传感器为例介绍其原理。

电位器式位移传感器由一个线绕电阻（或薄膜电阻）和一个滑动触点组成。其中滑动触点通过机械装置受被检测的位置量控制。当被检测的位置量发生变化时，滑动触点也发生位移，从而改变了滑动触点与电位器各端之间的电阻值和输出电压值，根据这种输出电压值的变化，可以检测出机器人各关节的位置和位移量。电位器式位移传感器如图 6-1 所示，在载有物体的工作台下面有同电阻接触的触头，当工作台左右移动时，接触触头也随之左右移动，从而改变了与电阻接触的位置。检测的是以电阻左端为基准位置的移动距离。假定输入电压为 U_{max}，最大移动距离为 x_{max}，在可动触头从左端移动 x 的距离时，电阻左侧的输出电压 U_x 与电阻的长度成正比。

因此可移动的距离 x 为

$$x = \frac{U_x x_{max}}{U_{max}}$$

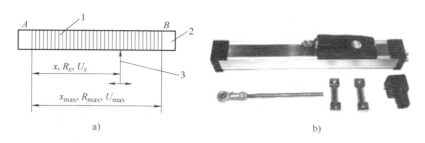

a)
b)

图 6-1　电位器式位移传感器

a）原理图　b）实物图

1—电阻丝　2—绝缘体　3—滑动触点

把图中的电阻元件弯成弧形，可动触头的一端固定在圆心处，另一端与电阻接触并回转，电阻值随相应的回转角变化而变化，即构成角度传感器，如图 6-2 所示。当电流沿电阻器流动时，形成电压分布。如果这个电压制作成与角度成比例的形式，则从电刷上提取出的电压值也与角度成比例。

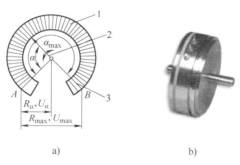

a)
b)

图 6-2　电位器式角度传感器

a）原理图　b）实物图

1—绝缘体　2—滑动触点　3—电阻丝

6.2.2　角数字编码器

角数字编码器又称码盘，是测量轴角位置和位移的传感器。它具有很高的精确度、分辨率和可靠性。根据检测方法不同，角数字编码器又可分为光学式、磁场式和感应式。一般来说，普通型的编码器分辨率能达到 2^{-12} 的程度，高精度型的编码器分辨率可以达到 2^{-20} 的程度。下面主要介绍光学式编码器。

光学编码器是一种应用广泛的角位移传感器，其原理是光源发出的光经过码盘照射到光敏元件，码盘不同位置透光性不同，使得光敏元件输出信号改变。如图 6-3 和图 6-4 所示，其分辨率完全能够满足机器人的技术要求。这种非接触传感器可分为绝对型和增量型。对绝对型编码器（见图 6-3），只要一通电，编码器就能给出实际的线性或旋转位置。因此，用绝对型编码器装备的机器人不需要校准，只要一通电，控制器就知道关节的位置。而增量型编码器只能提供与某基准点对应的位置信息。所以用增量型编码器的机器人在获得真实位置信息以前，必须首先完成校准程序，如图 6-4 所示。

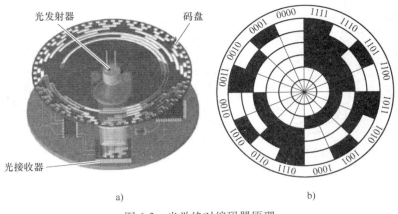

图 6-3　光学绝对编码器原理

a）原理图　b）码盘

图 6-4　光学增量型编码器原理

6.3　机器人外部传感器

6.3.1　外部传感器结构与接口

外部传感系统结构如图 6-5 所示。传感器部分可以包括多个不同类型的传感器，信息处理部分包括信息加工、多传感器信息融合、传感信息与机器人信息的结合。在传感信息与机器人信息的结合处理时需要机器人的位姿参数，因此电气接口要具有双向通信能力。例如，激光三维视觉传感器测得的是焊缝在传感器坐标系下的位姿，为了得到全局坐标系下的信息，需要利用机器人的状态信息进行坐标变换。图中虚线框内部分属于传感系统内容。

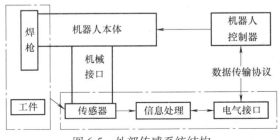

图 6-5　外部传感系统结构

弧焊机器人与传感器之间的接口目前还没有统一标准。基本是机器人生产者自己配备单一的传感器。如果采用其他传感器必须开发特殊接口，这限制了机器人用户对传感器的选择，是阻碍传感器广泛使用的原因之一。采取标准化接口是推广传感器应用的有力手段，也是发展趋势。

传感器与机器人控制器之间的接口存在以下三方面的内容：

（1）机械接口　除电弧传感与焊枪接触传感外，一般都需要在焊枪附近附加传感装置，机械接口便于确定传感器与焊枪、机器人间的相对位置关系。

（2）电气接门　目的是使各种传感器均能够实现与机器人的信息交流，在某种传输协议下实现高效数据传输。随着数字化焊接电源的开发，现场总线（如 DeviceNet）在机器人与焊接电源中广泛应用。

（3）软件接口　目的是使机器人的控制软件能够利用各种传感信息，使机器人具有一定的开放性。如 ABB 的 RobotStudio 就提供了与设备通信的接口命令。

如果要建立基于传感器的高智能化焊接系统，需要采用多个传感器在高采样频率下工作，因此提高接口数据传输率是很重要的。有必要建立可用于多传感器的柔性接口标准。

通常焊接机器人系统除包括机器人机械臂外，还包括变位机、焊接电源和其他外围设备。所以，焊接外部传感器包括变位机的位置传感器、焊接电源的焊接电信号传感器、焊缝和熔池信息传感器。需根据系统的大小、响应速度、可靠性等要求选择合适的传感器及其软件、硬件接口。

6.3.2　力或力矩传感器

机器人在工作时需要有合理的握力，握力太小或太大都不合适。这就需要力或力矩传感器。

力或力矩传感器的种类很多，有电阻应变片式传感器、压电式传感器、电容式传感器、电感式传感器以及各种外力传感器。力或力矩传感器通过弹性敏感元件将被测力或力矩转换成某种位移量或变形量，然后通过各自的敏感介质把位移量或变形量转换成能够输出的电量。机器人常用的力传感器分以下三类：

1）装在关节驱动器上的力传感器，称为关节传感器，用于测量驱动器本身的输出力和力矩，可用于机器人力或加速度控制中的力反馈。

2）装在末端执行器和机器人最后一个关节之间的力传感器，称为腕力传感器，能直接测出作用在末端执行器上的力和力矩。

3）装在机器人手爪指（关节）上的力传感器，称为指力传感器，它用来测量夹持物体时的受力情况。

如图 6-6 所示是 20 世纪 70 年代美国斯坦福大学研制的力矩传感器。这种传感器的力和力矩敏感元件是应变片，装在铝制筒体上，筒体由 8 个简支梁（弹性梁）支持。由于机器人各个杆件通过关节连接在一起，运动时各杆件相互联动，所以单个杆件的受力情况非常复杂。

根据刚体力学可知，刚体上每个点的力都可以表示为笛卡儿坐标系 3 个坐标轴的分力和绕坐标轴的分力矩，能够由此计算出合力。在图 6-6 所示的力矩传感器上，8 个梁中有 4 个水平梁和 4 个垂直梁，每个梁发生的应变集中在梁的一端，把应变片贴在应变最大处就可以

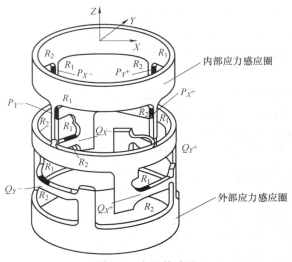

图 6-6 力矩传感器

测出一个力。设 8 个弹性梁测出的应变为

$$\boldsymbol{W}=\begin{bmatrix} W_1 & W_2 & W_3 & W_4 & W_5 & W_6 & W_7 & W_8 \end{bmatrix}$$

机器人杆件某点的力与用力和力矩传感器测出的 8 个应变关系为

$$\boldsymbol{F}=\begin{bmatrix} F_x \\ F_y \\ F_z \\ M_x \\ M_y \\ M_z \end{bmatrix}=\begin{bmatrix} 0 & 0 & k_{13} & 0 & 0 & 0 & k_{17} & 0 \\ k_{12} & 0 & 0 & 0 & k_{25} & 0 & 0 & 0 \\ 0 & k_{32} & 0 & k_{34} & 0 & k_{36} & 0 & k_{38} \\ 0 & 0 & 0 & k_{44} & 0 & 0 & 0 & k_{48} \\ 0 & k_{52} & 0 & 0 & 0 & k_{56} & 0 & 0 \\ k_{61} & 0 & k_{63} & 0 & k_{65} & 0 & k_{67} & 0 \end{bmatrix}\begin{bmatrix} W_1 \\ W_2 \\ W_3 \\ W_4 \\ W_5 \\ W_6 \\ W_7 \\ W_8 \end{bmatrix}$$

式中，F 为被测点在笛卡儿坐标空间中的受力矩阵；k_{ij} 为比例系数（$i=1\sim6$，$j=1\sim8$）。

KUKA 公司在机器人与工具间集成力矩传感及调整系统，让机器人具有力矩传感功能（见图 6-7）。通过机器人的力矩传感，可使工具柔性地接触工件表面，避免刚性碰撞对工件的损伤（传统打磨最棘手的问题），同时还可以实时弹性调整所需压力，解决加工中的力矩过大或不足的问题。该机器人能够完成各种表面加工和智能装配，如打磨、抛光、涂层/膜、层剥离、擦拭等。

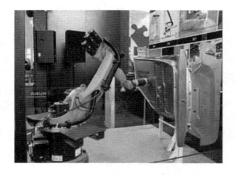

图 6-7 带力矩传感的 KUKA 机器人

6.3.3 触觉传感器

在机器人中，使用触觉传感器主要有以下三方面的作用。

1）触发机械臂动作，如感知手指同对象物之间的作用力，便可判定动作是否适当，还可以用这种力作为反馈信号，通过调整，使给定的作业程序实现灵活的动作控制。这一作用是视觉传感器无法代替的。

2）识别操作对象的属性，如规格、质量、硬度等，有时可以代替视觉进行一定程度的形状识别，在视觉无法使用的场合尤为重要。

3）用以躲避危险、障碍物等以防事故，相当于人的痛觉。

机器人触觉如图 6-8 所示，触头安装在机器人的手指上，用来判断工作中各种状况。用接近觉可感知物体在附近，手臂减慢速度接近物体；用压觉控制握力；如果物件较重，则靠滑觉来检测滑动，修正设定的握力来滑动；靠力觉控制与被测物体重量和转矩对应的力，或举起或移动物体，另外，力觉在旋紧螺母、轴与孔的嵌入等装配工作中也有广泛的应用。

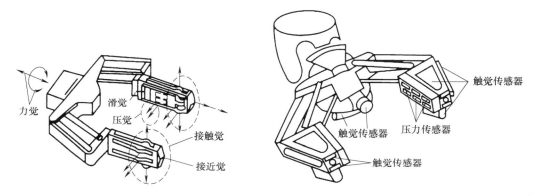

图 6-8 机器人触觉

6.3.4 接近觉传感器

接近觉是指机器人能感觉到距离几毫米到十几厘米远的对象物或障碍物，能检测出物体的距离、相对倾角或对象物表面的性质，属于非接触式传感。

在弧焊机器人系统中，机器人机械臂和外围的配套设备协调运动，构成了一个有机的整体。外围设备或用于拖动机器人机械臂运动，或用于工件的位姿调整。无论做何种运动，都存在对机械位置的定位问题。在定位机械装置时，常采用接近觉传感器（接近开关）作为机械零位或者限位。

接近觉传感器一般可分为六种：电磁式（感应电流式）、电容式、超声波式、光电式（反射或投射式）、气压式和红外线式。

1. 电磁式接近觉传感器

电磁式接近觉传感器（见图 6-9）是利用通电交流线圈与某一金属物接近会导致原有磁场发生变化的原理制作而成。当通电交流线圈产生的磁场接近金属物时，会在金属物中产生封闭的感应电流，即涡流。涡流大小随对象物体表面和线圈距离的大小而变化，这个变化反过来又影响

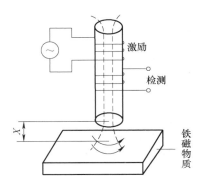

图 6-9 电磁式接近觉传感器

线圈内磁场的强度。磁场强度可用另一组线圈检测出来，也可以根据励磁线圈本身电感的变化或励磁电流的变化来检测。这种传感器精度较高，在工业中应用广泛。由于工业机器人的工作对象大多是金属部件，因此电磁式接近觉传感器应用较广，在焊接机器人中可用于探测焊缝。

电磁式接近觉传感器不能在强磁场环境中工作。建议感应物的厚度在 1mm 以上，感应物如果是正方形 Q235 钢，正方形的边长应是传感器感应头直径的 2.5 倍以上。如果环境温度过高，则检测距离会有比较明显的变化，在使用时，应留出足够的余量。

2. 电容式接近觉传感器

电容式传感器是根据传感器表面与对象物体表面所形成的电容随距离变化而变化的原理制成。将这个电容接在电桥电路中，或者把它当作 RC 振荡器中的元件，都可检测出距离。

3. 超声波接近觉传感器

超声波接近觉传感器是利用声波的反射特性来检测传感器和受检物之间的距离，如图 6-10 所示。超声波是一种振动频率高于声波的机械波（>20kHz），由换能晶片在电压的激励下发生振动而产生，它具有频率高、波长短、绕射现象小，特别是方向性好，能够成为射线而定向传播等特点。超声波对液体、固体的穿透本领很大，尤其是在不透明的固体中可穿透几十米的深度。超声波碰到杂质或分界面会产生显著反射形成回波，碰到活动物体能产生多普勒效应。因此超声波检测广泛应用在工业、国防、生物医学等方面。

超声波传感器常用于测距、避障，国内外学者也开展了基于超声波传感器的焊缝跟踪研究。在弧焊机器人系统中，出于成本的考虑，一般不用超声波传感器作为接近开关，而是用于测量距离。

超声波传感器对环境的风敏感，工作环境风速过高将影响传感器的测量精度；如果检测物反射超声的面较小，则需将超声波聚焦，否则不容易检测到物体。

在选择超声波测距传感器时，关注的主要指标包括响应时间、测量距离和测量精度。需要注意，检测距离和响应时间密切相关，检测距离越大则响应越慢。

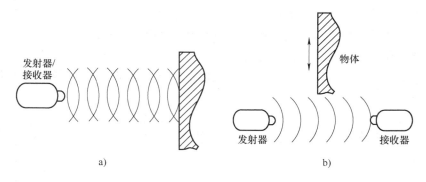

图 6-10　超声波接近觉传感器

a）回波模式　b）对置模式

4. 光电式接近觉传感器

光电式接近觉传感器包括了光电开关、模拟量或数字量输出的光电测距传感器。光电开关用于检测"检测距离"内有无受检物，可检测机械设备是否到达了特定位置。而光电测距传感器常用于检测机械装置整体或部分的相对位移。

光电式接近觉传感器的检测形式多样，常见的有对射型、镜片反射型（见图 6-11）和漫反射型。

不同于电磁式传感器，光电式传感器不要求检测物为金属，检测距离较远，可感知涡流传感器无法检测的距离，且对检测物没有磁性要求，所以检测范围更广。但是检测物的表面粗糙度、颜色等会影响光电式传感器的检测效果。

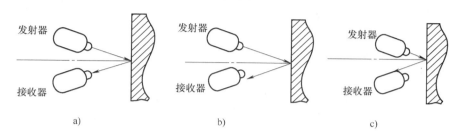

图 6-11　光电式接近觉传感器

a）在作用范围内　b）不在作用范围内，太远　c）不在作用范围内，太近

5. 气压式接近觉传感器

气压式接近觉传感器的制作原理为，由一根细的喷嘴喷出气体，如果喷嘴靠近物体，则内部压力会发生变化，这一变化可用压力计测量出来。它可用于检测非金属物体，尤其适用于测量微小间隙。

6. 红外线接近觉传感器

可以检测到机器人是否靠近操作人员或其他热源，这对安全保护和改变机器人行走路径具有实际意义。接近觉传感器的比较见表 6-2。

表 6-2　接近觉传感器的比较

指标	电磁式传感	光电式传感	超声传感
响应时间/ms	<1	<1	>10
检测距离/m	近（<1）	远（可达 60）	较远（数米）
使用成本	低	较高	高
环境要求	良好的电磁环境	避免光、粉尘	风

6.3.5　焊接电弧传感器

电弧传感器的基本原理是，利用电弧与工件之间距离变化引起的焊接参数变化来探测焊枪高度和左右偏差。焊接参数主要是焊接电流和电弧电压，为引起电弧与工件距离变化，电弧一般需要摆动或旋转。

1. 电弧电信号数据的获取

焊接过程中电流采样常用的器件分为两类。

（1）分流器　分流器实质上就是一个电阻，当电流流过分流器时，在分流器两端产生正比于电流的电压降，从而将电流转换为电压。

（2）互感器 互感器有交流感应式和霍尔效应式两种类型。交流感应式互感器只能接在变压器的一次侧，它实际上是一种特殊的升压变压器，为了减小变换器的纹波，采用三相工作方式。它的优点是转换系数高，并有隔离作用；缺点是体积大，成本高，响应速度慢。目前已被分流器加放大器和霍尔效应互感器所取代。

霍尔式电流传感器是一种新型电流采样器件，它利用霍尔元件在磁场中产生电压的霍尔效应来工作。霍尔器件本身的灵敏度有限，而数百安培的电流转换为电压仅几十毫伏，通常需要放大器配合。为了提高霍尔式电流传感器的信噪比，现在一般将放大器与霍尔器件安装在一起。为了进一步提高信号质量，采用电流传输方式，在接收端再用采样电阻将其转换为电压信号。霍尔式电流传感器的优点是转换系数高，并有电气隔离作用，响应速度快。一种霍尔式电流传感器如图 6-12 所示。

图 6-12 霍尔式电流传感器

电压采样要比电流采样简单得多，一般是通过并联在焊接电源输出端的分压电阻获得采样信号。也有采用霍尔式电压传感器进行电压采样的。霍尔式电压传感器与霍尔式电流传感器一样，可以使控制电路与主电路之间实现电气隔离。霍尔式电压由于原边电流较小，在工作时要远离焊接电缆，以免焊接电流产生的磁场影响霍尔式电压传感器的测量精度。

弧焊机器人系统的焊接电流一般小于 1000A，电弧电压峰值按标准应低于 114V，所以电弧焊的焊接电流传感器量程小于 1000A，多选择 500A 量程的传感器，电弧电压传感器的量程可选 150V 或 200V。典型产品如 LEM 霍尔式电流传感器 LT 508-S6、霍尔式电压传感器 AV100-1000。

焊接时操作人员会注意焊接电源的输出电流和电弧电压。对于测量回路，流过电弧的电流和电缆上任一截面的电流相同，所以将焊接电源的输出电缆中任一根穿过电流传感器都可以测量出焊接电流大小。焊接时，电流较大，从电焊机的输出端到电弧之间的电缆有电感和电阻，所以在测量电弧电压时，不能从焊接电源的输出端直接测量，而应该从电弧的两端取电压测量点，从而得到高信噪比的信号。

2. 电弧传感器的种类

电弧传感器不同于一般意义上的传感器。与其他类型传感器相比，电弧传感器具有完全实时性，其监测点与焊接点统一；设备简单，成本低，耐用性好；焊枪周围无需其他设备，且可达性好；抗干扰能力强，不受热、光、电磁的影响；电弧扫描时可同时进行跟踪传感，保证了焊接稳定，改善接头成型效果。目前，电弧传感器已和视觉传感器并列为生产和研究中的两大主流类型传感器，并在部分领域得到了应用，常用的电弧传感器有以下几种：

（1）旋转式电弧传感器 旋转式电弧传感器以电弧旋转方式扫描工件坡口，然后根据电弧参数的变化判断电弧运动中心是否与坡口对中。该传感器由日本钢管（NKK）株式会社于 20 世纪 80 年代初开发，其原理如图 6-13a 所示。

焊丝由导电杆的上端中心孔送入、从下端的偏心导电嘴送出，电动机通过齿轮传动驱动导电杆运动，带动焊丝端部的电弧做一定直径的高速旋转运动，从而实现一种高速旋转电弧窄间隙 MAG 焊接。由于电弧高速周期性地指向坡口两侧壁，并搅动焊接熔池，因此能得到高质量的窄间隙焊接接头，该技术在日本获得了成功的应用。但是，这种高速旋转机构存在着缺点：采用齿轮传动，使焊枪结构尺寸及重量较大，运行噪声大，长期使用会造成齿轮磨损，导致转动不稳定。

从提高旋转电弧工程实用性和焊接过程传动稳定性角度出发，人们提出了一种新型高速旋转电弧窄间隙焊接工艺，其原理如图 6-13b 所示。该技术以空心轴电动机直接驱动导电杆带动从偏心导电嘴中送出的焊丝，从而使焊丝端部的电弧在坡口内做高速旋转运动，以达到改善坡口两侧壁熔透的目的。这种以空心轴电动机驱动的旋转电弧窄间隙焊接装置，设计方案新颖，焊枪结构简单紧凑，电弧旋转速度调节方便。改进后旋转电弧传感器的旋转频率最高可达 100Hz，进一步促进了旋转电弧窄间隙焊接在工程实际中的应用，并使该方法更精细化、实用化。

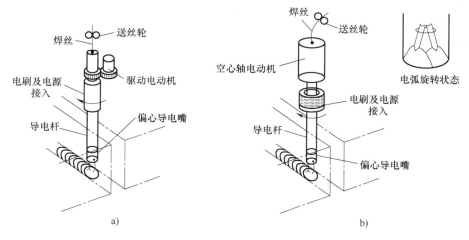

图 6-13　高速旋转电弧的改进及机构原理
a）电动机侧置驱动　b）空心轴电动机驱动

（2）双丝式电弧传感器　双丝式电弧传感器由两个彼此独立的并列电弧组成，如图 6-14 所示。施焊时并列电弧同时进行，根据并列电弧的电流（电压）差值判断坡口中心是否与并列电弧之间的中心线重合，由此实现焊缝跟踪。

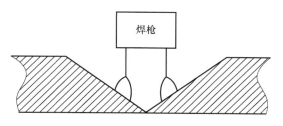

图 6-14　并列电弧在工件坡口中的位置

双丝式电弧传感器也存在缺点：两个并列电弧容易互相干扰，降低了焊缝跟踪的精度。因此要求两个焊丝应具有良好的电绝缘性，并且为防止两电弧的磁场相互干扰，焊丝间距一般大于 8mm。两焊丝所在直线与工件坡口中心线的角度在保持两焊丝最小间距的情况下可以做适当的调整，以满足焊缝成形的要求。双丝式电弧传感器所需的焊接系统机械运动结构简单，可以应用于熔化极气体保护焊、埋弧焊，但是采用并列双丝使得送丝系统及焊枪结构较复杂，而且对工件坡口的加工精度和装配精度要求较高，若左右坡口不对称则跟踪效果会出现较大误差。

（3）磁控电弧传感器　磁控电弧传感器是在焊枪上附加励磁电源，电源通过控制电流变化产生具有一定规律性变化的磁场，焊接电弧在磁场的作用下在工件坡口内运动。因此通过改变磁场可以控制电弧的运动方式，然后根据电弧电信号的变化实现焊缝跟踪。

磁控电弧控制器是利用磁场作用代替机械方式改变电弧在工件坡口内的运动方式，设备简单，使用方便，而且外加磁场的能耗小，可用的磁场种类丰富。

（4）摆动式电弧传感器　摆动式电弧传感器与旋转式电弧传感器的焊缝跟踪原理相同，不同的是电弧运动方式，摆动式电弧传感器通过电弧在坡口横向方向的来回摆动来实现焊缝跟踪传感，其运动方式如图 6-15 所示。受摆动装置的限制，电弧摆动频率一般小于 5Hz，且摆动幅值在 2~10mm 范围内。

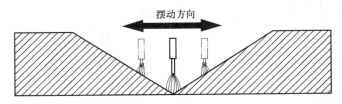

图 6-15　摆动电弧运动情况

摆动电弧传感器适用于熔化极气体保护焊、TIG 焊、埋弧焊等方法，摆动电弧传感器只需实现焊枪的摆动，运动形式简单，易于实现。国内外对该技术的研究广泛，并在实际焊接生产中实现了较为成熟的应用，如德国研制的 KUKA、REIS 弧焊机器人均采用摆动电弧传感焊缝跟踪装置进行自动化焊接。

（5）摇动式电弧传感器　在旋转式电弧传感器和摆动式电弧传感器的基础上，针对窄间隙焊存在的侧壁难以熔透的技术难点，人们设计出一种使用空心轴电动机驱动的摇动电弧窄间隙焊接技术。

该摇动机构主要由空心轴步进电动机、碳刷、导电杆、折弯导电杆和导电嘴等构成。送丝机送出的焊丝，通过电动机的空心轴和折弯导电杆后，从导电嘴送出。空心轴电动机直接驱动直形导电杆和可伸入工件坡口折弯导电杆绕焊枪中心轴线往复运动，带动从导电嘴中心送出的焊丝端部电弧在工件坡口内做圆弧形摇动，从而实现摇动电弧窄间隙焊接。其机构原理如图 6-16 所示。

由于采用折弯导电杆机构，电弧在坡口内的扫描范围较摆动式电弧传感器有了大幅提高。通过编程控制器摇动焊枪可以实现侧壁停留可调，摇动幅值的大小也可以通过改变摇动角度来进行调节，以满足不同情况下的焊接需要。该传感器结构紧凑，实用性强，能够很好地解决侧壁难熔的技术难题，已逐步应用于中厚板焊接生产。

3. 电弧传感检测算法

电弧传感器是通过检测焊接电流或电压的变化而跟踪焊缝的，摆动电弧传感的原理如图 6-17 所示。对角焊缝或 V 形坡口进行摆动焊接时，在摆动两端和中央，由于电弧长度发生变化，焊接电流强度或电压大小也发生变化。摆动中心与角焊缝中心的偏差即成为焊接电流左右变化的平衡差。电弧传感器捕捉此焊接电流的变化情况进行位置补偿。电弧传感的基本功能是对由于焊接材料的热变形、反翘等引起的焊缝偏移进行控制。

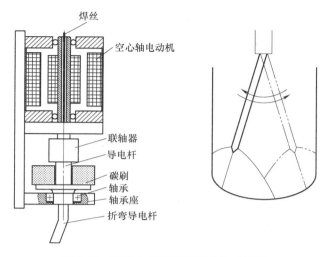

图 6-16 摇动电弧窄间隙焊接机构原理

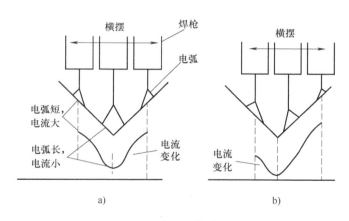

图 6-17 摆动电弧传感的原理

a) 摆动电弧无焊缝偏差 b) 摆动电弧有焊缝偏差

旋转电弧的传感原理与摆动电弧类似，如图 6-18 所示。

目前，采用电弧传感检测焊缝偏差主要有以下几种方法：极值比较法、积分（或平均值）差值法、谐波分析法、脉冲比较法和智能建模方法等。

（1）极值比较法 极值比较法是对比焊枪摆动、摇动或旋转到坡口两侧处的电流差（或电压差）来判断焊缝偏离焊道中心的程度。极值法简单，但是容易受到干扰。

（2）积分（或平均值）差值法 该方法是计算电弧左右对应区间的电弧信号积分值（或平均值）的差值大小来判断焊缝偏差大小。旋转电弧积分（或平均值）差值法原理如图 6-19 所示。

极值比较法和积分差值法在比较理想的条件下可得到满意的结果，但在非 V 形坡口及非射流过程焊接时，坡口识别能力差，信噪比低，应用遇到很大困难。

（3）谐波分析法 采用频域分析识别焊缝偏差时，首先需要将采集的焊接电流由时域

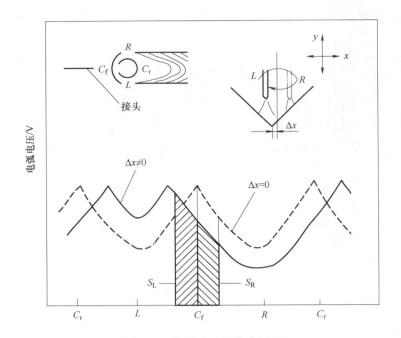

图 6-18　旋转电弧的传感原理

x—水平方向　y—高度方向　L—熔池/焊缝左侧　R—熔池/焊缝右侧　C_f—熔池前方　C_r—熔池后方

Δx—水平焊缝偏差　S_L—左侧电流积分　S_R—右侧电流积分

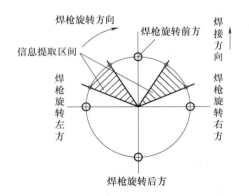

图 6-19　旋转电弧积分（或平均值）差值法原理

变换到频域范围内，偏差量的大小从电流信号的谐波幅值中提取，偏离方向根据谐波的相位判断。

（4）脉冲比较法　上述方法主要适用于直流焊接。目前，在旋转、摆动或摇动弧焊中，采用脉冲电流焊接的情况越来越多。当采用脉冲焊接时，很多弧焊电源是采用脉冲频率调制来调节电流的，脉冲频率越高，平均电流越大；脉冲频率越低，平均电流越小。因此，可以通过对比电弧在坡口两侧的电流频率最大值（或平均值）的差值来检测焊缝偏差。类似的，若弧焊电源采用脉宽调制，也可以通过对比坡口两侧电流脉冲的脉宽来判断焊缝偏差。

（5）智能建模方法　随着智能建模方法在焊接领域应用，采用神经网络、模糊集、粗糙集、支持向量机等智能建模方法进行焊缝偏差检测也得到应用。智能建模方法在面对焊接过程的高度复杂性时有较好的优势。笔者在进行旋转电弧焊缝跟踪时，将一个旋转周期划分为 12 等份，计算每个区间的平均值及左右对应区间平均值的差值作为模型输入，通过粗糙集方法或支持向量机方法获取焊缝偏差。

4. 不同坡口形状下的电弧传感

由于电弧传感的原理是当电弧旋转或摆动时，电弧电流或电弧电压随弧长变化而变化。这意味着，电弧传感首先是反映弧长的变化，根据弧长的变化推断电弧所扫过区域坡口的变化，进而判断焊缝偏差。从原理上看，电弧传感是严重依赖坡口底部形状的。如图 6-20 所示，以旋转电弧为例，不同焊接坡口底部形状、不同焊缝偏差时，由于电弧长度的变化相似，会得到类似的焊接电流波形。这也意味着，焊缝跟踪算法需要根据不同的坡口形状进行改变和适应。针对这个问题，有两种思路，一种是设法探知坡口的形状，再进行自适应的调整，保证焊接质量；另一种是根据不同的坡口形状，开发不同的焊缝跟踪算法，保证焊接质量。

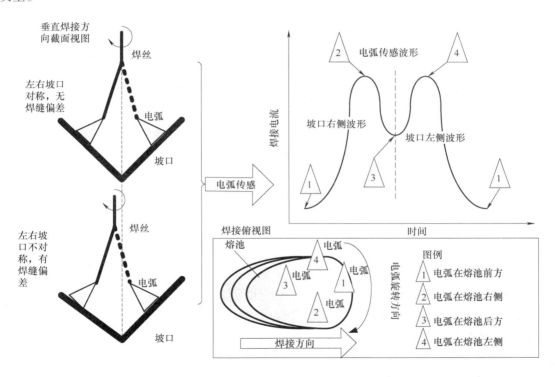

图 6-20 不同坡口不同焊缝偏差可能得到类似的波形

笔者按照第一种思路进行了相关研究，针对旋转电弧窄间隙 MAG 焊，首先加工不同工件，将其坡口状态划分为 3 大类，见表 6-3。然后采用电弧传感获知电流、电压变化；采用视觉传感获取坡口侧壁位置和电弧中心位置，最终获得不受坡口底部形状影响的焊缝偏差，然后采用支持向量机或粗糙集等智能建模方法，对坡口状态进行识别，得到较好效果。

表 6-3 仿真焊接状态的坡口工件截面

坡口状态	坡口截面
坡口对称	
左侧坡口高	
右侧坡口高	

机器人公司在面对不同坡口形态的时候主要是采用第二种思路，即根据不同的坡口状态开发不同的电弧传感算法，使用者在使用时需要选择电弧传感种类。以 ABB 公司为例，其电弧传感的种类如图 6-21 所示。图 6-21a 为高度跟踪，即保持焊丝端部到工件表面的距离相同；图 6-21b 为高度和中心跟踪，即焊丝端部（或电弧）处于坡口中心，电弧长度或焊丝端部到工件表面的距离相同；图 6-21c 为单边跟踪，即利用电弧摆动一侧的数据进行焊缝跟踪；图 6-21d 为自适应宽度跟踪，即在焊缝宽处摆动幅度大，焊缝窄处摆动幅度小；图 6-21e 为多层多道焊跟踪，它是通过跟踪记录第一道焊缝，并相应进行平移获得后续焊缝的位置。

6.3.6 焊接机器人接触传感器

在焊接生产过程中，由于下料误差、装配误差等原因，造成工件的位置和外形发生偏差，使得机器人预先编写的焊接轨迹偏离了实际焊接位置，难以完成正常焊接。此时使用机器人接触传感功能可修正这类偏差。

1. 接触传感器原理

接触传感功能又称接触传感器的寻位功能或初始位置跟踪功能，它的最大优势是没有附加传感用的器件，也就是焊枪上无附属装置，不必担心干涉。

接触传感器通过焊丝端部传感电压，检测焊接工件偏差、坡口尺度，记忆工件或焊缝位置。其原理如图 6-22 所示，在工件和焊丝（或喷嘴）间加一检测电压，机器人在预定的距离内，以焊丝（或喷嘴）寻找工件的正确焊缝位置。当机器人按照设定的程序，带电的焊丝（或喷嘴）与工件接触时，会发生短路导致电压下降，机器人检测到电压下降信号时，通过绝对位置编码器实时记录焊枪所在空间的位姿，控制系统比较当前实际位置与之前编程时的位置参数，进行数据修正，生成新的焊接轨迹。

焊接起始位置的寻位确定，可以通过 1 个或 2 个点的接触传感完成。当要纠正工件整体位置的偏差时，根据工件的外形或焊缝位置需要多个点的接触传感。

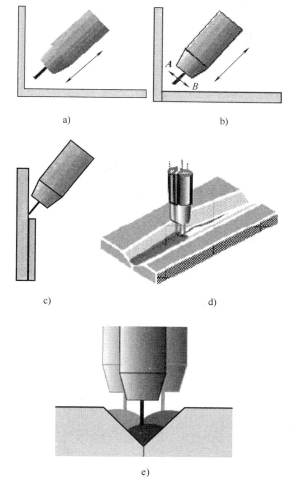

图 6-21　电弧传感的种类

a）高度跟踪　b）高度和中心跟踪　c）单边跟踪　d）自适应宽度跟踪　e）多层多道焊跟踪

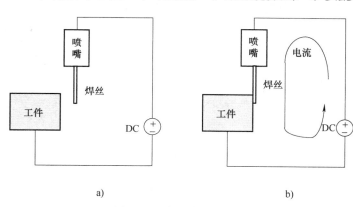

图 6-22　接触传感器原理

a）接触前　b）接触后

某机器人高电压接触传感器采用 DC 650V 高电压，可瞬间击穿工件表面的锈蚀、油污、氧化膜等，高速且准确地实现位置的传感。高电压接触器具有一定的危险性，应避免人体接触，如果母材的表面导电良好，可以使用低电压接触传感器来代替高电压接触传感器。

通常，焊丝与母材都是与焊机连接在一起的。在附加高电压时，为了保护焊机，需要将焊机与焊丝或母材断开。

2. 接触传感器类型

1）1 轴传感器。沿着一个方向传感动作，称为 1 轴传感。1 轴接触式传感器如图 6-23 所示。工作（再现）时，工作与示教时的传感位置的差作为传感器修正量计算。

2）角焊缝传感器。对于角焊缝，通常要使用角焊缝传感器，如图 6-24 所示。它是在两个方向的修正，实际上可以看作两个 1 轴传感器的组合。

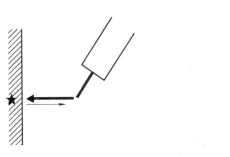

图 6-23　1 轴接触式传感器

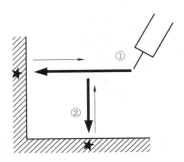

图 6-24　角焊缝传感器

3）坡口及坡口检测传感器。一种坡口传感器是向坡口的左右两个方向传感，如图 6-25a 所示。为了进一步正确识别坡口中心，可在坡口内另一位置读取数据，如图 6-25b 所示。

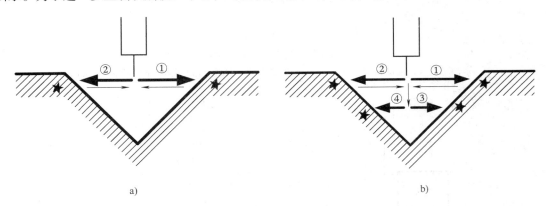

a)　　　　　　　　　　　　　　　　　　b)

图 6-25　坡口检测原理一
a）类型 1　b）类型 2

另一种坡口检测原理是采用向坡口位置寻位的原理，如图 6-26 所示。

4）多重传感。一个接触传感器只能补偿一个方向，将多个接触传感器组合可以补偿多方向偏差，这叫作多重传感。

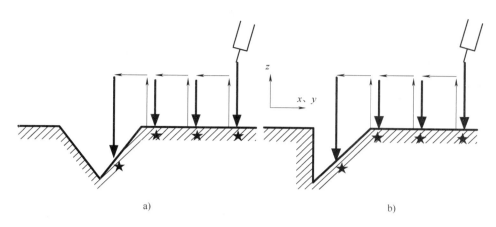

图 6-26　坡口检测原理二

a）类型 1　b）类型 2

6.3.7　视觉传感器

每个人都能体会到眼睛对人的重要性，有研究表明视觉获得的信息占人对外界感知信息的 80%。视觉系统可以分为图像输入（获取）、图像处理、图像理解、图像存储和图像输出几个部分，如图 6-27 所示。实际系统可以根据需要选择其中的若干部件。

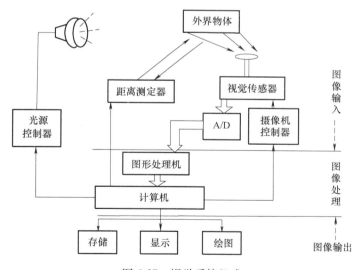

图 6-27　视觉系统组成

1. 图像的获取

图像的获取实际上是将被测物体的可视化图像和内在特征转换成能被计算机处理的一系列数据，它主要由照明、图像聚焦成像、图像处理形成输出信号三部分组成。

1）照明。它是影响机器视觉系统输入的重要因素，因为它直接影响输入数据的质量和应用效果。由于没有通用的机器视觉照明设备，应选择合适的照明装置，以达到最佳效果。焊接时可以采用外加结构光或利用电弧本身进行照明。

2）图像聚焦成像。被测物的图像通过一个透镜聚焦在敏感元件上，机器视觉系统使用传感器来捕捉图像，传感器可将可视化图像转化为电信号，便于计算机处理。

3）图像处理形成输出信号。机器视觉系统实际上是一个光电转换装置，即将传感器所收到的透镜成像转化为计算机能处理的电信号。近年来开发了 CCD（电荷耦合器件）和MOS（金属氧化物半导体器件）等组成的固体视觉传感器。

2. 图像处理技术

机器视觉系统中，视觉信息的处理技术主要依赖于图像处理方法，它包括图像的增强、平滑、数据编码和传输、边缘锐化、分割、特征抽取、图像识别与理解等内容。经过这些处理后，输出图像的质量得到相当程度的改善，既改善了图像的数据效果，又便于计算机对图像进行分析、处理和识别。

（1）图像的增强 图像的增强用于调整图像的对比度，突出图像中的重要细节，改善视觉质量。通常采用灰度直方图修改技术进行图像增强。

图像的灰度直方图是表示一幅图像灰度分布情况（灰度值一般为 0～255）的统计特性图表，与对比度紧密相连。但是，直方图仅能统计某级灰度像素出现的概率，反映不出该像素在图像中的二维坐标。因此，不同的图像有可能具有相同的直方图。通过灰度直方图的形状，能判断该图像的清晰度和黑白对比度。

如果获得一幅图像的直方图效果不理想，可以通过直方图均衡化处理技术做适当修改，即把一幅已知灰度概率分布图像中的像素灰度做某种映射变换，使它变成一幅具有均匀灰度概率分布的新图像，实现使图像变清晰的目的。

（2）图像的平滑 图像的平滑处理技术即图像的去噪声处理，主要是为了去除实际成像过程中，因成像设备和环境所造成的图像失真，提取有用信息。

众所周知，实际获得的图像在形成、传输、接收和处理的过程中，不可避免地存在着外部干扰和内部干扰，如光电转换过程中敏感元件灵敏度的不均匀性、数字化过程的量化噪声、传输过程中的误差以及人为因素等，均会使图像变质。因此，去除噪声、恢复原始图像是图像处理中的一个重要内容。其方法主要是采用线性或非线性滤波器去除噪声，如中值滤波器、形态学滤波器等。

（3）图像的数据编码和传输 图像的信息量巨大，因此在图像传输过程中，对图像数据的压缩显得十分重要，数据的压缩主要通过图像数据的编码和变换压缩完成。在焊接中，一般是通过采用 8 位灰度图，减小图像区域来减小单幅图像大小的，不再进行压缩。

（4）图像的边缘锐化 图像中将灰度值变化比较剧烈的地方定义为边缘。图像边缘锐化处理主要是加强图像中的轮廓边缘和细节，形成完整的物体边界，达到将物体从图像中分离出来或将表示同一物体表面的区域检测出来的目的。焊接中经常用各种一阶或二阶的边缘提取算子进行处理，如 Prewitt、Sobel、Canny 算子。

（5）图像的分割 图像分割时将图像分成若干份，每一部分对应于某一物体的表面。在进行分割时，每一部分的灰度或纹理符合某一种均匀测度度量。其本质是将像素分类，分类的依据是像素的灰度值、颜色、频谱特性、空间特性或纹理特征等。

3. 图像的识别

图像的识别过程实际上可以看作一个标记过程，即利用识别算法来辨别景物中已分割好的各个物体，给这些物体赋予特定的标记，它是机器视觉系统必须完成的一个任务。按照图像识别从易到难，可分为以下三类问题。第一类问题中，图形中的像素表达了某一物体的某种特定信息。如遥感图像中的某一像素代表地面某一位置的一定光谱波段的反射特性，通过它即可判别该位置物体的种类。第二类问题中，待识别物体是有形的整体，二维图像信息已经足够识别该物体，如文字识别、某些具有稳定可视表面的三维物体识别等。第三类问题是由输入的二维图、要素图等，得出被测物体的三维表示。焊接中，经常要识别坡口、熔池、喷嘴等信息，机器人焊接中经常要识别焊缝、工件等信息，并进行特征量的提取。

4. 焊接主动视觉传感

如前所述，视觉传感是很有前途的传感方法，最引人注目之处在于视觉传感器所获得的信息量大，结合计算机视觉和图像处理的最新技术成果，大大增强了焊接机器人的外部适应能力。

机器人视觉涉及三个方面的问题，即视觉传感器、照明、视觉信息处理的硬件和软件。在弧焊过程中，由于存在弧光、电弧热、飞溅以及烟雾等多种强烈的干扰，使用何种视觉传感方法是首先需要确定的问题。在弧焊机器人中，根据使用的照明光的不同，可以把视觉方法分为"被动视觉"和"主动视觉"两种。这里被动视觉指利用弧光或普通光源和摄像机组成的系统，而主动视觉一般指使用具有特定结构的光源与摄像机组成的视觉传感系统。

为了获取接头的三维轮廓，人们研究了基于三角测量原理的主动视觉方法。由于采用的光源的能量大都比电弧的能量要小，一般把这种传感器聚焦在电弧前面以避开弧光直射的干扰。主动光源一般为单光面或多光面的激光或扫描的激光束。为简单起见，分别称为结构光法和激光扫描法。

由于光源是可控的，所获取的图像受环境的干扰可被去除，真实性好。因而图像的低层处理稳定，简单，实时性好。

图 6-28 所示为一种与焊枪一体式的结构光视觉传感器结构。激光束经过柱面镜形成单条纹结构光。由于 CCD 摄像机与焊枪有合适的位置关系，避开了电弧光直射的干扰。

由于结构光法中的传感器都是面型的，实际应用中所遇到的问题主要是，当结构光照射在经过钢丝刷去除氧化膜或磨削过的铝板或其他金属板表面时，会产生强烈的二次反射，这些光也成像在传感器上，往往会使后续的处理失败。另一个问题是投射光纹的光强分布不均匀。由于获取的图像质量需要经过较为复杂的后续处理，精度也会降低。

同结构光方法相比，激光扫描方法中光束集中于一点，因而信噪比要大得多。目前用于激光扫描三角测量的敏感器主要有二维面型 PSD、线型 PSD 和 CCD。图 6-29 所示为面型 PSD 位置传感器与激光扫描器组成的接头跟踪传感器的结构原理。

瑞典 ASEA 公司还研究出采用此种原理的与焊枪连接在一起的系统。其空间位置信息可以直接由 PSD 的信号算出，扫描振镜可以做得很小，结构紧凑，扫描频率也很高。缺点是面型 PSD 同样存在激光的二次反射问题，由于扫描激光束光点小，情况会好一些，但会降低测量精度。

PSD 是模拟器件，可以接收经过调制的信号以克服环境光的干扰，其信号处理相对容易且比较快，分辨率较高且价格较低，使用的人比较多。但是这种器件无法对曝光量进行控制，且其是集中效应器件，当工件表面状态较差时（表面反射率变化很大）其精度会降低。高性能的 CCD 器件在这方面显示出更好的适应性能。

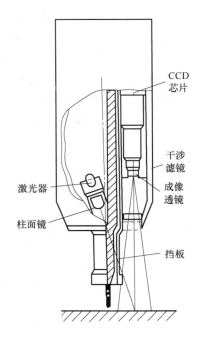

图 6-28 一种与焊枪一体式的结构光
视觉传感器结构

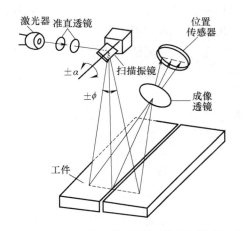

图 6-29 面型 PSD 位置传感器与激光扫描器组成的
接头跟踪传感器结构原理

典型的基于线阵 CCD 的激光扫描视觉传感器结构原理如图 6-30 所示。它采用转镜进行扫描，扫描速度较高（10Hz）。通过测量电动机的转角，增加了一维信息，可以测量出接头的轮廓尺寸。

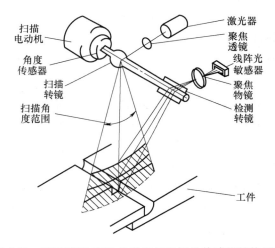

图 6-30 基于线阵 CCD 的激光扫描视觉传感器结构原理

基于三角测量原理的激光视觉传感器系统由于具有优异性能而获得了高度重视和发展。与其他类型的传感器相比，这种传感器具有以下优点：

1）获取的信息量大，精度高。可以获得接头截面精确的几何形状和空间位姿信息。

2）检测空间范围大，误差容限大，焊接之前可以在较大范围内寻找接头。

3）具有智能化特点，可自动检测和选定焊接的起点与终点，判断定位焊点等接头特征。

4）通用性好，适用于各种接头类型的自动跟踪和参数适应控制，还可用于多层焊的焊道自动规划、参数适应控制和焊后的接头外观检查。

5）实时性能好。在焊接自动化领域，视觉传感器已成为获取信息的重要手段。在获取与焊接熔池有关的状态信息时，一般多采用单摄像机，这时图像信息是二维的。在检测接头位置和尺寸等三维信息时，一般采用激光扫描或结构光视觉方法，而激光扫描方法与现代CCD 技术的结合代表了高性能主动视觉传感器的发展方向。

国外很早就研究了基于视觉传感的焊缝跟踪系统，并已有基于图像传感技术的焊缝跟踪商业化产品。英国 Meta 公司设计的 Laser Pilot 焊枪一体式的视觉传感系统是一种弧焊机器人焊缝自动寻位和焊缝跟踪系统。该系统适用于多种类型焊接机器人及各种焊接坡口形式，焊接速度最高可达 15m/min，焊接定位精度可达 0.1mm。加拿大魁北克 Servo Robot 公司开发的 DIGI-LAS 焊缝跟踪系统，基于高分辨率的激光摄像机，采用智能化模块结构完成与机器人通信，可用于自动焊接焊缝跟踪、导向和探伤，最高跟踪速度为 10m/min。加拿大 Modular Vision System 公司研究了一种基于三维激光视觉的传感器，在 20m/min 的高速焊接过程中实现跟踪精度 0.02mm。美国 Worthington Industries 公司研究了应用于激光焊接的焊缝跟踪传感器，定位精度可达 0.1mm。Meta 和 Servo Robot 公司的激光视觉传感器如图 6-31 所示。图 6-32 为 Meta 公司所设计的 MetaTorch500 激光视觉传感器。为了提高了其抗干扰性能，MetaTorch500 采用两个 30mW 的激光器在空间部分重叠而形成一个结构光面，同时，为了增大 CCD 摄像机的视角，减小传感器的体积，MetaTorch500 利用光学棱镜来获取光路。

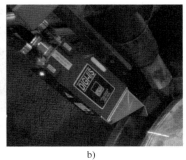

a)　　　　　　　　　　　　　　　b)

图 6-31　Meta 和 Servo Robot 公司的激光视觉传感器

a）Meta 公司的激光视觉传感器　b）Servo Robot 公司的激光视觉传感器

目前，大多数的激光主动视觉是将结构光照射焊缝前方或后方，利用结构光的变化来判断接缝或焊缝的形状，进而采取相应的措施来控制焊接质量。

有学者采用激光频闪摄像法获得较清晰的 TIG 焊接区图像。这种方法的原理是利用脉冲激光束的瞬时高强度压过电弧光的辐射强度，就在此时同步打开高速摄像头的快门摄取焊接

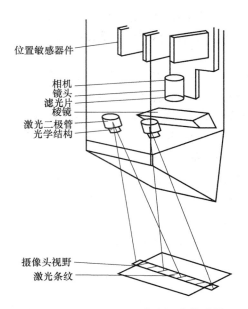

位置敏感器件

相机
镜头
滤光片
棱镜
激光二极管
光学结构

摄像头视野
激光条纹

图 6-32　MetaTorch500 激光视觉传感器

区（包括钨极、熔池和焊接对缝）的图像，所得的图像不再是电弧光反射的结果，而是瞬时强激光反射的结果，从而可以获得较清晰的包括钨极、熔池和焊接对缝在内的焊接区图像。由于脉冲激光束的延时只有几个纳秒，其强度虽然高达几十千瓦，但激光器的平均输出功率仅有几毫瓦。得到的焊接区图像是所有方法中最清晰的。这种方法的缺点是频闪高速摄像系统的价格较昂贵，目前摄像头与激光照射装置在焊枪周围占据的空间较大，使用的机动性和灵活性较差，对于焊接过程产生的烟尘、高温辐射等的抗干扰能力较差。

　　为克服上述不足，采用点阵或线阵激光结构光照射熔池，熔池作为一个反射面，将结构光反射到一个成像屏上，从而可以根据成像屏上激光结构光的变化判断熔池表面成形，进而进行焊缝跟踪、熔透控制、三维成形等研究，其结构如图 6-33 所示。

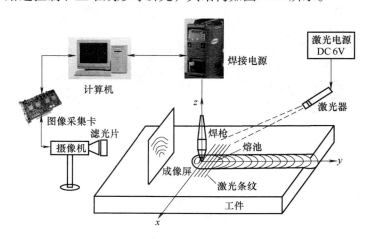

激光电源
DC 6V

焊接电源

激光器

计算机

图像采集卡

滤光片

摄像机

成像屏

激光条纹

焊枪

熔池

工件

图 6-33　激光结构光反射的主动视觉

将激光结构光传感器用于机器人焊接系统时，必须经过机器人的手眼系统标定，建立机器人坐标和传感器坐标之间的对应关系。当传感器将传感的数据信息传给机器人控制柜后，机器人控制柜可以将坡口数据转变为机器人坐标系的数据。机器人控制柜根据示教的路径数据和从传感器得到的坡口中心位置间的位置偏差控制各关节的运动，在焊接的同时补偿焊枪的偏差（见图6-34）。

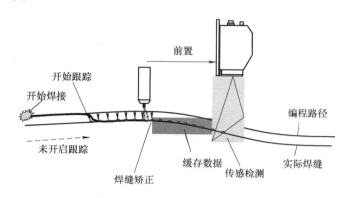

图 6-34　采用视觉跟踪的应用

5. 焊接被动视觉传感

　　与主动视觉传感技术有所不同，被动视觉直接使用电弧光照亮焊缝和熔池区域，在进入CCD 相机之前，电弧光必须经过减光滤光处理，避免强电弧光对焊接图像的干扰。因此，如何既避免电弧光对焊接区域成像的干扰是被动视觉技术需要着重考虑和解决的问题，只有获得好的焊缝和熔池区域焊接图像，才能更好地提取焊接区域的特征信息。对于被动视觉技术，由于是直接监测电弧部位的焊缝中心线与焊枪，不会产生类似主动视觉因为错过视场而产生的超前检测误差问题。此外，被动式视觉传感方法可以得到更加丰富的熔池图像信息，这对焊接过程的机器人自适应控制是非常有益的。尤其是被动视觉和人的视觉最为相似，且被动视觉传感器结构简单，价格要比主动视觉传感器低很多，所以它最有希望解决精密焊接过程的焊缝跟踪问题。目前，国内外基于被动视觉传感技术研究的方法很多，在 TIG、MIG、MAG 和 VPPAW 等焊接方法中均进行了深入的研究，取得了良好的效果。

　　早期的被动视觉传感技术为了去除电弧光的干扰，有研究者通过采用遮挡电弧的方式来采集焊接过程图像。图 6-35 所示为一套遮挡电弧式被动视觉传感系统及所采集的 TIG 焊图像，该套系统主要通过对焊枪结构进行改造，利用电极和导电嘴挡住电弧中心弧光最亮部分，避免图像采集过量曝光，最终获得清晰的焊缝和熔池图像。利用该系统可对 TIG 焊接过程的熔池和焊缝跟踪进行研究。

　　目前，被动视觉传感技术更多还是采用滤光的方法来去除干扰波段的光线。图 6-36 所示为针对铝合金脉冲 TIG 焊视觉传感，在连续光谱上选取某一取像窗口，采用复合滤光技术，即窄带滤光加中性减光技术，开发了一套熔池正反面同时同幅图像传感系统，获取了清晰的熔池图像。这种滤光式的被动视觉传感方法获得的图像，无论是对比度，还是清晰程度都比较理想，有利于后续图像的进一步处理和焊接质量的实时控制。其熔池正反面同时同幅图像的实时处理顺序如下：退化图像恢复，中值滤波，图像增强，积分边缘检测，自适应阈值二值化，投影边缘细化，神经网络边缘识别，曲线拟合与熔池尺寸测量。

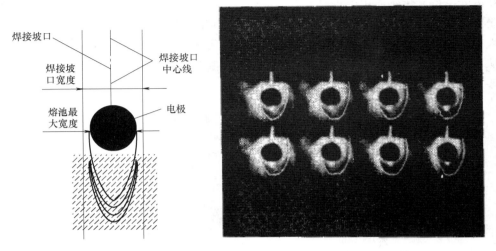

图 6-35　遮挡电弧式被动视觉传感系统及所采集的 TIG 焊图像

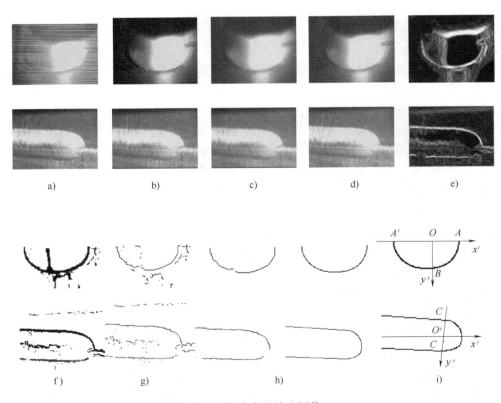

图 6-36　清晰的熔池图像

a）退化图像恢复　b）中值滤波　c）图像增强　d）积分边缘检测　e）自适应阈值二值化

f）投影边缘细化　g）神经网络边缘识别　h）曲线拟合　i）熔池尺寸测量

　　针对铝合金脉冲 TIG 焊采用一套三光路被动视觉传感器，可实时观察熔池正反面三个方向的焊接过程图像，能清晰地采集焊缝、熔池和背面焊缝图像（见图 6-37）。

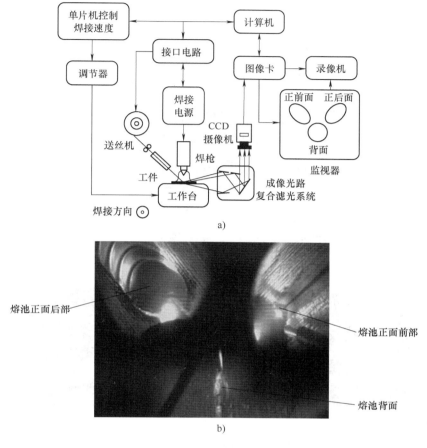

图 6-37 铝合金熔池典型三光路图像

a）系统结构 b）所采集的图像

目前，被动视觉传感技术已逐步应用到机器人焊缝跟踪过程中。随着高效焊接技术的应用，窄间隙焊接技术也逐渐被应用到机器人中。视觉传感方法也被应用于窄间隙 MAG 焊中。

由于弧光在红外区强度降低，而熔池图像在红外区强度增强，故熔化极焊接方法采用红外视觉传感可获取质量较高的图像。通过触发装置，可以获取电弧移动至焊缝左侧和右侧时的图像，如图 6-38 所示。

其图像处理流程如图 6-39 所示。通过图像处理，可以准确、可靠地获取侧壁位置和焊丝位置（代表电弧位置），从而计算坡口中心位置和电弧旋转中心位置的差值，即焊缝偏差。电弧旋转中心位置的计算也可以通过阈值分割选择电弧区域来完成。

以上介绍了各种通用传感器和焊接传感器。实际应用当中机器人传感器的选择取决于机器人工作需要和应用特点，对机器人传感系统的要求是选择传感器的基本依据。

选择机器人传感器的一般要求如下：

1）精度高、重复性好。

2）稳定性和可靠性好。

3）抗干扰能力强。

4）重量轻、体积小、安装方便。

5）成本合适。

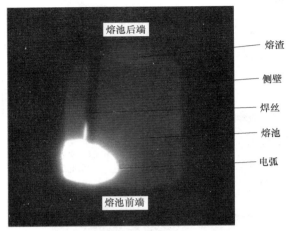

图 6-38　获取的熔池图像

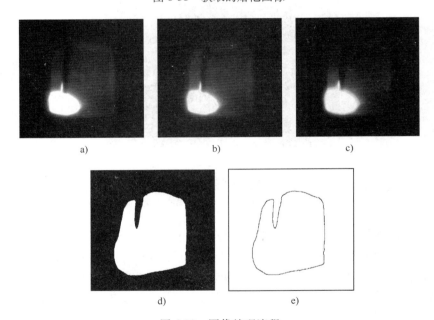

图 6-39　图像处理流程

a）原始图像　b）中值滤波　c）灰度拉伸　d）阈值分割　e）边缘检测

6.4　ABB 虚拟仿真监控

6.4.1　防碰撞检测

在机器人应用中，一个重要事项是要防止机器人在运动过程中与周围物体发生碰撞。这些都能在虚拟仿真条件下比较容易地实现。

　　RobotStudio 可检测和记录工作站内对象之间的碰撞。碰撞集包含两组对象，即 ObjectA 和 ObjectB，可将对象放入其中以检测两组之间的碰撞。当 ObjectA 内任何对象与 ObjectB 内任何对象发生碰撞，此碰撞将显示在图形视图里并记录在输出窗口内。可在工作站内设置多个碰撞集，但每一碰撞集仅能包含两组对象。

　　通常在工作站内为每台机器人创建一个碰撞集。对于每个碰撞集，机器人及其工具位于一组，而不想与之发生碰撞的所有对象位于另一组。如果机器人拥有多个工具或握住其他对象，可以将其添加到机器人的组中，也可以为这些设置创建特定碰撞集。

　　创建碰撞检测设定如图 6-40a 所示。在"仿真"选项卡①中单击"创建碰撞监控"图标②，此时会在"布局"浏览页生成碰撞检测设定③，若再单击"创建碰撞监控"图标②，会继续得到碰撞检测设定④，每个碰撞检测设定有 ObejctA 与 ObjectB，可在"布局"浏览页面拖动机器人工作站元件到 ObejctA 或 ObjectB 中得到碰撞检测项，如⑤所示。ObjectA 和 ObjectB 中也可以包含多个部件。本例中，碰撞检测设定③是检测"机器人-焊枪"和"变位机-工件"之间的碰撞，而碰撞检测设定④是检测焊枪和工件之间的碰撞。图 6-40b 是发生碰撞时的检测结果。

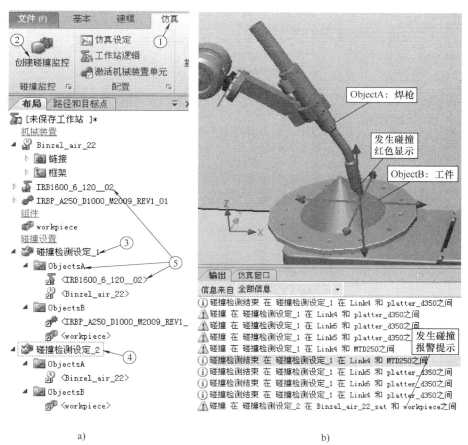

a)　　　　　　　　　　　　　　　　　　b)

图 6-40　仿真碰撞检测

a) 碰撞检测设定　b) 碰撞检测结果

　　每一个碰撞集可单独启用和停用。其设置方法是，在图 6-40a 中，右键单击"碰撞检测设定_1"③，弹出如图 6-41 所示菜单，然后勾选或取消勾选"启动"，即可设置碰撞集的运行状态。

图 6-41　碰撞检测设定的右键菜单

此外，在"文件"选项卡中，单击"选项"，弹出如图 6-42 所示对话框。在左侧单击"碰撞"，可对碰撞进行设定。可以设置执行碰撞的条件、碰撞发生时的处理方式、输出"碰撞报警"的方式（输出至"输出窗口"或输出至文件）。

图 6-42　碰撞检测设置

除了碰撞之外，如果 ObejctA 与 ObjectB 中的对象之间的距离在指定范围中，则碰撞检测也能观察"接近丢失"。或者说，碰撞集中的对象接近碰撞时，就会发生"接近丢失"。每个碰撞集都有各自的接近丢失设置。

在图 6-40a 中，右键单击"碰撞检测设定_1"③，在弹出的对话框（见图 6-41）中选择"修改碰撞监控…"，则弹出如图 6-43 所示的对话框。

"接近丢失"可用于焊枪与焊缝之间的高度监控。即将焊缝曲线或固体作为碰撞检测的一个部件，焊枪端部作为碰撞检测的另一个部件；设定"接近丢失"为一个值，例如 5mm，则焊枪与焊缝距离在 5mm 内，显示为图 6-43 中设置的"接近丢失颜色"。由此，可以监控焊枪与焊缝距离是否在期望的范围内，同时还能检测是否发生碰撞。

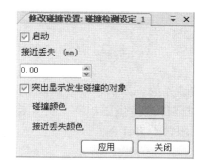

图 6-43　启动碰撞检测中的接近丢失

6.4.2　TCP 跟踪

仿真监控命令用于在仿真期间通过画一条跟踪 TCP 的彩线来目测机器人的关键运动。

启动 TCP 跟踪如图 6-44 所示。在"仿真"选项卡①上，单击"监控"图标②，弹出"仿真监控"对话框③。在左栏中选择合适的机器人④。

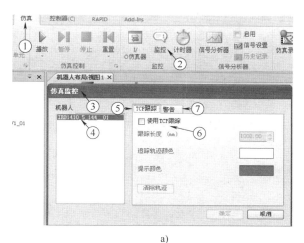

a)

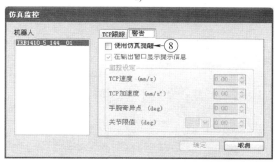

b)

图 6-44　启动 TCP 跟踪
a）TCP 跟踪　b）警告

169

在"TCP 跟踪"选项卡⑤上选中"使用 TCP 跟踪"复选框⑥，为所选机器人启用 TCP 跟踪。如有需要，更改轨迹长度和颜色。

如要启用仿真警报，在"警告"选项卡⑦上选中"使用仿真提醒"复选框⑧，为所选机器人启用仿真提醒。

在临界值框中，指定警报的临界值。如果将临界值设置为 0，则表示禁用警报。

在 RobotStudio 中，还可以对部件进行传感检测，比如检测物体是否到达指定位置，并设置状态输出。本书限于篇幅所限，不再详述。

6.5　复习思考题

1. 机器人传感器有哪些类别和用途？
2. 接触传感实现焊缝起始位置导引的原理是什么？
3. 电弧传感实现焊缝跟踪的原理是什么？
4. 视觉传感实现焊缝跟踪的原理是什么？

第7章

焊接机器人的通信与系统集成

本章主要介绍焊接系统如何与机器人系统集成、焊接系统与机器人系统的通信等，焊接工艺分析、焊接工艺设备选型因在"焊接方法与设备""弧焊电源"等课程中有阐述，本书不再赘述。

7.1 焊接机器人系统集成流程

为实现机器人焊接，需要进行焊接机器人系统集成，其一般流程如图7-1所示。首先需

图7-1　焊接机器人系统集成一般流程

要分析焊接要求，进行焊接工艺设备和焊接机器人的选型，并确定相关辅助设备，进行系统布局，接着进行系统分析、电气系统链接和工装夹具安装等工作。最后还需要进行外围设备的安装。

焊接机器人系统与其他系统的通信主要有以下两种方式。

1）机器人作为主要控制器协调周围设备。即借助机器人的通信板卡，对机器人的模拟输入、模拟输出、数字输入、数字输出进行扩充，然后使用这些端口与周围设备进行通信。采用这种方式的好处是，机器人通信板卡一般与焊接机器人具有较好的集成性，可以直接被调用，效率较高；机器人的软件对相关通信功能支持较好，可简化编程。但缺点是对其他厂商产品的兼容性相对较低。

2）额外采用其他控制器，协同机器人和周边系统之间的操作。如采用 PLC 作为机器人与焊接设备、变位机等设备之间的中介和控制装置，对不同厂商产品的兼容性大大提高，但对开发人员的要求大为提高，实现起来相对复杂。

7.2 ABB 机器人的通信方式

7.2.1 ABB 常用的通信方式及特点

为构建机器人工作站和生产线，机器人要有与其他设备进行通信的能力。以 ABB 机器人为例，其通信方式见表 7-1。众多的通信方式使得机器人可以有效地与其他设备进行通信，监控焊接机器人工作站，并能与局域网、Web 网上的远程设备进行通信，便于实现网络化管理。下面简要介绍常用的通信方式及相关编程。

表 7-1　ABB 机器人的通信方式

通信方式	描述	用途示例
文件和串行通道	使程序员能通过 RAPID 代码控制文件、现场总线和串行通道	从条形码读取数据；写入产品统计数据到打印机或文件；在机器人和计算机之间传输数据
现场总线	可与 DeviceNet 设备通信	现场总线组网
逻辑交叉连接	检查信号或信号组的逻辑组合	用于检查和控制机器人之外的过程设备
模拟信号中断	监控一个模拟信号，当达到一个特定值时产生中断	当信号达到特定值时准确起动机器人；当信号超出允许范围时报警；当信号到达危险电压时停止机器人
计算机接口	用于机器人控制器和计算机之间的通信	运行 ABB 软件，如 RobotStudio；在计算机上备份、记录
FTP 客户端	机器人访问计算机上的硬盘	在远程计算机上备份；从远程计算机上下载程序
NFS 客户端	机器人访问远程安装硬盘	
套接字（socket）通信	使用 TCP/IP 协议在计算机之间传输应用数据	与其他使用 TCP/IP 协议的设备通信；网络通信

1. 文件和串行通信

文件和串行通信是基于二进制和字符串的传输方式，可以用于在远程内存或磁盘上存储信息，让机器人与其余设备通信。

以下为基于字符串的文本编程。"The number is：8"被写入 FILE1. DOC。然后，读取 FILE1. DOC 文件的内容，并将"The number is：8"输出到示教器显示。关于指令的具体介绍可以参考 RobotStudio "文件"选项卡下自带的"帮助"文件——"RAPID 简介"和"RAPID 参考"。

```
! ///////////////////////////////////////////////
PROC write_to_file ()! 程序：写文件
    VAR iodev file;! 定义 iodev 变量
    VAR num number: =8;! 定义 num 数值变量
    Open" HOME:" \ File: =" FILE1.DOC", file;! 打开文件
    Write file," The number is:" \ Num: =number;! 写入字符串
    Close file;! 关闭文件
ENDPROC! 程序结束
! ///////////////////////////////////////////////
PROC read_from_file ()! 程序：读文件
    VAR iodev file;! 定义 iodev 变量
    VAR num number;! 定义 num 数值变量
    VAR string text;! 定义字符串
    Open" HOME:" \ File: =" FILE1.DOC", file \ Read;! 打开文件
    TPWrite ReadStr (file);! 在示教器上显示文件
    Rewind file;! 重新设置文件读取位置为开头
    text: =ReadStr (file \ Delim: =":" );! 读取文件到符号 " : " 截止
    number: =ReadNum (file);! 读取文件中的数字
    Close file;! 关闭文件
TPWrite text \ Num: =number;! 在示教器上显示字符串
ENDPROC! 程序结束
```

以下为基于二进制的串行通信。字符串"Hello"，机器人的当前位置和字符串"Hi"被写入二进制串行通道 com1。

```
! ///////////////////////////////////
PROC write_bin_chan ()! 程序：写通道
    VAR iodev channel;! 定义 iodev 变量
    VAR num out_buffer {20};! 定义 num 数组 out_buffer
    VAR num input;! 定义 num 变量 input
    VAR robtarget target;! 定义机器人对象变量 target
    Open" com1:", channel \ Bin;! 打开 com1 串口
    ! Write control character enq
```



```
    out_buffer {1}: =5;! 请求字符串 ENQ
    WriteBin channel, out_buffer, 1;! 发送请求字符串
    input: =ReadBin (channel \ Time: =0.1);! 读取串口应答的字符串
    IF input =6 THEN ! 获得的字符串为 ACK, 表示通道正常
        WriteStrBin channel," Hello\ 0A";! 写入 "Hello", 后面带换行符
        target: =CRobT ( \ Tool: =tool1 \ WObj: =wobj1);! 读取机器人位姿
        WriteAnyBin channel, target;! 将机器人位姿写入通道
        out_buffer {1}: =2;! 设置第一个二进制数 2 表示字符开始 STX
        out_buffer {2}: =72;! 第二个字符串为字符 "H" 的 ASCII 码
        out_buffer {3}: =StrToByte (" i" \ Char);! 第三个二进制数是
将字符 "i" 转 ASCII 码
        out_buffer {4}: =10;! 第四个二进制数表示换行
        out_buffer {5}: =3;! 第五个二进制数为正文结束符号 ETX
        WriteBin channel, out_buffer, 5;! 写入上述字符串 "Hi"
    ENDIF
    Close channel;! 关闭通道
ENDPROC
```

此外，文件和字符串处理方式还能将不同类型数据打包到一个容器，发送给一个文件或串行通道，然后再读取和解压数据。

2. 现场总线命令接口

现场总线命令接口用于与 DeviceNet 设备通信，它的操作流程如下：

1）添加一个 DeviceNet 文件头到 rawbytes 变量。

2）添加数据到 rawbytes 变量。

3）写 rawbytes 变量到 DeviceNet 设备。

4）从 DeviceNet 设备读取数据到 rawbytes 变量。

5）从 rawbytes 变量中提取数据。

以下是一个相关编程范例：

```
PROC set_filter_value( )
    VAR iodev dev;! 定义 iodev 变量
    VAR rawbytes rawdata_out;! 定义 rawbytes 输出变量
    VAR rawbytes rawdata_in;! 定义 rawbytes 输入变量
    VAR num input_int;! 定义 num 数值变量
    VAR byte return_status;! 定义位变量返回状态
    VAR byte return_info;! 定义位变量返回信息
    VAR byte return_errcode;! 定义位变量返回错误代码
    VAR byte return_errcode2;! 定义位变量返回错误代码
    ClearRawBytes rawdata_out;! 清空 rawbytes 变量
```

```
ClearRawBytes rawdata_in;! 清空 rawbytes 变量
PackDNHeader"10","6,20 1D 24 01 30 64,8,1",rawdata_out;! 加入文
件头到 rawdata
input_int:=5;! 添加过滤器值到 DeviceNet board
PackRawBytes input_int,rawdata_out,(RawBytesLen(rawdata_out)+
1)\IntX:=USINT;
Open"/FCI1:"\File:="board328",dev\Bin;! 打开 FCI device
WriteRawBytes dev,rawdata_out! Write the contents of rawdata_out
to dev\NoOfBytes:=RawBytesLen(rawdata_out);
ReadRawBytes dev,rawdata_in;! 从 dev 中读取应答
Close dev;! 关闭 FCI 设备
UnpackRawBytes rawdata_in,1,return_status! 解压 rawdata_in 到变
量 return_status
\Hex1;
IF return_status=144 THEN ! 传送成功
    TPWrite"Status OK from device. Status code:"! 示教器输出
    \Num:=return_status;
ELSE! 出错
    UnpackRawBytes rawdata_in,2,return_errcode! 从应答中解压错误
代码
    \Hex1;
    UnpackRawBytes rawdata_in,3,return_errcode2! 从应答中解压错
误代码
    \Hex1;
    TPWrite"Error code from device:"! 示教器上输出错误代码
    \Num:=return_errcode;
    TPWrite"Additional error code from device:"! 示教器上输出错误
代码
    \Num:=return_errcode2;
ENDIF
ENDPROC
```

3. 逻辑交叉连接

逻辑交叉连接是将数字 I/O 信号或者 I/O 组信号进行合并，根据逻辑关系决定输出，用于定义一个依赖于其他 I/O 信号的 I/O 信号。可以用于"与""或"和"非"的关系。

逻辑交叉示例如图 7-2 所示，do26 是 di1、do2 和 do10 进行"与"操作的组合，其逻辑表达为

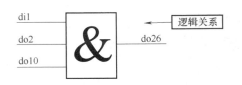

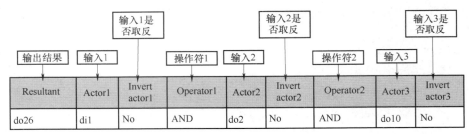

Resultant	Actor1	Invert actor1	Operator1	Actor2	Invert actor2	Operator2	Actor3	Invert actor3
do26	di1	No	AND	do2	No	AND	do10	No

图 7-2 逻辑交叉示例

这种方法适合构建复杂的逻辑关系。

4. 模拟信号中断

模拟信号中断即根据模拟信号的状态产生中断，它涉及两个命令——ISignalAI，ISignalAO。这两个命令分别定义了模拟输入信号和模拟输出信号引起触发的电压区间，以及触发是一次发生还是多次发生。以下是一个相关范例。

```
VAR intnum ai1_warning;! 定义 intnum 类型报警变量
VAR intnum ai1_exeeded;! 定义 intnum 类型越限变量
PROC main()
  CONNECT ai1_warning WITH temp_warning;! 将变量与中断联系
  CONNECT ai1_exeeded WITH temp_exeeded;! 将变量与中断联系
  ! 定义引起报警中断的电压范围
  ISignalAI ai1,AIO_BETWEEN,130,120,0.5,\DPos,ai1_warning;
  ! 定义引起越限中断的电压范围
  ISignalAI\Single,ai1,AIO_ABOVE_HIGH,130,120,0,ai1_exeeded;
  ...
  IDelete ai1_warning;! 取消报警中断
  IDelete ai1_exeeded;! 取消越限中断
ENDPROC
TRAP temp_warning! 定义了报警中断响应
  TPWrite"Warning:Temperature is"\Num:=ai1;! 示教器输出
ENDTRAP
TRAP temp_exeeded! 定义了越限中断响应
  TPWrite"Temperature is too high";! 示教器输出
  Stop;! 停止机器人
ENDTRAP
```

176

5. Socket 通信

Socket 通信操作流程如下：

1）在服务器和客户端上都创建一个套接字 Socket，机器人控制器作为服务器或客户端都行。

2）在服务器端使用 SocketBind 和 SocketListen，侦测连接需求。

3）服务器接受客户端的连接请求。

4）在客户端和服务器端发送与接收数据。

7.2.2　机器人系统集成常用通信方式

上述通信方式主要是从软件方面进行说明。硬件上则需要构建相关结构，并进行硬件连接和设置，这主要分为以下两种方式。

1）ABB 直接与相关设备进行通信。以 ABB 的 I/O 标准卡为例，它可以扩充机器人的输入输出端口，编程使用前需根据板卡特点选择通信方式。此处采用 DeviceNet 总线方式，将板卡安装到机器人控制柜中，并设置其在现场总线中的地址。硬件连接后，在机器人中通过软件设置定义上述板卡和板卡上的端口，这样机器人就可以通过 7.2.1 节所述编程语言对端口进行输入输出操作，以监测和控制外围设备，如焊接系统、传感系统、工件装载拆卸系统、其他机器人系统等。这种方式主要用于机器人与周边设备兼容性好的场合。

2）采用 PLC 等中间元件进行控制。即在机器人和外围设备之间设置一个 PLC，实际上是以 PLC 作为整个焊接机器人工作站的控制装置，协调机器人与周围设备之间的操作。采用 PLC 通信时，在 PLC 中定义输入/输出变量与机器人和周边设备通信，PLC 获取机器人和周围设备的状态，并编程控制上述设备的协同操作。这种方式主要用于机器人与周边设备兼容性较差的场合。

7.3　机器人系统的连接

1. 机器人与控制柜的连接

对于机器人控制柜来说，首先需要连接电源线给控制柜供电（接口见图 7-3 中 1）；其次，需要将示教器连接到控制柜上（接口见图 7-4 中 6）；再次，需要将机器人机械臂与机器人控制柜相连接，其连接包括机器人伺服电缆和机器人编码器电缆。机器人伺服电缆用于给机器人关节上的伺服电动机供电（接口见图 7-3 中 3），另一端接机器人底座对应接口；而机器人编码器电缆用于将伺服电动机上的编码器信号输入控制柜（接口见图 7-3 中 9），其线缆另一端同样接机器人底座对应接口。

2. 机器人控制柜与弧焊电源的连接

如图 7-5 所示，机器人系统与焊接设备的连接包括弧焊电源与控制柜的连接、弧焊电源与机器人机械臂的连接、送丝机的安装以及焊枪的安装。

机器人控制柜与弧焊电源的连接一般有两种方式，一种是采用专用电缆，通过设置模拟信号或数字信号对机器人和弧焊电源进行通信与控制；另一种是采用现场总线方式，如 DeviceNet总线，前提是机器人和弧焊电源都支持该总线。由于现场总线的设置具有软件灵活性，故成为发展趋势。使用时，用现场总线电缆分别连接弧焊电源上的总线接口和机器人控

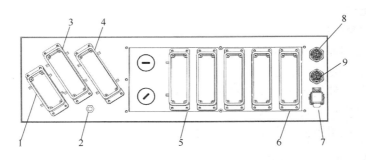

图 7-3　某型号机器人控制柜接口

1—控制柜电源连接口　2—控制柜接地点　3—机器人电动机电源连接口　4—附加轴电源连接口
5—用户电源或信号外部连接口　6—用户安全信号连接口　7—网络连接口　8—附加轴编码器连接口　9—机器人编码器连接口

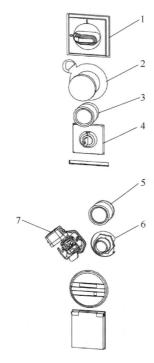

图 7-4　某型号机器人控制柜面板按钮

1—电源开关　2—急停按钮　3—通电/复位按钮　4—手动/自动模式开关
5—热插拔按钮　6—示教器连接器　7—计算机服务器端口

制柜上的总线接口。

送丝机一般是与弧焊电源连接，并受弧焊电源控制。机器人对送丝速度的控制是将控制信号发送给弧焊电源，再由弧焊电源进行控制。为了提高送丝可靠性，送丝机一般安装到机器人的机械臂上，如图 7-6 所示。

送丝机和弧焊电源的连接首先是将安装在机器人轴上的送丝机控制电缆、保护气、电源电缆通到机器人的基座对应接口，再将基座上的相应接口连接到弧焊电源、保护气上。某型

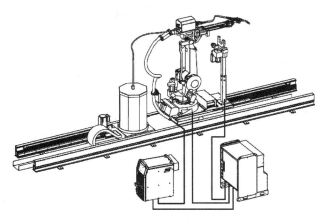

图 7-5　机器人系统与焊接设备的连接

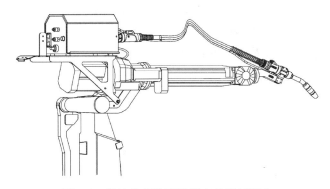

图 7-6　送丝机安装到机器人的机械臂上

号焊接机器人底座接口如图 7-7 所示，图中 1 为机器人电动机电源接口，相应电缆接控制柜上机器人电动机电源对应接口（见图 7-3 中 3）；图中 2 为机器人电动机编码器信号输出接口，相应电缆接控制柜上机器人电动机编码器对应接口（见图 7-3 中 9）；图中 3 为保护气接口，即焊接保护气可由该接口通往送丝机，最终通往焊枪喷嘴输出；图中 5 为送丝机控制

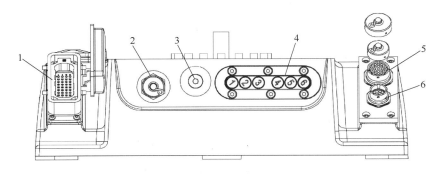

图 7-7　某型号焊接机器人底座接口

1—机器人电动机电源接口　2—机器人电动机编码器信号输出接口　3—保护气接口　4—机器人轴制动释放按钮
5—送丝机控制信号接口　6—送丝机电源接口

信号接口，其前端接送丝机控制接口，后端接弧焊电源控制接口；图中 6 为送丝机电源接口，其一端连接弧焊电源的一个输出电极，另一端通往送丝机，最终连接到焊枪的导电嘴、焊丝，作为电弧的一个电极。

在将焊枪安装到机器人末端的法兰盘上后，需要对焊枪的 TCP 中心和工具坐标系进行更新，其具体操作可参考 5.4.1 节。

焊接机器人系统中，还可能涉及初始焊位导引、焊缝跟踪（如视觉传感、电弧传感等）、焊枪服务系统等内容。由于不同机器人公司产品不同，受篇幅限制，本书不再赘述。读者在使用不同类型机器人时，可查询相关产品手册或是咨询机器人企业服务人员。

3. 机器人控制柜与变位机的连接

变位机就其控制本质来说，是对电动机（一般是伺服电动机）的控制。故其连接主要包括伺服电动机的供电和电动机编码器的连接。变位机的线缆一般是连接到机器人控制柜上。此处以 ABB 机器人控制柜为例，其企业本身提供变位机，可直接通过控制柜进行控制。

机器人控制柜接线如图 7-8 所示，不同型号的控制柜略有不同，图 7-8a 所示为连接单变位机的接法，图 7-8b 所示为连接两个变位机的接法，其接线和机器人电动机类似，主要包括对变位机电动机的供电，以及采集变位机电动机编码器的信号。

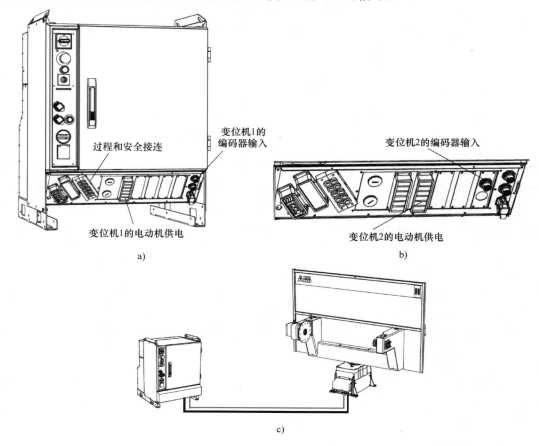

图 7-8 控制柜接线

a）单变位机的连接 b）两个变位机的连接 c）控制柜和变位机的连接

控制柜与变位机的连接和设置实际上是一个较复杂的过程。对于不同机器人和控制柜的连接，需要参考其产品使用手册，本书限于篇幅，不再赘述。

4. 控制柜与安全装置的连接

安全装置和安全控制装置用于保护操作人员的安全。安全装置包括急停开关、门开关、安全光栅等装置，而安全控制装置则用于控制各类安全装置，当意外情况发生时，及时停止焊接机器人的运动和操作。如图 7-9 所示，安全控制装置可挂在控制柜外侧。

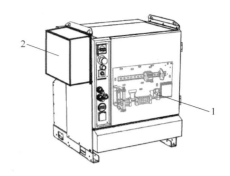

图 7-9　控制柜的外围设备
1—变位机和过程控制装置　2—安全控制装备

外部安全装置（如急停开关、安全光栅）是连接到安全控制装置的接线端子上。图 7-10 所示为某型号安全控制装置的内部视图和接线端子。

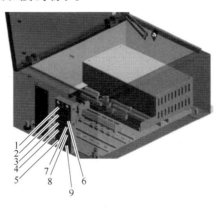

a)

b)

图 7-10　某型号安全控制装置的内部视图和接线端子
a）外部按钮定义　b）内部接线定义
1—安全光栅　2—预-重置开关　3—门开关　4—门重置　5—监控驱动模块接触器
6—CAN 线缆输出　7—安全信号　8—变位机安全信号　9—CAN 线缆输入

图 7-11 所示为控制柜与外围设施的连接，图 7-12 所示为控制柜、双变位机及安全装置的连接。

安全控制装置与控制柜可采用 CAN 总线连接，控制柜上接口如图 7-3 中 6 所示。安全控制装置还可以连接门开关、门重置、预-重置、手工控制面板和安全光栅。其原理是，若安全控制装置被触发，如按下急停按钮或安全光栅中间有人通过，则安全控制装置给控制柜发送信号，停止机器人运动和操作。

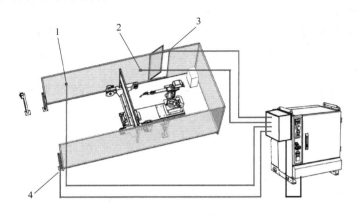

图 7-11　控制柜与外围设施的连接

1—预-重置　2—门重置　3—门开关　4—安全光栅

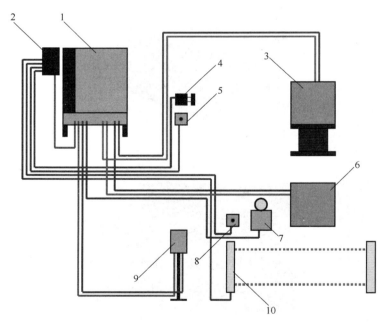

图 7-12　控制柜、双变位机及安全装置的连接

1—控制柜　2—安全控制装置　3—变位机 1　4—门开关　5—门重置　6—变位机 2　7—手工操作面板

8—预-重置　9—操作面板　10—安全光栅

7.4　焊接机器人系统的设置

如前所述，无论采用何种电源和机器人进行连接，都要完成焊接电源和机器人的连接，即实现它们的通信连接，以便机器人实现远程控制电源。主要控制变量包括电源开关、焊接

电流、电弧电压、送丝速度、保护气电磁阀通断等。以下以 Fronius 电源为例进行讲解。

图 7-13 所示为 Fronius TPS4000/5000 电源与机器人集成示意。电源采用远程控制模式，其远程控制模块为 Rob5000，Rob5000 再与机器人控制器 11 的输入输出端口进行通信。在这种方式下，远程与机器人的通信是采用 I/O 端口。

Rob5000 模块与弧焊电源通过一根专用电缆连接，非常简单。关于 Rob5000 的详细介绍，读者可参考相关文献，下面仅介绍与机器人集成相关的内容。需要指出的是，不同的远程控制模块的电平有效值可能相反。

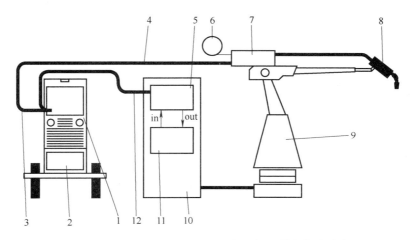

图 7-13　Fronius TPS4000/5000 电源与机器人集成示意

1—焊接电源　2—冷却器　3—Locoal/net Passiv　4—综合管线　5—机器人接口（Rob5000）　6—焊丝盘　7—送丝机
8—焊枪　9—机器人　10—机器人控制柜　11—机器人控制器　12—Fronius Solar Net 连接电缆

来自机器人的 Rob5000 模块主要数字输入信号见表7-2，主要模拟输入信号见表7-3；发送给机器人的 Rob5000 模块主要数字输出信号见表7-4；主要模拟输出信号见表7-5。其中，高电平信号为 18～30V，低电平信号为 0～2.5V。基准电位 GND 端口为 X7：2 或 X12：2（前一个数字为端口编号，后一个数字为端口中插孔的编号，以下同）。

表 7-2　**Rob5000 模块的主要数字输入信号**（来自机器人）

含义	端口	有效值	说明
焊接开始	X2：4	高电平	高电平启动焊接
机器人 就绪/急停	X2：5	高低电平设置不同状态	高电平表示机器人就绪（可以开始焊接） 低电平使焊接停止
运行模式	X2：6（0位） X8：1（1位） X8：2（2位）	000 标准程序 001 手动模式 010 Job 模式 011 TIG 模式 100 脉冲电弧程序 101 CC/CV 模式	设置焊机运行模式
气体检测	X2：7	高电平	激活气体检测
送丝测试	X2：11	高电平	类似点动送丝

（续）

含义	端口	有效值	说明
应答电源故障	X8：5	高电平	将错误复位
JOB/程序选择	X8：6	高低电平设置不同状态	"JOB"序号在低电平时通过程序编号调取，高电平时通过模拟信号电压选取
程序编号	X11：1（对应0位）~ X11：8（对应7位）	高电平为1	根据运行模式，选择内部参数编号或JOG编号
焊接模拟	X14：2	高电平	在没有电弧、送丝和保护气的情况下模拟焊接路径
位置查找	X8：7	高电平	规定填充焊丝或气体喷嘴与工件的接触

表7-3　Rob5000 模块的主要模拟输入信号（来自机器人）

含义	端口	电压范围	说明
焊接功率设定	X2：1（+），X2：8（-）	正端0~10V	数值越大，功率越大
电弧长度修正设定	X2：2（+），X2：9（-）	正端0~10V	改变当前焊接电压进行电弧长度修正
回烧修正设定值	X5：1（+），X5：8（-）	正端0~10V	焊丝回烧时间的补偿
机器人焊接速度	X5：2（+），X5：9（-）	正端0~10V	焊接速度设定

表7-4　Rob5000 模块的主要数字输出信号（发送给机器人）

含义	端口	电压范围	说明
电弧稳定	X2：12（+）　X7：2（-）	如引弧后存在稳定电弧，信号置位	
过程激活	X8：10（+）　X7：2（-）	从提前送气开始，到滞后送气结束，该信号置位	参考图7-14
主电流信号	X8：9（+）　X7：2（-）	在引弧信号和末级电流之间，该信号置位	参考图7-14
焊枪碰撞保护	X2：13（+）　X7：2（-）	低电平激活焊枪碰撞保护触发，此时机器人应停止运动和焊接	
焊接电源就绪	X2：14（+）　X7：2（-）	焊接电源做好焊接准备	

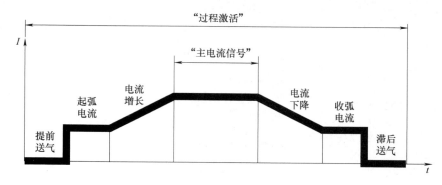

图 7-14　焊接阶段及相关信号

表 7-5　**Rob5000 模块的主要模拟输出信号**（发送给机器人）

含义	端口	电压范围/V	说明
焊接电压实际值	X5：4（+），X5：11（−）	0~10	1V 输出相当于 10V 焊接电压
焊接电流实际值	X2：3（+），X2：10（−）	0~10	1V 输出相当于 100A 焊接电流
送丝机驱动装置 电流消耗实际值	X5：7（+），X5：14（−）	0~10	模拟输出端上的 1V 相当于 0.5A 电流消耗，说明送丝系统的状态
送丝速度	X5：6（+），X5：13（−）	0~10	对应 0 至最大送丝速度
电弧长度	X5：5（+），X5：12（−）	0~10	电弧长度

图 7-15 所示为机器人与弧焊电源的连接示例，通过模拟设定值控制弧焊电源的功率输出、电弧长度矫正等。图中向右的箭头表示机器人向弧焊电源输出信号，向左的箭头表示弧焊电源向机器人输出信号。

从上可以看出，通过 Rob5000 模块，电源和机器人可以进行输入输出设置。对于机器人来说，考虑其需要处理的 I/O 信号很多，可以通过标准版进行扩充。

7.4.1　机器人 I/O 信号的处理

以上介绍了 ABB 机器人和弧焊电源 Rob5000 模块的 I/O 连接，接下来需要在机器人中设置 I/O 变量。

在 7.2 节中，介绍了机器人和周边设备的通信能力。此处，从操作的直接性出发，选择 I/O 通信。从上述 Rob5000 模块输入输出属性可以看到，相关的输入输出变量很多（实际构建系统时可能只需要其中的一部分），考虑到机器人还要与一些传感装置通信，故在机器人系统中，可以通过添加板卡的方式对机器人的 I/O 口进行扩展。

以 ABB 标准 I/O 板 DSQC651 为例，其提供 8 个 DI、8 个 DO 和 2 个 AO 信号端口。它是通过 DeviceNet 网络与机器人进行通信的，故使用时都要设定模块在网络中的地址。

在 RobotStudio 中配置输入/输出端口的操作如图 7-16 所示。图 7-16a 中，在"控制器"选项卡①中单击"配置编辑器"图标②，单击其下的"I/O"③，则弹出④所示界面。

右键单击"Unit"（单元）⑤，单击弹出菜单中的"新建 unit…"，则弹出如图 7-16b 所示对话框，输入或选择 3 个必选项——单元名称⑦、单元类型⑧、连接方式⑨，其余保持不变。确认后提示要重启控制器，单击图 7-16a 中的"重启"图标⑩，选择热启动即可。这样，就在控制器中新构建了一个 d651 板卡单元用于和弧焊电源通信。

下面在这个新建的 d651 板卡单元上定义输入输出变量用于和机器人通信。需要注意的是，机器人的输出对于 Fronius 的 Rob5000 模块来说就是输入，机器人的输入对于 Fronius 的 Rob5000 模块来说就是输出。

在图 7-16a 中，右键单击"Signal"⑥，单击弹出菜单中的"新建 Signal…"，则弹出如图 7-16c 所示对话框。输入名称、信号类型、映射的板卡、映射的端口等信息，再单击"确定"按钮，提示重启操作器，单击图 7-16a 中的"重启"图标⑩，选择热启动即可。

在示教器中也可以完成上述 I/O 变量定义。其步骤与 RobotStudio 中类似：首先构建一个 I/O 板卡单元，再在这个板卡单元上设置信号。

1）如图 7-17a 所示，单击"ABB"菜单①，单击"控制面板"②，进入如图 7-17b 所示界面。单击"配置系统参数"③，进入如图 7-17c 所示界面。

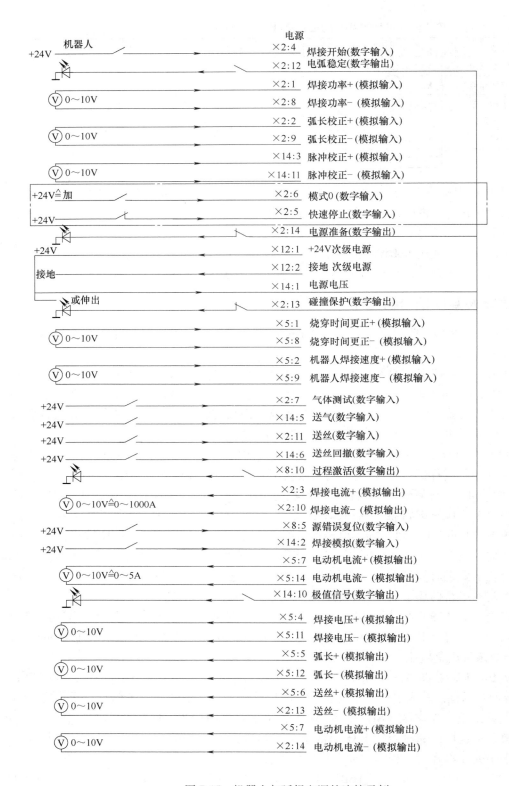

图 7-15　机器人与弧焊电源的连接示例

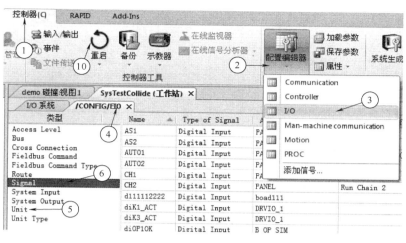

a)

b)

c)

图 7-16　RobotStudio 中配置输入/输出端口的操作

a）配置 I/O 界面　b）新建单元　c）新建信号

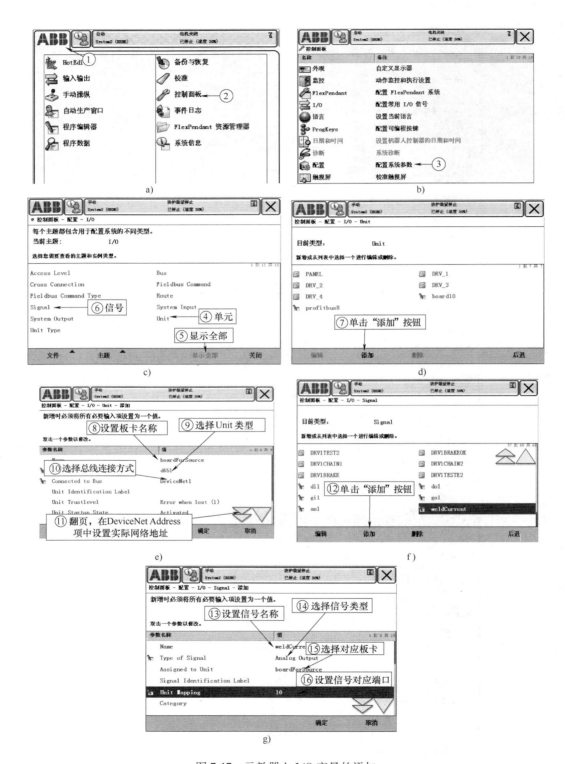

图 7-17　示教器上 I/O 变量的添加

a）进入控制面板　b）进入系统参数配置　c）I/O 类型列表　d）Unit 列表
e）添加一个 d651 类型的 Unit　f）Signal 列表　g）添加信号变量

2）为构建一个新 d651 单元，在图 7-17c 中选中"Unit"④，然后单击"显示全部"按钮⑤，则进入如图 7-17d 所示界面。单击"添加"按钮⑦，则进入如图 7-17e 所示界面。

3）在图 7-17e 中设置板卡名称⑧、单元类型⑨、总线连接方式⑩、DeviceNet Address 网络地址⑪，然后单击"确定"按钮，系统提示重启。

4）接下来在新构建的 d651 单元上构建信号。回到如图 7-17c 所示界面，选择"Signal"⑥，单击"显示全部"按钮⑤，进入如图 7-17f 所示界面。单击"添加"按钮⑫，进入如图 7-17g 所示界面。

5）设置信号名称⑬、信号类型⑭、信号所在板卡⑮、设置信号对应端口⑯，单击"确定"按钮，同样提示要重启示教器。

通过上述类似操作，可以添加不同的通信单元，构建不同的输入输出信号，用于和外部设备沟通。

7.4.2　编程

在定义上述 I/O 变量后，即可利用其名称进行赋值、输出、比较等操作，借助条件、循环流程，即可控制机器人程序的运行。

以上为便于教学，采用的是"I/O 通信"的方式进行机器人系统集成。事实上，这并不一定是最优的方法。因为随着技术进步和用户需求的增长，很多机器人公司与焊接电源公司结成战略合作伙伴，深入合作开发产品，使机器人和电源的集成、软件开发更加便捷、深入。Fronius 公司与 ABB 机器人公司就有合作，ABB 的机器人系统有专门针对 Fronius 电源的系统配置，在示教器或 RobotStudio 编程中，可以用更加简洁的指令完成电源与机器人的协同操作。国内很多焊接电源公司也与机器人公司开展战略合作，相关集成和使用也将更加快捷、有效。

7.5　复习思考题

1. 焊接机器人系统集成的步骤有哪些？
2. 简述焊接机器人系统的连接？
3. 焊接机器人中如何设置输入输出变量？

第 8 章

焊接机器人的配置

先进制造技术的运用，要求在管理和组织方式上有相应的革新。这是一个系统工程，不是简单地增加几台设备就能解决的。

焊接过程自动化有它的特点，工厂常常在刚安装和使用焊接自动化装备时会感到与使用数控机床、数控切割机等自动化装备不大相同，甚至会出现一些意想不到的困难。这是由于焊接是一种具有一定特殊性的加工过程，影响的因素较多。比如说，数控机床的加工质量与刀具在空间中的位置关系不大，数控切割大部分是在水平位置进行的，而焊接时熔池的空间位置对焊接质量却有很大的影响。焊接是一门科学也是一种技艺。焊接过程的自动化就是要应用更多、更新的科学技术来不断减少对人技艺的依赖程度，但是无论自动化水平有多高，也不能完全排除人技艺的作用。当今，熟练焊工越来越少，这是一种全球性的趋势，我国也不例外，实现焊接过程的机械化、自动化是适应这一趋势的一条出路，但绝不是说从此就不再需要熟练的焊工了。在实施焊接机械化、自动化过程和在应用自动化设备时，仍需要熟练的焊工的介入，他们是不可缺少的力量。本章将首先对焊接机器人的效益进行分析，然后再对焊接机器人的配置进行阐述。

8.1 焊接机器人的效益分析

下面主要以机器人气体保护焊为例，对焊接机器人效益进行分析。

1. 提高焊接生产率

采用气体保护焊的机器人焊接可比采用手工半自动气体保护焊的效率高 2~4 倍。具体能提高多少效率，取决于以下因素。

（1）燃弧时间与总周期时间之比（燃弧率） 在小批量生产的工厂中，由于工件种类经常变化，焊接往往成为生产进度的"瓶颈"，采用机器人的自动化生产方式是解决这一问题的有效途径。虽然机器人的焊接速度有时并不比手工半自动焊快很多，但采用焊接机器人可以使焊接工作和辅助工作（如装夹、卸载工件）同时进行，所以它的燃弧时间与总周期时间之比要较手工焊高得多。另外，机器人的特点是移位速度很快，可达 3m/s 甚至更快，从一条焊缝的结尾运动到下一条焊缝的起点只需很短的时间。缩短了周期时间，也能使燃弧率相应提高。同样，对于点焊机器人来说，因为点焊时每焊完一个点后都要移位，机器人移位速度快，可以明显地减少移位的辅助时间，也能显著地提高点焊的生产率。

（2）焊缝的尺寸和长度 对焊缝尺寸很大需要多层焊的接头进行自动化焊接的技术改

造，往往投资要高一些。特别是对那些在焊接过程中会有较大变形的接头进行多层焊，跟踪接缝（指还没有焊接的缝，下同）将会是一个大问题。用焊接机器人来焊接这种多层焊的接头，由于从第二道以后，难以再用电弧跟踪方法，需要配备更复杂的跟踪系统，如激光视觉传感的跟踪装置，才能适应工件在焊接中的变形。另外，焊接很长的焊缝，由于焊缝数量少，机器人移位的次数少，没能充分利用机器人移位速度很快的优点。对于这种生产情况，焊接机器人不一定比焊接专机效率高。

（3）焊接中工件需要变位的次数　电弧焊时，将工件变位使接头处于比较理想的平焊位置或船形位置进行焊接是必要的，这可以改善焊缝的表面成形和内在质量。但是，如果工件变位时机器人不能进行焊接，那么变位次数越多，辅助时间也就越长，使总的周期时间加长，效率就会降低。对于这种情况，应尽可能减少不必要的变位或合并一些变位次数，合理地平衡质量和效率的矛盾。近年来，随着机器人控制技术的发展，一台机器人的控制柜除可以控制机器人的 6 个轴外，还能同时控制几个到十几个外部轴进行协调运动，使得机器人和变位机能够同时协调运动。在许多情况下，可以用变位机一边变位、机器人一边焊接的方式来减少辅助时间，提高燃弧时间与总周期时间之比，从而提高生产率。

（4）起焊前需要寻位和焊接中需要电弧跟踪的焊缝数量　目前所采用的焊接机器人大多是智能化水平比较低的示教再现式机器人，因此对工件尺寸一致性的要求是比较高的，特别是对工件与工件之间同一条接缝所处空间位置的一致性和接头根部间隙大小的一致性。假如工件在焊接夹具上固定后，各工件同一条接缝的空间位置不一致，这对于焊条电弧焊是很容易解决的事，而对于机器人，虽然可以调用机器人的寻位程序来寻找并修正起焊点的位置，但是机器人在寻位时的速度一般都比较慢，每寻一次位需要几秒到十多秒钟的时间，如果工件需要寻位的次数多，总的寻位时间会长达几分钟到十多分钟，使生产节拍加长，效率大幅度降低。所以，如果受生产节拍的限制而不希望在焊接之前让机器人过多地运行寻位程序，就应根据焊缝尺寸大小，使各待工件同一接缝的空间位置的波动量控制在 0.5～1mm。接头空间位置的波动，还会使示教的焊缝轨迹和实际的焊缝轨迹不一致，通过寻位仅仅能找到起焊点的正确位置，但在起焊后，机器人还必须具有跟踪接缝的功能。当前，焊接机器人比较普遍采用电弧跟踪方法，而电弧跟踪时必须焊枪做横向摆动或电弧（焊丝）做旋转。如果焊缝尺寸较小，工艺上不要求做摆动焊，仅仅是为了要进行电弧跟踪而做摆动，焊接速度会由于摆动而减慢，使效率降低。另外，接头的根部间隙也对效率有影响，如果工件装配精度差，接头间隙时大时小，除非采用复杂的视觉传感器和自适应控制系统（这种系统能自动检测间隙大小并自动调节焊接参数），不然编程时只能全部按间隙大的情况来处理，不仅使焊接速度减慢，而且也是一种焊接材料的浪费。间隙过大，对于薄板结构容易出现焊穿，而对于较厚板结构又会使焊丝穿过间隙而使引弧失败。最好根据钢板的厚度将间隙控制在焊丝直径的一半之内，最大也不应超过 1.5mm。如间隙宽度超过这要求，最好用焊条电弧焊将间隙大的地方先封住，再交给机器人焊接。正如人们所说的，机器人要"吃细粮"才能有高的效率。这是关系到燃弧时间与总周期时间之比的效率问题。

（5）可选择的焊接参数的范围　对一条形状复杂的焊缝，即使是一名熟练焊工也要把焊接速度慢下来才能保证获得高质量的焊缝。可是对机器人来说，无论焊缝形状是简单的还是较复杂的，都可选用相同或相差不大的焊接速度。在工艺条件许可的情况下，机器人还可以连续十几个小时始终进行大规范焊接，甚至可以选用直径稍粗的焊丝或者用双丝焊。而对一名手工半自动焊焊工来说，是很难坚持长时间高劳动强度工作的，因为采用粗焊丝或双丝进行焊接意味着要用更大的腕力来保持和调整焊枪的姿态，而高熔敷率又要求高度集中注意力，但人的精力和体力都是有限的。所以说，焊接机器人可选择的焊接参数的范围比手工半自动焊宽一些，可以选用比手工焊更大的焊接规范，特别是用较快的焊接速度来提高熔敷率和焊接效率。

从上述几点可以看出，要提高焊接机器人的工作效率，必须了解焊接机器人的特点，针对工厂和工件的具体情况，尽可能地发挥焊接机器人的优势，缩短不必要的辅助时间，提高燃弧时间与总周期时间之比。

2. 提高焊接质量稳定性

焊接时参数的稳定一致与焊接质量的稳定一致有着很密切的联系。采用焊接机器人，焊接参数是由机器人控制柜来控制的，由此焊出的全部焊缝的尺寸都能满足工艺规程的要求。机器人焊接的质量稳定性不仅表现在工件与工件之间，还反映在每条焊道的质量都是一致的，即使相隔很长时间再调出相应程序来焊接同样的工件，质量仍是一样的。这些都是人工焊接无法做到的。

3. 使焊接生产实现柔性自动化

机器人与其他机械化自动化设备相比的最大特点在于它能够重新编程以适应不同工件的生产，只需较短的时间就能实现不同产品生产的切换。当今产品已逐步向个性化方向发展，产品更新、改型的周期加快，使得生产的批量越来越少，而品种越来越多。完全采用过去常用的刚性自动化设备或专机已经很难适应产品多变的要求，而机器人的柔性特点正是解决这一矛盾的最佳方案。此外，JIT 制造（Just-In-Time manufacture），即准时制造或无库存的生产方式，已经成为现代生产管理的一种模式，它可以大幅度地减少货物的库存和积压，降低管理成本，加速资金的周转速度，是工厂取得丰厚经济效益的有效手段。机器人柔性自动化是实现 JIT 制造的重要基础。

4. 改善劳动安全卫生条件

国家对劳动环境的要求越来越高，而焊接本身（包括电弧焊、点焊、等离子弧焊和切割、激光焊接和切割等）又是一种存在强光、热辐射、飞溅和有害烟尘危害的，劳动环境比较差的工作。改善焊接车间的劳动环境是一件需要不断努力的事。采用焊接机器人后，把焊工从存在高温、强光、烟尘和强体力劳动的环境中解脱出来。如果整个车间的排烟除尘系统比较完善，操作人员就可以在空气质量良好的环境中工作。另外，焊接机器人工作站都设置防护围栏和安装安全保护设施，而且重型工件的变位都是由变位机自动进行的，不需要操作人员介入，使劳动安全更有保障。从长远来看，由于劳动环境的改善，操作人员更健康，工作效率更高，可减少伤病，降低医疗费用，其间接经济效益是应该充分认识和估量的。

5. 增强生产管理的计划性和可预见性

由于机器人是一种可重复编程的自动化机器，每一工作周期的时间是一定的。无论天气有多热，工作时间有多长，工件预热温度有多高，焊接机器人的生产节拍是始终不变的。所以使用焊接机器人后，生产计划比较好安排，产量也容易准确预计，再也用不着像以往用手工焊接时那样每逢月底要加班加点抢进度。机器人焊接的这一优点，对小批量、多品种生产的计划安排是非常有利的。

6. 可准确预算材料的消耗量和生产成本

焊接机器人的燃弧率可高达 85% 以上，还能够采用较高的送丝速度（较大的焊接电流）进行焊接，焊丝的消耗速度较手工半自动焊快。由于焊接参数是由机器控制的，无论是焊丝消耗量、气体消耗量还是每天导电嘴的更换次数等都能够较准确地预测，从而能更有效地控制生产成本。另外，工厂可以根据焊丝的消耗速度来决定是采用盘装焊丝还是桶装焊丝。如果一盘焊丝能用 3h，每班要更换两次焊丝盘，每换一次焊丝盘一般需要 20min，每天就要花40min 左右的时间在换焊丝盘上，这时机器人不能工作，生产率会受影响。在这种情况下，应该尽可能采用 200~300kg 的桶装焊丝，价格还更便宜。

可见，机器人不仅焊接效率高，而且使材料消耗可以准确预测，还能用桶装焊丝来降低消耗材料的成本。

7. 劳动成本分析

随着我国经济的快速发展，劳动力成本日益增加，而机器人的功能日益增强，同时价格逐步走低，诸多企业表现出应用焊接机器人的强烈需求，完整的制造体系和庞大的制造行业的转型升级将成为焊接机器人新的强有力的增长点。

8.2　焊接自动化方式的选择——适度自动化

绝不应认为工厂实现焊接过程自动化的改造后就只能用机器人。焊接自动化的途径很多，每一个企业都必须根据自己的产品特点、产品结构、生产批量、生产条件、人员素质等各方面的情况来考虑和确定自己的技术改造方案。实际上，机器人和专机不应有高低贵贱之分，也不应该为显示先进程度或"新奇、好玩"而购置机器人，而应该想清楚哪一种自动化方式更适合工厂的实际需要。盲目地上机器人常常会与愿望背道而驰，适得其反；尤其是从手工焊接跃入机器人焊接，需要在生产管理和人员素质方面进行足够的适应才能取得效益。

完全依赖机器，去除人的影响也是不切实际的。实践证明，人与机器的相互配合，各自发挥自身的优势是最佳的组合，为此需要选择合适的自动化程度。

表 8-1 中列出了焊接机器人与焊接专机的特点比较，但它们不是一成不变的教条，必须根据实际情况灵活考虑和分析。

表 8-1　焊接机器人与焊接专机的特点比较

内容	焊接机器人	焊接专机
对产品生产批量的要求	可以小批甚至单件	要求大批量
对产品改型周期的要求	可以短	要求长
设备适应改型的能力	容易（柔性自动化）	困难（刚性自动化）
工件上焊缝数量	可以较多	希望较少
每条焊缝长度	可以很短	希望较长
每条焊缝形状	最适合复杂的空间曲线	适合直线或圆形焊缝
对工件尺寸及装配精度的要求	较严（可用跟踪、寻位技术来弥补）	严（一般不配备跟踪系统）

（续）

内容	焊接机器人	焊接专机
焊接效率	主要取决于焊枪移位的次数（即焊缝数），移位越多效率越高	主要取决于一条焊缝的长度，焊缝越长效率越高
投资额与回收期	一般较高、稍长	一般较低、较短

8.3　焊接机器人的厂商和配置

8.3.1　机器人制造和集成厂商

在国外，工业机器人技术日趋成熟，已经成为一种标准设备被工业界广泛应用。相继形成一批具有影响力、著名的工业机器人公司，它们包括瑞典的 ABB Robotics，日本的 FANUC、安川电机，德国的 KUKA Roboter，美国的 Adept Technology、American Robot、Emerson Industiral Automation、S T Robotics，意大利的 COMAU，英国的 AutoTech Robotics，加拿大的 JCD International Robotics，以色列的 Robogroup T. E. K. 公司等。

目前我国的机器人市场，80% 还是由跨国公司占有，尤其是 ABB、FANUC、安川电机和 KUKA 四大企业，它们在上海都设有制造或系统集成的公司。其他国内外焊接机器人知名企业还有唐山开元机器人系统有限公司、北人机器人系统（苏州）有限公司、OTC 欧地希机电（上海）有限公司、松下机器人、广州数控设有限公司、北京时代科技股份有限公司、昆山华恒焊接股份有限公司等。

8.3.2　焊接机器人配置方式

纵观世界各国发展工业机器人的产业过程，可归纳为 3 种不同的发展模式，即日本模式、欧洲模式和美国模式。

（1）日本模式　此种模式的特点是各司其职，分层面完成交钥匙工程。即机器人制造厂商以开发新型机器人和批量生产优质产品为主要目标，并由其子公司或社会上的工程公司来设计制造各行业所需要的机器人成套系统，并完成交钥匙工程。

（2）欧洲模式　此种模式的特点是一揽子交钥匙工程。即机器人的生产和用户所需要的系统设计制造，全部由机器人制造厂商自己完成。

（3）美国模式　此种模式的特点是采购与成套设计相结合。美国国内基本上不生产普通的工业机器人，企业需要机器人时通常由工程公司进口，再自行设计、制造配套的外围设备，完成交钥匙工程。

采用机器人进行焊接，光有机器人是不够的。如图 1-29 所示，焊接机器人工作站绝不是只配备有焊枪（钳）的机器人，它必须是一个系统，除机器人外还需要有焊接设备、机器人或工件的移动装置、工件变位装置、工件的定位和夹紧装置、焊枪喷嘴或焊钳电极的清理或修整装置、安全保护装置等。并不是每一个焊接机器人系统都必须配备所有这些外围设备，而应根据工件的具体结构情况、所要焊接的焊缝位置的可达性和对接头质量的要求来选择，但机器人的安全保护设施是必不可少的。下面将分别做概括的介绍。

8.4　焊接机器人机械臂的选择

目前，焊接用的工业机器人基本上都属于电驱动的 6 轴关节式机器人，如图 1-38 所示。其中 1、2、3 轴的运动是把焊枪（钳）送到不同的空间位置，而 4、5、6 轴的运动是解决焊枪（钳）的姿态问题。近代工业机器人各关节（轴）的运动基本上全由直流伺服电动机改为交流伺服电动机驱动。由于交流伺服电动机没有电刷，动特性好，承载能力强，使机器人的故障率降低，免维修时间大幅度增长，而且各轴运动的加（减）速度也加快。关节式机器人机械臂的结构可分为两种形式：平行四边形结构和侧置（摆式）结构，分别如图 8-1、图 8-2 所示。

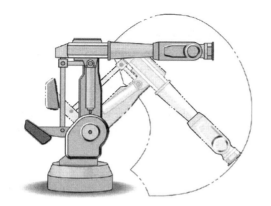

图 8-1　平行四边形结构

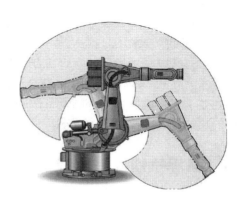

图 8-2　侧置（摆式）结构

可以看出，侧置（摆式）机器人的上、下臂的活动范围大，腰部（1 轴）不转动，就可以将焊枪从机器人的前下部位置经过顶部活动到机器人的后下部，如腰部转动，最大工作空间就可以达到接近球面的形状。因此，这种机器人比较适合倒挂在机架上工作以扩大工作范围，而且能减少设备的占地面积和方便地面上物件的流动，如图 8-3 所示。

图 8-3　机器人倒挂在机架上工作

但是，侧置机器人的 2、3 轴为悬臂结构，刚度稍微低一些，一般承载能力较小，适用于电弧焊、火焰切割，或等离子弧焊、激光焊接与切割等。平行四边形机器人上臂是通过一根拉杆驱动的，拉杆和下臂组成一个平行四边形的两个边，故而得名。20 世纪 90 年代后，新型平行四边形机器人的工作空间比以前扩大了许多，能够达到机器人的上后部位，而且刚度又较好。这种结构不仅可做成轻型的机器人也可以做成重型的机器人。点焊机器人（负载 70~120kg）和搬运机器人（负载达 150kg）一般都选用平行四边形机器人。弧焊机器人承载能力为 3~16kg，两种形式的机器人都可以选用。

近年来，更多工厂采用把弧焊机器人倒挂安装在机架上的方式，选用侧置机器人的情况逐渐增多。新的弧焊机器人不仅注意提高 TCP 的最大运动速度（3m/s）、重复定位精度（0.1~0.05mm）和减少加/减速度运动时的振动，有的还增加了自动优化运动路径的功能，使机器人的运动轨迹，特别是走弧线和折线时能更加贴近示教的理想轨迹。

点焊机器人的承载能力应根据所选焊钳的重量来选定，通常为 70~120kg，需配备一体式焊钳（即变压器与焊钳连接在一起）则大多选 100~120kg 的机器人。由于点焊对机器人重复定位精度的要求不是很高，一般为 0.2~0.4mm，而且对点与点之间的运动轨迹也没有严格要求，所以新近发展的点焊机器人着重于提高点与点之间的近距离移位速度，有的机器人已能达到在 0.3s 内移动 50mm 甚至更高的速度，而机器人定位时的振动也很小。

如要求焊接机器人与外围设备做协调运动，特别是两台机器人做协调运动，必须注意控制柜的功能是否能满足这个要求。

8.5 弧焊机器人系统焊接装备的选择

无论是熔化极还是填丝的非熔化极气体保护焊都需要弧焊电源、焊枪和送丝机构，只有不填丝的 TIG 焊或等离子弧焊不必配备送丝机构。在选择焊接装备时应考虑所要焊接的材料种类、焊接规范的大小和电弧持续率等因素。必须解决焊接装备和机器人控制柜之间的接口问题，但这个接口不是一般用户自己能解决的，最好还是由机器人供应商成套提供。典型的弧焊机器人工作站，如 SG-MOTOMAN 弧焊机器人工作站构成如图 8-4 所示。

8.5.1 弧焊电源的选择

为机器人配套的弧焊电源最好是根据工件对象、所用材料和焊接参数来选择所需的功能，不要认为凡是逆变电源或价格高的电源就是最佳的选择。

选择与机器人配套的弧焊电源必须注意负载持续率问题，因为机器人焊接的燃弧率比手工焊高得多，即使采用和手工焊相同的焊接规范，机器人用的弧焊电源也应选用较大容量的。例如用直径 1.6mm 焊丝、380A 电流进行手工焊时，可以选用负载持续率 60%、额定电流 500A 的弧焊电源，但用同样规范的焊接机器人，其配套的弧焊电源必须选用负载持续率 100% 的 500A 电源或负载持续率 60% 的 600A 或更大容量的电源。

随着逆变技术、数字化电源技术的发展，目前，在焊接机器人当中，更加倾向选用逆变式、数字化弧焊电源，如 Fronius TPS4000/5000，因为其具有更好的工艺存储能力、通信能力、参数稳定性控制等。

目前，很多机器人公司都开发自己的弧焊电源，或是和弧焊电源公司进行深度合作。如日本的松下和 OTC 公司都将自己的机器人和弧焊电源进行一体化的设计，杭州凯尔达公司

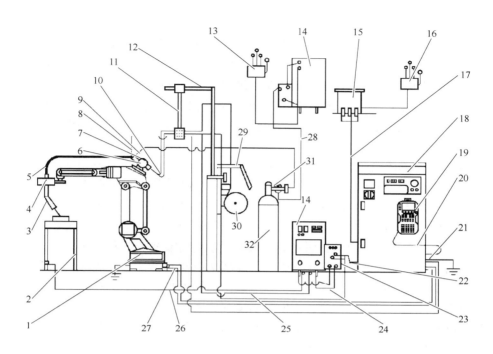

图 8-4　SG-MOTOMAN 弧焊机器人工作站构成

1—机器人机械臂　2—夹具工作台　3—焊枪　4—带碰撞传感器的焊枪把持器　5—焊枪电缆、传感器电缆及保护气管
6—送丝机安装基座　7—送丝机　8—碰撞传感器电缆　9—保护气软管　10—送丝管及电缆　11—电缆吊挂
12—焊丝及电缆支架　13、16—三相电源（380V）　14—焊机（正面及背面）　15—变压器（380V/220V）
17—接控制柜电源线　18—YASNAC-XRC 控制柜　19—示教器　20—示教器用电缆　21—第三种接地电缆
22—焊接指令电缆　23—焊机的接口线路板（内置）　24—控制电缆　25—焊接电缆（焊枪侧）　26—焊接电缆（工件侧）
27—机器人用电缆　28—保护气气压检测线　29—焊丝盘支架　30—焊丝盘　31—气体调节器　32—保护气体气瓶

和安川电机公司合作，深圳市瑞凌实业股份和德国 CLOOS 公司合作，Fronius 公司和 ABB 公司的合作等。这些合作都将使相应品牌的焊接机器人和弧焊电源性能优化，更加便于使用和升级。

8.5.2　送丝机的选择

1. 送丝机的选择

弧焊机器人配备的送丝机可按安装方式分为两种：一种是将送丝机安装在机器人上臂后部与机器人组成一体；另一种是将送丝机与机器人分开安装。由于一体式的送丝机到焊枪的距离比分离式的短，连接送丝机和焊枪的软管也短，所以一体式的送丝阻力比分离式的小。从提高送丝稳定性的角度看，一体式比分离式要好一些。目前，弧焊机器人的送丝机采用一体式的安装方式越来越多，但要在焊接过程中进行自动更换焊枪（变换焊丝直径或种类）的机器人必须选用分离式送丝机。

送丝机的结构有一对送丝辊轮的，也有两对辊轮的；有只用一个电动机驱动一对或两对辊轮的，也有用两个电动机分别驱动两对辊轮的。从送丝力来看，两对辊轮的送丝力比一对辊轮的大些。

当采用药芯焊丝时，由于药芯焊丝比较软，辊轮的压紧力不能像用实心焊丝时那么大，为了保证有足够的送丝推力，选用两对辊轮的送丝机可以有更好的效果。对于送丝机与机器人连成一体的安装方式，虽然送丝软管比较短，但有时为了方便换焊丝，而把焊丝盘或焊丝桶放在远离机器人的安全围栏之外，这就要求送丝机有足够的拉力从较长的导丝管中把焊丝从焊丝盘（桶）拉过来，再经过软管推向焊枪。对于这种情况，和送丝软管比较长的分离式送丝机一样，都希望选用送丝力较大的送丝机。如忽视这一点，往往会出现送丝不稳定甚至中断送丝的现象。

2. 送丝软管的选择和保持送丝稳定的措施

当送铝焊丝时，应选用特富隆（TEFLON）或尼龙制成的管做导丝管；而送钢焊丝时，一般采用钢制的弹簧管。导丝管的内径应比焊丝直径大 1mm 左右。造成弧焊机器人送丝不稳定的原因往往是软管阻力过大。一方面可能是选用的导丝管内径与焊丝直径不匹配；另一方面可能是导丝管内积存从焊丝表面剥落下来的铜末或钢末过多。因此弧焊机器人应选用镀铜层较牢固的优质焊丝，并调节好送丝辊轮的压紧力，尽可能减少焊丝表面镀铜层的剥落，而且至少应定期一个月清洗一次导丝管。如能选用不锈钢制成的导丝管更好，这是因为奥氏体不锈钢没有磁性，不会吸住铜末，不但容易清理，而且不易堵塞导丝管。还必须注意在编程时调整焊枪和机器人的姿态，尽可能减少软管的弯曲程度。特别是用分离式送丝机，由于软管较长，如忽视调节机器人与送丝机的距离及姿态，软管很容易出现多个小弯，而造成送丝不畅，这点往往被编程人员所忽视。目前越来越多的机器人公司把安装在机器人上臂的送丝机稍微向上翘，有的还使送丝机能做左右小角度自由摆动，目的都是减少软管的弯曲，保证送丝速度的稳定性。

3. 焊枪的选择

大部分焊接机器人用的焊枪和手工半自动焊用的鹅颈式焊枪基本相同。鹅颈的弯曲角一般都小于 45°，可以根据工件特点选用不同角度的鹅颈，以改善焊枪的可达性。但如鹅颈角度选得过大，送丝阻力会加大，送丝速度容易不稳定；而角度过小，如 0°，一旦导电嘴稍有磨损，常会出现导电不良的现象。应该注意，当更换不同弯曲角的鹅颈式焊枪后，必须对机器人 TCP 进行相应的调整，否则焊枪的运动轨迹和姿态都会发生变化。近来为了提高送丝速度的稳定性，特别是高速送丝和送铝焊丝时的稳定性，在焊枪上增加了一个由小型伺服电动机驱动的拉丝机构，使送丝机和焊枪的拉丝机形成一推一拉的送丝系统。对这种推拉送丝系统必须协调好两个电动机的转速，调节好送丝机和焊枪上各对送丝辊轮的压紧力，使送丝机的推丝作用为主，焊枪的拉丝作用为辅。这样，即使由于某种原因两个电动机速度不匹配，焊枪上的送丝辊轮也能够打滑，而不至于损坏焊丝的表面或使焊丝从辊轮间挤出来，造成焊接的中断。目前，除了一些焊铝的机器人或高速焊的机器人装有拉丝式焊枪，比较多的还是选用普通鹅颈式焊枪。

随着中空轴焊接机器人的出现，也可搭载以往在传统机器人上使用的双丝焊枪、焊枪自动更换装置。

4. 防撞传感器

对于弧焊机器人，除了要选好焊枪，还必须在机器人的焊枪把持架上配备防撞传感器。防撞传感器的作用是在机器人运动时，万一焊枪碰到障碍物，能立即使机器人停止运动（相当于急停开关），避免损坏焊枪或机器人。如果没有安装防撞传感器或传感器不够灵敏，一旦焊枪和工件发生轻度碰撞，焊枪可能被碰歪，若操作人员又没有及时发现，由于 TCP 的变化，随后焊接的路径将会发生较大的变化，导致焊出废品。因此，TIG 焊枪和 MIG/MAG 焊枪的把持架上一般都必须装有防撞传感器。

8.6　点焊机器人系统焊接装备的选择

点焊机器人的焊接装备由焊钳、变压器和定时器等部分组成。如采用直流点焊，在变压器之后还要加整流单元。根据变压器的摆放位置可分为与机器人分离的方式、装在机器人上臂上的方式及和焊钳组合在一起的一体式等几种。早期的点焊机器人都采用前两种方式。这两种安装方式由于二次电缆较长，不仅会影响焊钳的可达性，而且电缆还可能钩在工件上而影响机器人的运动。另外，较粗的二次线缆随焊钳姿态的变化而不断地扭曲摆动，容易破损断裂，不仅会影响焊接质量，还会增加电缆维修、更换的费用。近年来由于逆变技术的应用，变压器可以做得越来越小，一体式焊钳已经相当普及。

机器人用的点焊钳和手工点焊钳大致相同，一般有 C 形和 X 形两类。应首先根据工件的结构、材料、焊接规范以及焊点在工件上的位置分布来选用焊钳的结构、电极直径、电极间的压紧力、两电极的最大开口度和焊钳的最大喉深等参数。图 8-5 所示为常用的 C 形和 X 形点焊钳的基本结构。

a)　　　　　　　　　　　　　　　b)

图 8-5　点焊钳的基本结构
a）C 形点焊钳　b）X 形点焊钳

点焊机器人的焊钳大多是气动的。气动式焊钳电极的张开和闭合是由压缩空气通过气缸驱动的。这会带来两个局限：一是两电极的张开度一般只有两级；二是电极的压紧力一旦调定，在焊接中不能变动。气动焊钳可以根据工件情况在编程时选择大或小的张开度。张开度大（大冲程）主要是为了方便把焊钳伸入工件较深的部位，不会发生焊钳和工件的干涉或碰撞；张开度小（小冲程）是在连续点焊时，减少焊钳开合的时间，提高工作效率。

汽车行业是点焊机器人很重要的应用场合。节能、减排、安全是当今汽车发展的三大主题。为适应其发展趋势，钢铁行业开发出多种高强度、超高强度钢板以减轻汽车重量，同时提高汽车的安全性。但为提高钢板强度而在材料中添加的合金元素，会改变材料的电阻率及导热性，增加材料的淬硬倾向，给电阻点焊高强度钢板带来新问题。特别是强度级别较高的热冲压马氏体钢，由于其特殊的物理化学属性，焊接工艺性能较难控制，会出现如焊接窗口狭窄、电极磨损剧烈、飞溅严重等问题。伺服加压焊钳配合中频逆变电源可精确控制焊接的加压过程及热过程，从而控制焊点熔核的形成过程，极大提高焊接质量及效率，同时增加电极使用寿命。伺服加压点焊钳如图 8-6 所示。

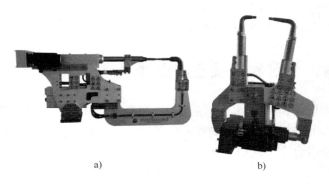

a)   b)

图 8-6　伺服加压点焊钳

a）C 形伺服加压点焊钳　b）X 形伺服加压点焊钳

伺服加压焊钳的张开和闭合是由伺服电动机驱动及码盘反馈闭环控制的，所以焊钳的张开度可以根据需要在编程时任意设定，而且电极间的压紧力（由电动机电流控制）也能够实现无级调节。这种电伺服焊钳具有如下优点。

1）可以大幅度地降低每一个焊点的焊接周期，由于焊钳的张开和闭合的整个过程都是由机器人控制柜的计算机精确监控的，所以在焊点与焊点之间的移动机器人过程中，焊钳就可以开始闭合；而焊完一点后，就可以一边打开焊钳，一边移动机器人。机器人不必像用气动焊钳那样必须等焊钳完全张开后才能移动，也不必等机器人到位后才开始闭合焊钳。

2）焊钳的张开度可以根据工件的情况任意调节，只要不发生碰撞或干涉，可以尽可能减少张开度，以减少焊钳的开合时间，提高效率。

3）焊钳闭合加压时，不仅压力的大小可以任意调节，而且两电极的闭合速度也是可变的，开始快后来慢，最后轻轻地和工件接触，减少电极与工件的撞击噪声和工件的变形，必要时还可以调节焊接过程中的压力大小，减少点焊时的喷溅。

气动的或电伺服的一体式焊钳都是把变压器装在焊钳的后部，所以变压器必须尽量小型化，对于容量较小的变压器可以用 50Hz 的工频交流电，而对容量较大的变压器，为了减小变压器的体积和减轻重量，已经采用了逆变技术把 50Hz 工频交流电变为 400~1000Hz 的交流电，变压后可以直接用 400Hz 的交流电进行焊接，而对较高频率的交流电，一般都要再经过二次整流，用直流电焊接。焊接参数的时间由定时器控制。先进的机器人控制柜中包含定时器，更便于使用。

点焊设备的选择原则如下：

1）应选用具有浮动加压装置的专用点焊钳。这种焊钳应重量轻，有长短两个行程，便于快速焊接，以及越过障碍、修整和更换电极。

2）要求焊接电缆必须柔性好，强度高。在机器人频繁快速移动和快速旋转时，不致因疲劳而损坏，有较长的工作寿命。

3）按工件的形状、焊点位置、材料种类及板厚选择点焊设备的功率和点焊钳的结构与尺寸。

4）点焊控制器应和机器人控制系统协调控制。焊接参数调节方便，对水、电、气路系统有监视和自诊断、自保护功能。

8.7　外围设备

　　要使焊接机器人能够用于焊接工件，还需要有相应的外围设备（见图 8-7），并与焊接机器人集成为一个能够完成某种任务的基本系统（或称为工作站）。外围设备大致可分为机器人的底座，工件的固定工作台，工件的变位、翻转、移位装置，机器人的龙门机架、固定机架和移动装置等。另外工件的固定还需要夹具，还可能需要配备焊枪喷嘴的清理装置，焊丝的剪切装置，焊钳电极的修整、更换装置等辅助设备。大部分机器人生产厂家都有自己的标准外围设备，可方便地与自家的机器人组合使用，但如果将它们与其他公司的机器人组合则会有一定的困难，最好由专业的机器人系统集成公司来完成。

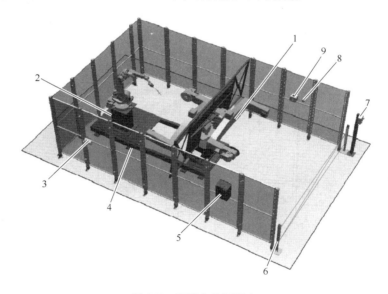

图 8-7　机器人外围设备

1—变位机　2—带底座的机器人　3—带开关的伺服门　4—安装基板　5—安全模块　6—安全光栅
7—操作面板　8—手工操作　9—预重置

8.7.1　工作台变位机

　　变位机作为机器人焊接生产线和柔性焊接加工单元的重要组成部分，其作用是将被焊工件旋转（平移）到最佳的焊接位置。在焊接作业之前和焊接过程中，变位机通过夹具来装夹和定位被焊工件，对工件的不同要求决定了变位机的承载能力和运动方式。

　　焊接变位机按自由度数可分为单轴、两轴、三轴和多轴变位机。单轴变位机只有一根回转轴，使工件回转。目前应用最广泛的是两轴变位机，此两轴是指使工作台回转的回转主轴和使工作台俯仰的倾斜轴；而三轴变位机通常都多加一根升降轴，也有的是加一条可水平移动的导轨。多轴变位机通常是根据需要，将简单的变位机进行组合得到的。

1. 单轴变位机

（1）固定式回转平台　这是一种最简单的单轴变位机，如图 8-8 所示。工作平台可采用电动机驱动。通常工作平台的回转速度是固定不变的，其功能是配合机器人按预编程序将工件旋转一定的角度或以一定的速度回转。

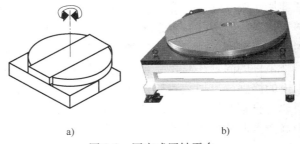

a) b)

图 8-8　固定式回转平台

a）示意图　b）实物图

通过在回转平台上添加工作台和挡板，可以增加工位，如图 8-9、图 8-10 所示。

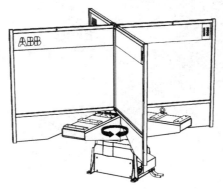

图 8-9　四工位回转平台

（2）头架变位机　头架变位机也是一种单轴变位机，如图 8-11 所示，卡盘通常由电动机驱动。与回转平台不同，其旋转轴是水平的，适用于装夹短小型工件，可配合机器人将工件接缝转到适于焊接的位置。

图 8-10　双工位回转平台

图 8-11　头架变位机

（3）头尾架变位机　头尾架变位机由头架和尾架组成，如图 8-12 所示，是机器人工作站最常用的变位机。在一般情况下，头架装有驱动机构，带动卡盘绕水平轴旋转。尾架是被动的，如工件长度较大或刚度较小，亦可将尾架装上驱动机构，并与头架同步转动。严格地说，头尾架变位机仍属于单轴变位机。有的尾架与头架的距离可调，尾架在机座轨道上水平移动。该移动只在装夹工件时起作用，不与机器人协调动作。

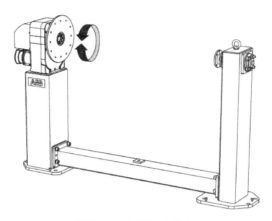

图 8-12　头尾架变位机

2. 两轴变位机

（1）座式变位机　座式变位机是一种双轴变位机，可同时将工件旋转和翻转，如图 8-13 所示。与机器人配套使用的座式变位机的旋转轴和翻转轴均由电动机驱动，可按指令分别或同时进行旋转和翻转运动，适用三维焊缝等较复杂工件的焊接。

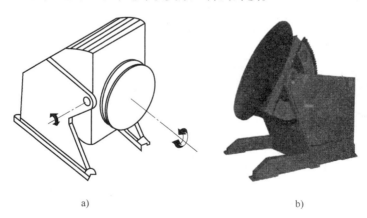

a)　　　　　　　　　　　　　　　b)

图 8-13　座式变位机
a）示意图　b）实物图

（2）L 形变位机　L 形变位机可以设计成两轴变位机，即悬臂回转和工作平台旋转，如图 8-14 所示；也可以设计成三轴变位机，即在上述两轴的基础上增加悬臂上下移动。这种变位机的最大特点是回转空间较大，适用于外形尺寸较大、质量不超过 5t 的框架工件焊接。

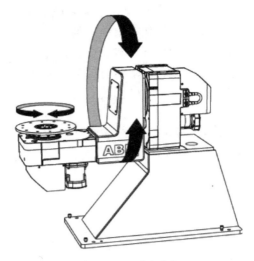

图 8-14　L 形变位机

3. 多轴变位机

（1）双头架变位机　双头架变位机是将两台头架变位机同轴相背安装在回转平台上，形成一种三轴变位机，其结构如图 8-15 所示。使用这种双头架变位机可成倍提高生产率，当一台头架变位机配合机器人进行焊接时，另一台头架变位机进行工件的装卸和夹紧。这样可大大缩短机器人待机时间，提高其利用率。

（2）双座式变位机　双座式变位机与双头架变位机相似，是将两台座式变位机同轴相背安装于大型回转平台上，形成五轴变位机，其结构如图 8-16 所示，这种变位机的功能与双头架变位机相似，由于增加了翻转轴，适于焊接结构较复杂的工件，扩大了焊接机器人工作站的使用范围。

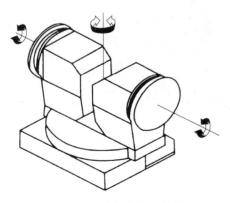

图 8-15　双头架变位机结构

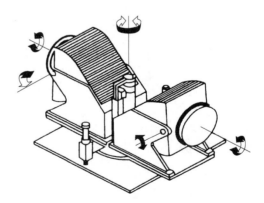

图 8-16　双座式变位机结构

（3）双 L 形变位机　双 L 形变位机是将两个 L 形变位机进行组合，并添加一个回转轴，如图 8-17 所示。

（4）组合式多轴变位机　当要求机器人焊接形状复杂且焊缝三维布置的构件时，则需配备三轴以上的变位机，一种简易且经济实用的解决方案是将各种标准型变位机通过机械连

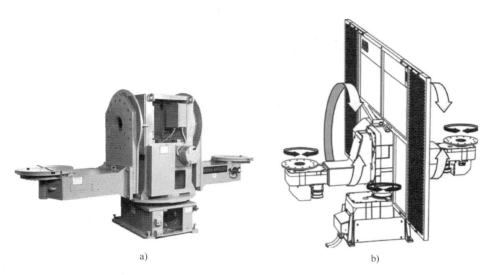

a)　　　　　　　　　　　　　　　　　　　　b)

图 8-17　双 L 形变位机结构

a）实物图　b）结构图

接组合成多轴变位机。图 8-18 示出了一种典型的组合式多轴变位机结构，其由头架与框架式头尾架变位机组合成 5 轴变位机，然后将两台组合式 5 轴变位机安装在回转平台上构成 11 轴变位机。图 8-19 示出了另一种组合方式，将座式变位机与框架式头尾架变位机组合成 6 轴变位机，然后两台 6 轴变位机与回转平台组合成 13 轴变位机。

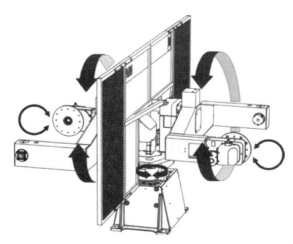

图 8-18　头架、框架式头尾架变位机、回转平台组合的多轴变位机结构

4. 机器人焊接变位机的主要技术特性

焊接变位机的主要任务是将负载（焊接工装夹具+工件）按预编的程序进行回转和翻转，使工件焊接时的位置始终处于最佳状态，即处于平焊或船形焊位置。因为在这种焊接位置下，焊接机器人可以在保证焊缝优质的前提下，达到最高的焊接速度。为完成这一任务，焊接变位机必须具备以下主要技术特性。

1）回转和翻转驱动机构应输出足够大的转矩，带动承载范围内的负载（焊接工装夹具+

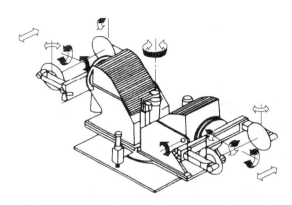

图 8-19 座式、框架式头尾架变位机、回转平台组合的多轴变位机结构

工件）做平稳的运动。

2）应设置导电性能良好的焊接回路。保证焊接电源的输出低损耗地传送，使焊接电流持续稳定，并能达到最大额定值。现代焊接机器人工作站为达到高效、优质的目标，大都采用先进的焊接方法，其重要特点是按焊接电弧的反馈信号控制焊接电源和送丝机的输出特性。而反馈信号的强弱直接影响焊接过程的稳定性和焊缝的质量。因此对变位机的导电机构提出了更高的要求，推荐采用集流环+导电碳刷，同时应注意压紧每一个导线接头。

3）设有自动控制接口，包括气动焊接工装夹具 I/O 接口，易于与机器人控制系统集成，可按指令与机器人联动。

4）具有精确的复零位功能。为提高焊接机器人工作站的可靠性和焊接质量的一致性，焊接变位机准确的复零位功能是十分重要的。如机器人手臂不慎碰撞或经修理，复零位功能有助于将程序修整工作量减至最少。迄今，标准型伺服控制焊接变位机复零精度控制在±0.2mm 以内。精密型伺服控制焊接变位机复零位精度可达±0.05mm，完全满足了机器人工作站的技术要求。非伺服控制焊接变位机则通常采用定位销钉、定位装置等来实现复零位功能，但误差较大，应控制在±0.5mm 以内。

5）设有安全联锁装置，保证操作人员和设备的绝对安全。机器人焊接变位机的安全性设计比常规焊接变位机更为重要，因为前者的空程速度比后者高得多，特别是对于大型和重型焊接变位机来说，必须从结构设计、动力配置、驱动机构、电器控制和定位装置等多方面采取必要的特殊措施，确保操作人员和设备的绝对安全。变位机安全设施的控制必须集成于机器人工作站的控制系统。控制和操作盒上都必须设置醒目便捷的急停开关。应当采用先进的电磁感应或远红外等传感技术，一旦人体接近或进入禁区，机器人焊接系统立即发出警报，并自动急停，切断机器人工作站的一次输入电源。对于大型机器人焊接变位机来说，急停时间和急停后惯性运动位移量是重要的质量指标。所谓急停时间是指按下急停开关的瞬间到变位机转盘完全停止运动的时间间隔。转盘惯性位移量则取决于转盘的工作半径和负载（工装夹具+工件）的质量及偏心距。

为进一步提高焊接效率，目前已出现多焊枪机器人系统。即在同一台焊接变位机上由多台焊接机器人同时进行焊接，在这种情况下，每台焊接机器人焊枪由单独的焊接电源供电。如不采取相应的措施，会引起焊接电流回路的相互干扰，并使导电机构复杂化。一种合理的解决办法是为每台焊接电源设置独立的焊接电流回路。

当前，国内外机器人焊接变位机的设计和制造技术经 20 多年的发展已达到相当高的水平。不少著名的焊接变位机生产厂商已将机器人焊接变位机定型批量生产，并推出了标准型系列化产品，为各工业部门大力推广应用机器人工作站创造了有利的条件。标准型机器人焊接变位机不仅具有符合机器人工作站要求的技术特性，而且制造成本比专用机器人焊接变位机低，供货及时，大大简化了机器人系统的集成技术，缩短了构建机器人工作站的周期，因此受到业内人士的普遍重视。

现代机器人焊接变位机是机器人工作站实现高效、优质焊接生产不可或缺的组成部分，其重要性已得到广泛的认同。焊接变位机按焊接工件不同的形状和焊缝的布置可有各种结构，但其技术特性都必须满足机器人工作站的技术要求，主要包括足够的转矩、低损耗无干扰的焊接电流回路、精确的复零位功能、与机器人快速集成的控制功能和可靠的安全性。

8.7.2　机器人移动装置

1. 机器人底座

机器人的底座和机架是最简单的外围设备，它们的作用都是把机器人安装在一个合适的高度上，如图 8-3、图 8-20 所示。图 8-20 中的底座是机器人直立安装时采用的，而图 8-3 中的机架是机器人倒挂安装时采用的。底座和机架虽然很简单，但它们的作用是不可忽视的。前面已经介绍了平行四边形机器人和侧置（摆式）机器人的工作空间。若用离地面不同高度的平面去截取机器人的工作空间，就会发现，不同高度的工作空间的最大宽度是不同的。如果被焊工件的宽度较大，就必须把机器人安装在一个合适的高度上，使机器人的焊钳或焊枪能到达所有要焊接的部位，同时还要照顾到操作和维护的方便与安全。

图 8-20　机器人底座

2. 导轨

导轨是一种由电动机驱动的滑座在轨道上滑动的直线移位装置，用码盘反馈的闭环控制方法使滑座可以在轨道的任意位置准确定位，如图 8-21 所示。导轨也可以用气缸驱动，但移动的距离比较短，只能定位在少数几个位置上，精度也较差。

导轨多用于机器人的移位，特别是在工件较长或较宽、机器人的工作范围达不到的情况下，导轨是一种很好的解决方案。对较宽的工件，可以将两个导轨相交组成十字交叉的形状，以扩大机器人在 x、y 两个方向的工作空间。导轨有时也用来移动工件，但这种使用情况比较少。

3. 龙门机架

龙门机架是用来把机器人倒挂安装在其机架上的，并增加机器人在 x 轴（左右）、y 轴（前后）、z 轴（上下）方向的移动裕度，如图 8-22 所示。实际应用时应根据需要选择 1 个、2 个或 3 个轴的龙门机架。龙门机架上 3 个轴部是由电动机通过减速机和齿轮齿条驱动的，具有和机器人相当的重复定位精度（±0.2mm）。龙门机架的轴可以由它自己的控制柜单独控制，也可以由机器人的控制柜统一控制，实现与机器人的协调运动。近来在国外的造船厂安装的大型焊接机器人工作站，其龙门机架还能沿轨道移动并精确定位（共 4 个轴）以扩大焊接机器人的工作范围，用于焊接船体的平面分段部件的纵横筋板。

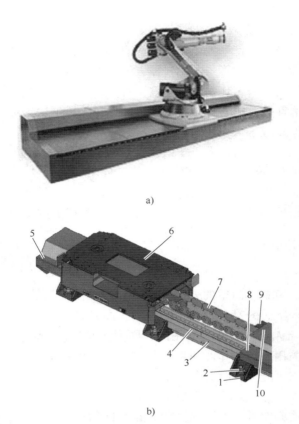

a)

b)

图 8-21　机器人导轨

a）实物图　b）结构图

1—地脚　2—调平螺栓　3—钢梁　4—直线导轨　5—端盖　6—滑车　7—电缆拖链　8—齿条盖　9—盖板支架　10—上盖

图 8-22　机器人龙门机架

8.8　复习思考题

1. 如何才能提高焊接机器人的效益？
2. 比较焊接机器人与焊接专机。
3. 弧焊机器人系统的配置是什么？
4. 点焊机器人系统的配置是什么？

第 9 章

焊接机器人工作站

本章主要介绍典型焊接机器人工作站的组成和特点，并用机器人仿真软件构建和运行焊接机器人工作站。最后介绍一个焊接机器人工作站实例。

9.1　简易焊接机器人工作站

凡是在焊接时工件可以不用变位，而机器人的活动范围又能达到所有焊缝或焊点位置的情况下，都可以采用简易焊接机器人工作站。因此，它是能用于焊接生产的最小组成的焊接机器人系统。这种工作站的投资比较低，特别适合初次应用焊接机器人的工厂选用。由于设备操作简单，容易掌握，故障率低，所以能较快地在生产中发挥作用，取得较好的经济效益。即使是一条较为复杂的焊接机器人生产线，也常会组合几台简易机器人工作站。

简易焊接机器人工作站可适用于不同的焊接方法，如熔化极气体保护焊（MIG/MAG/CO_2）、非熔化极气体保护焊（TIG）、等离子弧焊接与切割、激光焊接与切割、火焰切割及喷涂等。下面仅就弧焊和点焊的简易机器人工作站进行简要介绍，其他的焊接方法可以类推。

9.1.1　简易弧焊机器人工作站

简易弧焊机器人工作站一般由弧焊机器人（包括机器人机械臂、机器人控制柜、示教器、弧焊电源和接口、送丝机、焊丝盘支架、送丝软管、焊枪、防撞传感器、操作控制盘及各设备间相连接的电线、气管和冷却水管等）、机器人底座、工作台、工件夹具、围栏、安全保护设施和排烟罩等部分组成，必要时可再加一套焊枪清理及剪丝装置（参看图 1-33）。简易弧焊机器人工作站的一个特点是焊接时工件只是被夹紧固定而不变位。可见，除夹具须根据工件情况单独设计外，其他的都是标准的通用设备或简单的结构件。简易弧焊机器人工作站由于结构简单，只需购进一套焊接机器人，其他可自己设计制造和配套。但必须指出，对较为复杂的机器人系统最好还是由机器人系统集成公司提供成套交钥匙服务。

图 9-1 是一种简易弧焊机器人工作站的典型应用例子。由于焊缝处于水平位置，工件不必变位；而且弧焊机器人的焊枪可由机器人带动做圆周运动完成圆形焊缝的焊接，不必使工件自转，从而节省两套工件自转的驱动系统，可简化结构，降低成本。这种简易工作站采用两个工位（也可以根据需要采用更多的工位，并把工作台设计成以机器人第 1 轴为圆心的弧形，以便机器人能方便地到达各个工位进行焊接，如图 9-2 所示），在工作台上装两个或更

多夹具，可以同时固定两个或两个以上的工件，一个工位上的工件在焊接时，另外的工位可以在装卸或等待。工位之间用挡光板隔开，避免弧光及飞溅物对操作人员的伤害。这种工作站一般都采用手动夹具。当操作人员将工件装夹固定好之后，按下操作盘上"准备完毕"的按钮，这时机器人正在焊接的工件一旦焊完，马上会自动转到已经装好的待焊工件的工位上接着焊接。机器人就这样轮流在各个工位间进行焊接，有效地提高其使用率，而操作人员轮流在各工位装卸工件。

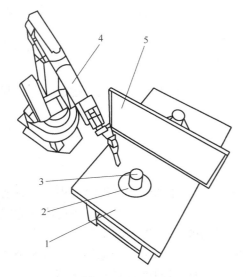
图9-1　简易弧焊机器人工作站
1—工作台　2—夹具　3—工件　4—机器人　5—挡光板

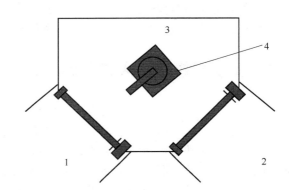
图9-2　多工位简易弧焊机器人工作站
1—变位机1　2—变位机2　3—机器人工作区　4—机器人

9.1.2　简易点焊机器人工作站

点焊机器人同样也有简易工作站的形式，由点焊机器人（包括机器人机械臂、机器人控制柜、编程盒、一体式焊钳、定时器和接口及各设备间的连接电缆、压缩空气管和冷却水管等）、工作台、工件夹具、电极修整装置、围栏和安全保护设施等部分组成。焊接时工件被夹具固定在工作台上不变位。

简易点焊机器人工作站还可采用两台或多台点焊机器人分别布置在工作台两侧的方案，各台机器人同时工作，每台机器人负责焊接各自一侧（区）的焊点。由于点焊是从工件的正反面两侧同时进行的，而且焊接质量与焊接时该点所处的空间位姿无关，所以点焊机器人工作站很多都是简易型的。

9.2　变位机与焊接机器人组合的工作站

变位机主要实现对工件位姿的变化。不同类型变位机和机器人的组合可以构建多种结构的焊接机器人工作站。如前所述，变位机有不同的自由度。变位机的自由度越多，越容易与机器人配合形成更复杂的运动，但是同时变位机成本也会上升，用户需在成本与性能间权衡。此外，变位机与机器人的组合分为两种：一种是两者分时运动，另一种是两者协调运动。需根据工件特点和设备能力进行选择。

9.2.1　回转工作台+弧焊机器人工作站

如前所述，回转工作台是单轴变位机，类似的还有头尾架变位机、转胎等，其组成和控制方式类似。

1. 系统组成

图 9-3 所示为一种较简单的回转工作台+弧焊机器人工作站示意。这种工作站与简易焊接机器人工作站相似，焊接时工件并不变换姿态，只需转换位置。因此，选用两分度的回转工作台（1 轴）只做正反 180°回转，可用伺服电动机驱动也可用气缸驱动。台面上装有 4 个气动夹具，可以同时装夹 4 个工件。用挡光板将台面分为两个工位，一个工位的工件在焊接时，另一个工位的工件在装卸。焊完两个工件后工作台旋转 180°，将待焊件送入焊接区，而把焊完的工件转到装卸区。由于生产节拍的需要，本方案采用两台弧焊机器人分别焊接两个工件的组合形式。如果对节拍要求不是很紧，也可以只用一台机器人来焊两个工件。因为焊接两个工件才转一次台面，比只焊一个工件就要转一次更能节省辅助时间。由于装卸和焊接是同时进行的，可提高效率，操作人员也有充分的时间来装卸、检查工件。

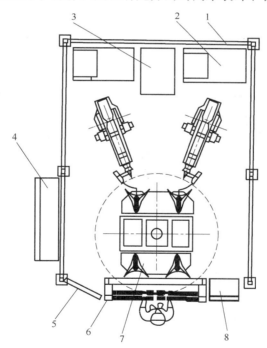

图 9-3　一种较简单的回转工作台+弧焊机器人工作站示意

1—安全围栏　2—机器人控制柜　3—焊接电源　4—工作台控制柜　5—门
6—安全光栅及装卸工件窗口　7—回转工作台及工件　8—操作盘

回转工作台与焊接机器人都固定在一块共同的底板上。它们不仅用螺钉拧紧还打上销钉。防止在运输或使用中设备相对位置发生窜动而使机器人焊出的焊缝偏离正确位置。这种用一块大的金属底板把机器人与外围设备固定在一起的方法，比分别用地脚螺钉直接固定在地面的方法更可靠，安装调试快捷。在其他结构的机器人工作站中也常采用这种方式。

2. 回转工作台+弧焊机器人工作站的控制

回转工作台的运动一般不是由机器人控制柜直接控制的，而是由一个外加的可编程逻辑控制器 PLC 来控制。机器人控制柜控制机器人焊接完一个工件后，通过其控制柜的 I/O 口给 PLC 一个信号，PLC 再按预定程序驱动伺服电动机或气缸使工作台回转。工作台回转到位后由接近开关反馈信息给 PLC。由于工作台只做 180° 回转，PLC 根据两个接近开关中的一个反馈信息来判断是 1 号夹具还是 2 号夹具进入焊接区，并将判断结果由 I/O 口传给机器人控制柜，调出相应的程序进行焊接。即使两个夹具装的工件不一样或焊接不同的焊缝，机器人也能正确地焊接。这种控制方法在很多其他种类的机器人工作站中也常采用。

安全围栏的开口处装有安全光栅，这对有回转运动的工作台或变位机都是很重要的安全措施。因为操作人员的衣物有可能被钩住，在工作台回转时会发生人身安全事故，所以必须让控制系统在工作台回转时不断监视安全光栅的情况，一旦有人进入工作区，安全光栅被挡住，机器人立即停止运动。但变位机定位后，控制系统不再监控安全光栅，操作人员可以靠近台面进行装卸工件。

9.2.2 旋转-倾斜变位机+弧焊机器人工作站

使用旋转-倾斜变位机，工件在焊接时既能做倾斜变位，又可做旋转（自转）运动，有利于获得好的焊接位置，保证焊接质量。变位机可以与机器人分时运动，也可以协调运动。当变位机与机器人分时运动时，外围设备一般是由 PLC 控制的，不仅控制变位机正反 180° 回转，还要控制工件的倾斜、旋转或分度的转动。这些变位机在变位时，机器人是静止的，机器人运动时，变位机是不动的。编程时，应先让变位机使工件上的接头处于所要求的位置，然后由机器人来焊接，再变位，再焊接，直到所有焊缝焊完为止。对于圆形工件上的圆形角焊缝或搭接焊缝，变位机使工件倾斜约 45°，使接缝处于船形位置并自转，而机器人只是将焊枪以要求的位姿定在接缝的上方进行焊接。对于要求较大焊角的焊缝，机器人可做横向摆动。如工件自转时接缝位置有较大的径向跳动，机器人可以运行电弧跟踪程序，使焊枪做相应的左右或上下调节以跟踪接缝。但这时由于工件做自转，焊枪只是在原位做摆动或上下左右调节，并不走焊缝的轨迹。由于焊接参数、摆动及跟踪由机器人控制柜来控制，而工件的自转速度（即焊接速度）是由 PLC 及伺服电动机的驱动电源控制的，编程时一定要注意调节好。

当变位机与机器人做协调运动时，一般需要由机器人控制柜控制。协调运动的本质是示教时同时记录机器人 TCP 和变位机的位姿，再现时机器人和变位机将其轨迹重现。下面采用 RobotStudio 仿真构建机器人与旋转-倾斜变位机协调运动的工作站系统，如图 9-4 所示。

1. 焊接机器人和变位机的构建

按照 2.3 节所述，首先构建空焊接机器人工作站，如图 2-12 所示。引入焊接机器人、底座和变位机，如图 2-8 所示。机器人型号为 "IRB 1600"，负载为 6kg，作业范围 1.2m；变

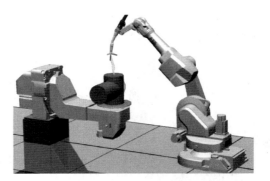

图 9-4　机器人与旋转-倾斜变位机
协调运动的工作站系统

位机型号为 IRBP-A，承载能力为 250kg，高度为 900mm，直径为 1000mm。按照表 9-1 所列调整机器人和变位机的位置，其操作如图 2-17、图 2-18 所示。

表 9-1　机器人、底座、变位机位置设定

名称	型号	x 坐标	y 坐标	z 坐标
机器人	IRB 1600_6_120-02	0	0	0
变位机	IRBP_A250_D1000_M2009	1000	0	−400

导入焊枪 Binzel air 22，并将其安装到机器人上，其操作如图 2-14、图 2-15 所示。

通过建模方式构建工件，如图 9-5 所示，首先构建两个直径 200mm、高度 300mm 的圆柱体，其余参数见表 9-2。

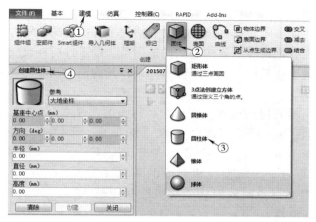

图 9-5　构建圆柱体

表 9-2　圆柱体参数

名称	基座中心点 x	基座中心点 y	基座中心点 z	方向 x	方向 y	方向 z
圆柱体 1	0	0	0	0	0	0
圆柱体 2	0	0	150	90	0	0

将所创建的两个圆柱体结合，其操作如图 9-6 所示。单击"建模"选项卡①，单击其上的"结合"按钮②，弹出"结合"浏览页③。此时确保"选择部件"模式④被激活。然后鼠标单击⑤对应文本框，再单击⑤对应的圆柱体，在"部件选择模式"被激活时，所单击圆柱体的名称将出现在⑤对应的文本框上。采用类似操作可将圆柱体⑥名称输入对应的文本框。最后单击"创建"按钮⑦，即可将两个圆柱体结合。

为使工件和工件固定装置能随变位机转动，将工件安装到变位机上，其操作类似于将焊枪安装到机器人上（可参考 2.3 节），安装后，可以根据需要调整被安装部件的位置。

2. 创建机器人系统

在完成上述焊接机器人工作站布局后，根据布局构建焊接机器人系统，如图 2-21a～d 所示。

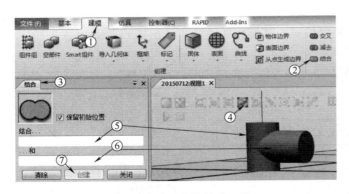

图 9-6　合并圆柱体构建工件

3. 构建工件坐标系

在构建路径之前，需要示教目标点，主要包括焊接开始前的位置、焊接结束后的位置和焊接过程中的位置。在此之前，需要构建工件坐标系。以工件所在旋转台中心圆点为坐标原点，坐标轴方向与大地坐标系同向构建工件坐标系，其构造方法如图 3-21 所示。

4. 激活变位机

由于是变位机和机器人协同操作，在示教目标点时，需要激活变位机，如图 9-7 所示。在"仿真"选项卡①中单击"激活机械装置单元"②，会弹出"当前机械单元：System1"对话框③，勾选变位机对应的单元④。这样机器人才能在示教目标点时同时将变位机数据记录下来。"STN1"对应变位机。

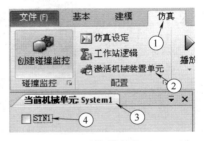

图 9-7　激活变位机

5. 示教目标点

此处要对所构建工件的一段相贯线进行焊接，为保证焊接质量，使焊接处始终处于船形焊的位置。

如前所述，为保证变位机和机器人协调动作，需要激活变位机。然后将变位机调整到合适位置，使待焊点处于相贯线最高处，该点处工件处于船形焊位置。变位机的调节方法如图 9-8 所示。即在"布局"浏览页界面①，右键单击"变位机对应元件"②，然后单击"机械装置手动关节"③，会弹出对话框④，可以通过滑动模块⑤⑥调整变位机姿态。

与调整变位机姿态类似，在"布局"浏览页界面，右键单击机器人对应元件，然后单击"机械装置手动线性"或"机械装置手动关节"，将机器人焊枪调整为垂直位置。打开捕捉边缘或捕捉末端，对待焊点进行捕捉，在焊枪、变位机都处于期望位置时，单击"基本"选项卡上的"示教目标点"按钮，捕捉该目标点。

除焊缝位置上的点外，还可以设置焊接前的位置和焊接后的位置，操作方法相同。对于示教的目标点，要验证其可达性（参考图 5-30）并配置参数（参考图 5-32）。若不满足要求，需对焊枪和变位机位姿进行调整。

6. 编制程序

在获取目标点后，则可以将目标点添加到新路径或已有路径中，此外，还需要添加两条逻辑指令，即 ActUnit 和 DeactUnit，以激活变位机联动和取消变位机联动。如图 9-9 所示，

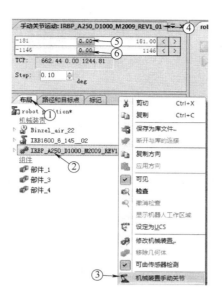

图 9-8　调节变位机位姿

在 "路径和目标点" 浏览页①中用鼠标右键单击要添加指令的路径②，在弹出的菜单上单击 "插入逻辑指令…" ③，则弹出 "创建逻辑指令" 对话框④，单击指令模板⑤，选择 ActUnit 或 DeactUnit 指令，并设置对应的机械单元⑥。

编程完毕后，则可以通过仿真验证程序的准确性，具体操作可参考图 5-34。

图 9-9　插入逻辑指令

9.2.3　导轨多工位机器人工作站

如前所述，导轨可以扩展机器人的运动范围。采用导轨实现多工位机器人工作站如图 9-10 所示。

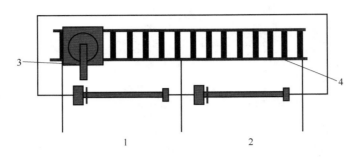

图 9-10　导轨多工位机器人工作站
1—工位 1　2—工位 2　3—机器人　4—导轨

在焊接领域，导轨主要是用来承载机器人的。而在其他领域，也可能是焊接机器人不动，工件在导轨上移动，在工件移动的同时完成相关操作。但无论如何，其原理是类似的。

与变位机类似，导轨与机器人可以是分时运动，也可以是协调运动。分时运动只需将导轨运动和机器人焊接依序编程即可，协调运动与变位机协调运动类似。下面以 RobotStudio 为例，演示如何构建机器与导轨协调运动的工作站。

1. 构建焊接系统

首先构建空工作站，如图 2-12 所示。

然后通过 ABB 模型库，导入机器人 IRB 4600（承重 20kg，工作范围 2.5m）和导轨 IRBT 4004，导轨行程为 4.9m，Carrier 高度为 0，Carrier 角度为 0，如图 9-11 所示。注意不是所有的机器人和导轨都能配合一起工作。

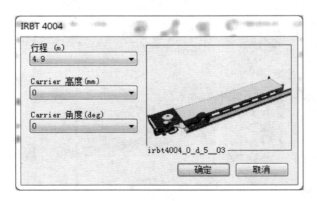

图 9-11　导轨参数

将机器人安装到导轨上，其方法如图 9-12 所示，在"布局"浏览页①上用鼠标左键按住并拖动代表机器人元件②到代表导轨的元件③上；也可以是右键单击机器人的元件②，选择安装到导轨（④、⑤）。两种方式都会弹出如图 9-12b 所示对话框，选择"是"，弹出如

图 9-12c 所示对话框，选择对应法兰盘为 "T4004-90"，此时机器人会转动 90°。

导入焊枪并安装到机器人上，其操作如图 2-14、图 2-15 所示。

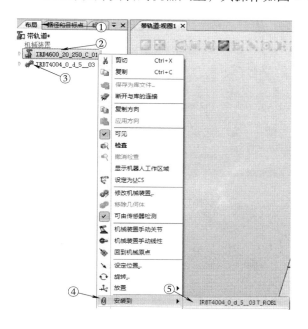

a)

b)

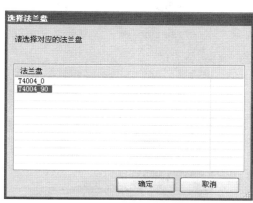

c)

图 9-12　将机器人安装到导轨上

a）安装方式　b）同步机器人和导轨　c）选择机器人安装角度

在完成上述焊枪、焊接机器人、导轨等焊接机器人系统布局后，构建机器人系统，其操作同图 2-21a~d。

需要注意，系统可能会提示没有找到导轨的 robotware 文件，此时，需要检查是否已安装了导轨的 robotware 文件，它位于安装光盘附加选项（Additional Options）的 TrackMotion 中。

2. 构建工件和工件坐标系

此处，通过建模方式构建一个大型工件。

首先构建一个长方体，参考图 3-19，其角点为（0，-1400，0），长度为 6000，宽度和高度都为 1000。

然后在该工件上表面构造一个圆弧曲线作为待焊接的焊缝，在 "建模" 选项卡下，单击 "曲线" 图标，单击 "弧线"，然后在弹出 "创建弧形" 对话框中输入三点值或是捕捉特征点完成，如图 9-13 所示。

使用默认的工件坐标系 wob0，工具坐标选择焊枪。

3. 示教目标点

因为是圆弧，故需要示教 3 个目标点。此外，还需要示教一个焊接前的偏移点和焊接后的偏移点。

a)

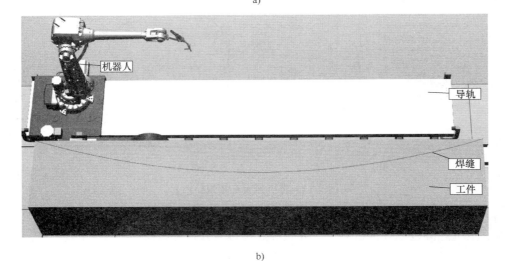

b)

图 9-13　带导轨机器人及工件

a）构建焊缝曲线　b）在长方体上进行自动路径规划

　　由于需要机器人和导轨协调运动，所以不能使用"自动路径"功能，否则机器人不能到达所有点。用图 9-14 中选项，可以调整导轨位置（此时机器人同步移动）和焊枪位姿。

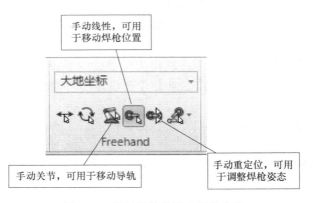

图 9-14　调整导轨位置和焊枪位姿

打开点捕捉方式，可以将焊枪移至期望的曲线起点、终点和中间的一点。在起点和终点处将焊枪上提约 200mm，可以捕捉焊接前点和焊接后点（见图 9-15）。

图 9-15　捕捉 5 个目标点

4. 生成轨迹

右键单击所示教的目标点，可以单击"添加到路径"，如图 9-16 所示。最终，在 Rapid 中生成命令如下：

```
PROC Path_10()
  MoveJ start,v1000,fine,tWeldGun\WObj:=wobj0;
  MoveJ Target_10, v1000, fine, tWeldGun\ WObj: =wobj0;
  MoveC Target_30,Target_40,v1000,fine,tWeldGun\WObj:=wobj0;
  MoveJ end,v1000,z100,tWeldGun\WObj:=wobj0;
ENDPROC
```

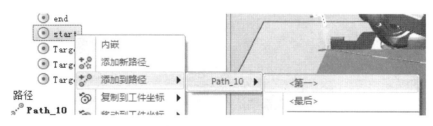

图 9-16　将目标点添加到新路径或已有路径中

如图 9-17 所示，右键单击所得路径 Path_10，单击"配置参数"而后单击"自动配置"，配置路径参数。若有多种配置，则选择其中的一种配置。

右键单击该路径，单击"同步到 VC"，可将生成的路径同步到虚拟控制器中。也可进行仿真演示，如图 9-18 所示，在"仿真"选项卡①中单击"仿真设定"②，在弹出对话框③中，单击任务④，然后选择可用的子程序⑤，单击箭头⑥，将仿真子程序加入仿真序列⑦，若要仿真多次，可以点箭头⑥多次添加。

设置完成后，按仿真播放键⑧即可进行仿真演示。

9.2.4　翻转变位机+弧焊机器人工作站

对于大型且需要翻转进行焊接的工件，采用翻转变位机进行焊接。由于工件较大，组装时较难做到很高的尺寸一致性，因此几乎每条焊缝焊接前都要先运行接触寻位，寻找并自动

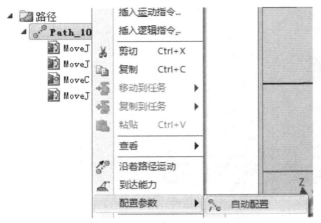

图 9-17　配置路径参数

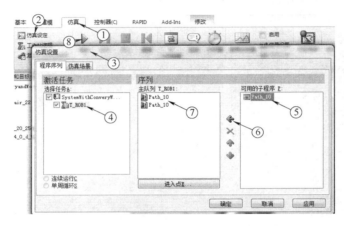

图 9-18　仿真演示设置

修正起焊点的位置，也几乎所有接缝都要运行电弧跟踪。对大型工件提高装配精度，减少运行寻位的次数，对提高生产效率来说意义重大。对于大型工件来说，有时机器人焊接和手工焊接相结合也是一种可选的方案。

9.2.5　焊接机器人与周边设备协调运动的工作站

随着机器人控制技术的发展和焊接机器人应用范围的扩大，与周边变位设备协调运动的机器人工作站在生产中的应用也逐渐增多。由于各机器人生产厂商对机器人的控制技术（特别是控制软件）大多对外不公开，协调控制技术各厂商之间有较大的差别。

具有协调运动功能的机器人工作站大部分是由机器人生产厂商成套配置。如由专业工程开发单位设计周边变位设备，必须选用机器人公司提供的配套伺服电动机（码盘）及驱动系统。下面分别介绍这种工作站的特点和应用。

众所周知，熔化焊过程中若能使整条焊缝各个点的熔池始终都处于水平或稍微下坡状态，则焊缝外观最平滑、最美观，焊接质量也最好。但不是所有的焊缝都可以用普通变位机把整条缝在这种理想状态下焊接，例如，球形或椭球形工件的径向焊缝、马鞍形焊缝或复杂形状工件的空间曲线焊缝等。为了使整条焊缝在焊接时都能使熔池处于水平或稍微下坡状态，焊接时变位机必须不断地改变工件的位姿。也就是说，变位机在焊接过程中不是静止不动的，而是要做相应的运动，变位机的运动和机器人焊枪的运动必须能共同合成焊缝的轨迹，并保持焊接速度和焊枪姿态在要求范围之内，这就是机器人与周边设备（变位机）的协调运动。近年来，采用弧焊机器人焊接的工件越来越复杂，对焊缝的质量要求也越来越高，生产中与变位机做协调运动的机器人系统也逐渐多起来。但必须指出，具有协调运动功能的机器人系统成本要比普通机器人工作站高，用户应根据实际需要决定是否选用这种机器人系统。

应该说，所有用伺服电动机驱动的外围变位设备都可能与机器人做协调运动，其前提条件是所用伺服电动机（码盘）和驱动单元是由机器人生产厂商配套提供的，而且机器人控制柜有与外围设备做协调运动的控制软件。

机器人与变位机做协调运动的工作站在编程上与普通机器人工作站没有太大的差别。只是系统一旦进入协调运动状态，变位机的 2 个轴和机器人的 6 个轴便成为统一的整体。这时 1 个轴运动，另外 7 个轴也会做相应的运动，以保持机器人的 TCP 与变位机的相对位姿不变。

9.3　双机器人协调运动的工作站

双机器人协调运动一般有以下两种情况。

第一种双机器人焊接工作站实际上是由一台焊接机器人与一台用作变位机的搬运机器人组合而成的。它比较适合焊件较小、重量较轻、生产批量小、产品换型快的工厂采用，工件焊接时又要求变位机与机器人做协调运动的工作站。采用机器人作为变位机的方案已逐步增多。这主要是因为当前机器人的价格已经降到较低的水平，而且机器人的柔性、灵活性及精度都比一般变位机好。

由于工件较轻、较小，作为变位机的机器人一般采用气动抓手（夹钳）来夹持工件。这种装有抓手的机器人不仅可以夹持并定位工件让焊接机器人进行焊接，起变位机作用，而且还可以从一个固定的位置夹取待焊工件，并将焊完的工件放到另一个位置，起到搬运机的作用。因此可以省去工件在工作站间的一些传送装置，一举两得。

另一种双机器人焊接工作站是由两个或多个焊接机器人对同一个工件同时进行操作，即多机器人协调工作，如对工件实施对称焊接，减小变形；或同时操作以提高效率。此处将介绍使用 RobotStudio 构建双机器人系统。

9.3.1　ABB 虚拟环境机器人系统的构建

以下以 ABB RobotStudio 自带的机器人系统为例进行仿真机器人系统的构建。其路径为软件安装路径下的 "ABB Industrial IT/Robotics IT/RobotStudio 5.61/Stations/Demo AW Station. rspag"。双击该文件，选择路径进行解压，可得到如图 9-19 所示的焊接机器人工作站（为便于观察，取消了围栏和控制器的可见性）。本节将演示如何构建工作站的核心部分。

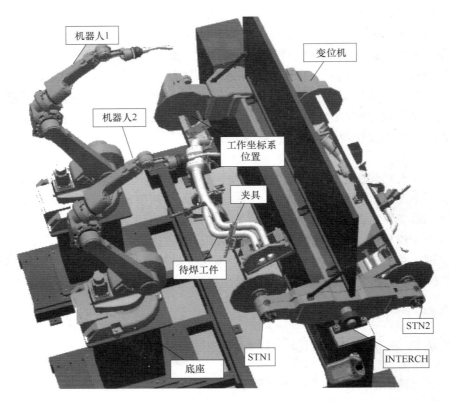

图 9-19　焊接机器人工作站

1. 焊接机器人和变位机的构建

首先构建空焊接机器人工作站，如图 2-12 所示。引入焊接机器人、底座和变位机，机器人型号为"IRB 1600ID"，变位机型号为 IRBP-K，承载能力为 300kg、长度为 2000mm、直径为 1000mm。机器人的底座可由样本工作站导出对应几何体，再在要构建的工作站中导入完成。上述部件的角度不变，位置调整见表 9-3。

表 9-3　机器人、底座、变位机位置设定

名称	型号	x 坐标	y 坐标	z 坐标
机器人 1	IRB 1600ID_4_150_03	0	0	1000
机器人上底座 1	Pedestal_h840_1	0	0	1000
机器人下底座 1	FMB_IRBP250K_d1000_1	0	0	0
机器人 2	IRB 1600ID_4_150_03_2	0	1140	1000
机器人上底座 2	Pedestal_h840_2	0	1140	1000
机器人下底座 2	FMB_IRBP250K_d1000_2	0	1140	0
变位机	IRBP_K300_D1000-L2000	920	1570	0

2. 焊枪、工件和工件固定装置的构建

焊枪可以通过在"基本"选项卡中单击"导入模型库/设备/工具"，选择焊枪 Binzel_

ID_22，导入两把焊枪，并将其安装到对应机器人上，其操作可参考图 2-15。

此外，通过"导出几何体"的方式从已有工作站中分别选定工件（product_1、product_2）和工件固定装置（Fixture_1 和 Fixture_2）导出，再通过"导入几何体"的方式将两者导入新机器人工作站。

为使工件和工件固定装置能随变位机转动，将工件 product_1 安装到 Fixture_1 上，将 Fixture_1 安装到变位机上，并选择变位机上法兰盘为 IRBP300K_1；将工件 product_2 安装到 Fixture_2 上，将 Fixture_2 安装到变位机上，并选择变位机上法兰盘为 IRBP300K_2。安装方法可以参考图 2-15。安装后，也可以根据需要调整被安装部件的位置。

3. 创建机器人系统

在完成上述焊接机器人工作站布局后，根据布局构建焊接机器人系统，如图 2-21a~d 所示。由于此处涉及 Multimove 机器人编程，故在图 2-21e 下拉的附加选项中确保以下选项被选中。

RobotWare/Motion Coordination 1 组，选择 MultiMove Coordinated 复选框。

RobotWare/I/O control 组，选择 Multitasking 和 Advanced RAPID 复选框。

DriveModule1/Drive module application 组，并展开 ABB Standard manipulator 选项。选择 IRB 1600 选项，操纵器变量为 1600ID-4/1.5。

DriveModule2/Drive module application 组，并展开 ABB Standard manipulator 选项。选择 IRB 1600 选项，操纵器变量为 1600ID-4/1.5。

9.3.2　示教目标点

对机器人系统使用 RobotWare 选项 MultiMove Independent 时，多台机器人可在一个控制器的控制下同时进行独立的操作。机器人通常在单独的任务框中工作。要在 RobotStudio 中实现此设置，必须将多机器人的任务框隔离开来并彼此独立地定位。多机器人系统坐标系的定义如图 9-20 所示。

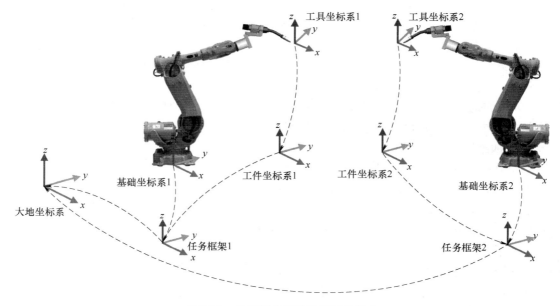

图 9-20　多机器人系统坐标系的定义

在构建路径之前，需要示教目标点，主要包括焊接开始前的位置、焊接结束后的位置和焊接过程中的位置。在此之前，需要构建工件坐标系。因为涉及两台机器人，故需要构建两个工件坐标系，其名称为 r1_s1 和 r2_s1。

工件坐标系的构建参考图 3-21。此处，两个工件坐标系都构建在变位机转盘处，如图 9-19 所示。

9.3.3　焊接路径的构建

1. 激活变位机

由于是变位机和机器人协同操作，在示教目标点时，需要激活变位机，如图 9-21 所示。在"仿真"选项卡①中单击"激活机械装置单元"②，会弹出对话框③，勾选变位机对应的单元④。这样机器人才能在示教目标点时同时将激活的变位机数据记录下来。STN1、STN2、INTERCH 对应变位机的 3 个回转轴，如图 9-19 所示。

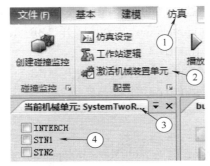

图 9-21　激活变位机

2. 示教目标点

如图 9-8 所示，变位机的移动可以通过在"布局"浏览页①中右键单击变位机所对应项②，单击"机械装置手动关节"③，弹出对话框④，可以对变位机的两个关节⑤⑥进行调节，从而调整变位机的位姿。

机器人可以手动线性方式对焊枪 TCP 位姿进行调整，而焊缝位置点则可以在移动机器人过程中通过点捕捉方式获取。

所示教的目标点除了形成焊缝的轨迹点外，一般还要包括焊接前的位置点和焊接后的位置点。此外，还需要对目标点的位姿进行调整。

3. 添加路径

在获取目标点后，则可以将目标点添加到新路径或已有路径中，此外，还需要添加两条逻辑指令，即 ActUnit 和 DeactUnit，以激活变位机和取消变位机，如图 9-9 所示。

由于涉及同步运动，即两台机器人在同一时间段内要完成对各自焊缝的操作，需要用到同步指令，主要有 WaitSyncTask、SyncMoveOn 和 SyncMoveOff。

WaitSyncTask 用于在每个程序的特定点上同步这些程序任务。每个程序将等待其他任务程序抵达同样名称的同步化点。

SyncMoveOn 仅被用于启动一系列同步的运动（通常是指协调运动）。执行该指令时，所有涉及的程序将在一个停止点等待同步化，然后运动控制器被设置成同步状态，它仅能被用于 MultiMove 系统。

SyncMoveOff 用于结束一系列同步的运动（通常是指协调运动）。执行该指令时，所有涉及的程序将在一个停止点等待结束同步化，然后运动控制器被设置成独立状态。它仅能被用于 MultiMove 系统。以下是同步指令的一个示例，程序中"!"后为注释。

任务程序首先抵达带 sync1 的 SyncMoveOn 指令将等待其他任务抵达带同样 sync1 标记的 SyncMoveOn 指令，所有程序都满足条件后，执行同步操作。

之后，任务程序首先抵达带 sync2 的 SyncMoveOff 指令将等待其他任务抵达带同样 sync2 标记的 SyncMoveOff 指令。之后，运动控制器设置任务程序为独自操作状态，T_ROB1 和 T_ROB2 各自执行后续的程序。

```
! ////////////////////////////////////////////////
! Program example in task T_ROB1 注释,机器人 T_ROB1 的任务
PERS tasks task_list{2}:=[["T_ROB1" ],[" T_ROB2"]];! 定义任务
VAR syncident sync1;! 定义标记
VAR syncident sync2;! 定义标记
...! 其他指令
SyncMoveOn sync1, task_list;! 机器人 1 等待机器人 2 到达同步开始指令
sync1,若都到达就执行后续同步操作
! 机器人 1 执行协同操作
...! 协同操作的内容
! 机器人 1 等待协同操作结束
SyncMoveOff sync2;
...! 独自执行机器人 1 的后续操作
! ////////////////////////////////////////////////
! Program example in task T_ROB2 注释,机器人 T_ROB2 的任务
PERS tasks task_list{2}:=[["T_ROB1"],["T_ROB2"]];! 定义任务
VAR syncident sync1;! 定义标记
VAR syncident sync2;! 定义标记
...! 其他指令
SyncMoveOn sync1, task_list;! 机器人 2 等待机器人 1 到达同步开始指令
sync1,若都到达就执行后续同步操作
...! 机器人 2 执行的协同操作
SyncMoveOff sync2;! 机器人 2 等待其他机器人 1 到达同步操作结束指令,都到达
则执行后续
...! 独自执行机器人 2 的后续操作
```

回到本节的双机器人协调系统，机器人 1、机器人 2 和变位机的指令见表 9-4，为便于理解，仅保留指令名称和目标点。相关同步指令用相同图标标识。从表中可以看出，机器人 1 和机器人 2 的指令是完全一样的，但需要指出的是，指令中的目标点虽然名称相同，但是其实际值却并不一样。这是因为在单击"示教目标点"记录目标点时，各机器人记录自己

焊枪的位姿，其名称相同而值不尽相同。

变位机指令中 Ext 代表外部。ExtJ 代表外部轴，具体可参考软件所带帮助功能——RAPID Instructions，Functions and Data Type。

作为 MultiMove 系统运动，所有任务程序相应 SyncMoveOn 和 SyncMoveOff 中的程序指令数必须相同。

表 9-4　机器人 1、机器人 2 和变位机的指令

机器人 1 的指令	机器人 2 的指令	变位机的指令
//Part_1_pth_1	//Part_1_Pth_1	//Part_1_Pth_1
MoveAbsJ jt_1	MoveAbsJ jt_1	ActUnit STN1
		MoveExtJ jt_1
SyncMoveOn s1，r1r2p1	**SyncMoveOn s1，r1r2p1**	**SyncMoveOn s1，r1r2p1**
MoveJ p1	MoveJ p1	ArcMoveExtJ jt_2
ArcLStart p2	ArcLStart p2	ArcMoveExtJ jt_3
ArcC p4，p3	ArcCp4，p3	ArcMoveExtJ jt_4
ArcC p6，p5	ArcCp6，p5	ArcMoveExtJ jt_5
ArcC p8，p7	ArcCp8，p7	ArcMoveExtJ jt_6
ArcCEnd p10，p9	ArcCEnd p10，p9	ArcMoveExtJ jt_7
MoveL p11	MoveL p11	ArcMoveExtJ jt_8
SyncMoveOff s2	**SyncMoveOff s2**	**SyncMoveOff s2**
MoveAbsJ jt_2	MoveAbsJ jt_2	MoveExtJ jt_9
WaitSyncTask s3，r1r2p1	*WaitSyncTask s3，r1r2p1*	*WaitSyncTask s3，r1r2p1*
MoveAbsJ jt_3	MoveAbsJ jt_3	MoveExtJ jt_10
SyncMoveOn s4，r1r2p1	SyncMoveOn s4，r1r2p1	SyncMoveOn s4，r1r2p1
MoveJ p12	MoveJ p12	ArcMoveExtJ jt_11
ArcLStart p13	ArcLStart p13	ArcMoveExtJ jt_12
ArcLEnd p14	ArcLEnd p14	ArcMoveExtJ jt_13
MoveL p15	MoveL p15	ArcMoveExtJ jt_14
SyncMoveOff s5	SyncMoveOff s5	SyncMoveOff s5
MoveAbsJ jt_4	MoveAbsJ jt_4	MoveExtJ jt_15
WaitSyncTask s6，r1r2p1	WaitSyncTask s6，r1r2p1	DeactUnit STN1
//Part_1_Pth_2	//Part_1_Pth_2	WaitSyncTask s6，r1r2p1
WaitSyncTask s7，r1r2p1	WaitSyncTask s7，r1r2p1	//part_2_Pth_1
MoveAbsJ jt_1_2	MoveAbsJ jt_1_2	ActUnit INTERCH
SyncMoveOn s1_2，r1r2p1	SyncMoveOn s1_2，r1r2p1	MoveExtJ jt_16
MoveJ p1_2	MoveJ p1_2	MoveExtJ jt_17
ArcLStart p2_2	ArcLStart p2_2	DeactUnit INTERCH
ArcC p4_2，p3_2	ArcC p4_2，p3_2	//Part_1_Pth_2
ArcC p6_2，p5_2	ArcC p6_2，p5_2	WaitSyncTask s7，r1r2p1
ArcC p8_2，p7_2	ArcC p8_2，p7_2	ActUnit STN2
ArcCEnd p10_2，p9_2	ArcCEnd p10_2，p9_2	MoveExtJ jt_1_2
MoveL p11_2	MoveL p11_2	SyncMoveOn s1_2，r1r2p1
SyncMoveOff s2_2	SyncMoveOff s2_2	ArcMoveExtJ jt_2_2
MoveAbsJ jt_2_2	MoveAbsJ jt_2_2	ArcMoveExtJ jt_3_2
WaitSyncTask s3_2，r1r2p1	WaitSyncTask s3_2，r1r2p1	ArcMoveExtJ jt_4_2
MoveAbsJ jt_3_2	MoveAbsJ jt_3_2	ArcMoveExtJ jt_5_2
SyncMoveOn s4_2，r1r2p1	SyncMoveOn s4_2，r1r2p1	

（续）

机器人 1 的指令	机器人 2 的指令	变位机的指令
MoveJ p12_2	MoveJ p12_2	ArcMoveExtJ jt_6_2
ArcLStart p13_2	ArcLStart p13_2	ArcMoveExtJ jt_7_2
ArcLEnd p14_2	ArcLEnd p14_2	ArcMoveExtJ jt_8_2
MoveL p15_2	MoveL p15_2	SyncMoveOff s2_2
SyncMoveOff s5_2	SyncMoveOff s5_2	MoveExtJ jt_9_2
MoveAbsJ jt_4_2	MoveAbsJ jt_4_2	WaitSyncTask s3_2, r1r2p1
WaitSyncTask s6_2, r1r2p1	WaitSyncTasks6_2, r1r2p1	MoveExtJ jt_10_2, vmax, fine
		SyncMoveOn s4_2, r1r2p1
		ArcMoveExtJ jt_11_2
		ArcMoveExtJ jt_12_2
		ArcMoveExtJ jt_13_2
		ArcMoveExtJ jt_14_2
		SyncMoveOffs5_2
		MoveExtJ jt_15_2
		DeactUnit STN2
		WaitSyncTask s6_2, r1r2p1
		//MovePosHome
		ActUnit INTERCH
		MoveExtJ jt_18
		DeactUnit INTERCH

注：此表中黑体、斜体、下划线等是为了突出主要指令。

9.4　焊接机器人工作站实例

以上介绍了各种典型的焊接机器人工作站，下面以船舶柴油机部件为例，介绍焊接机器人工作站应用。

9.4.1　实例背景

在船舶工业中，焊接技术是其主要关键工艺技术之一，结合产品种类多、小批量的焊接需求，应用机器人进行高柔性的自动化焊接生产是国际船舶工业的发展趋势。低速大功率柴油机作为目前船舶的主要动力，其需求量不断增长，质量要求也越来越高，其制造技术也提出了更高的要求。目前，机架作为柴油机的主要部件，国内生产还是半自动焊接，机器人焊接技术还未成熟地应用。为了提高生产效率及焊接质量，某船厂引进了双机器人柔性工作站。

某型号三角管板机架如图 9-22 所示，该类型机架由底板、导板、三角管板、横腹板和中隔板组成。导板与三角管板、三角管板与横腹板的接触处为需要机器人焊接的焊缝，如图 9-23 所示。其中"主"代表主机器人所焊焊缝，"从"代表从机器人所焊焊缝，共 8 条焊缝，每台机器人焊接 4 条。机架的型号不同，其焊缝长度在 2.3～4.5m 的范围变化，每条焊缝焊接的道数也有所不同。

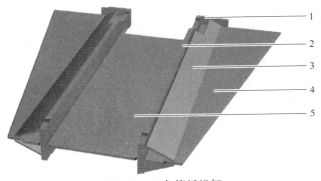

图 9-22 三角管板机架

1—底板 2—导板 3—三角管板 4—横腹板 5—中隔板

图 9-23 机架焊缝

9.4.2 机器人工作站构建

1. 变位机

机架的型号较多，不同型号虽然尺寸不同，但结构相似。机架的焊缝有直线、圆弧、直线与圆弧组合等形式。有的焊缝要采用双面焊接，所以机架在焊接时要能实现翻转，故需要采用变位机。如图 9-24 所示，变位机采用头尾架的形式，图中左边的头架提供旋转动力，右边的尾架与头架一起支撑工件，并可根据工件大小在轴线方向进行调整。

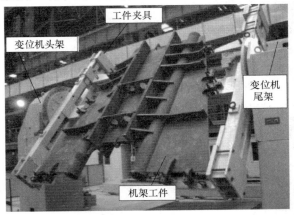

图 9-24 头尾架变位机及柴油机机架工件

变位机的高度能够保证最大尺寸机架的自由翻转，以避免机架触碰地面。变位机的承载能力应超过机架的最大重量，并保证实现稳定、准确的旋转。

变位机不能独立旋转，其法兰边缘处有一个定位孔，孔里安装了进出控制定位鞘，防止机架装卸时因失衡而发生意外的转动。该变位机的法兰上将安装专用夹具，以夹持不同类型的机架（图 9-24 中为贯穿螺栓套管型机架），以保证机架的精确定位。变位机的旋转软限位设定为 360°，以满足机架焊缝的正反面施焊的需要。

2. 工装夹具

机架的类型有好几种，双机器人弧焊工作站主要应用于贯穿螺栓套管机架和三角管板机架，而三角管板机架由于其结构设计的特征，不仅能够满足实际的使用性能，而且其焊接的工作量及难度大大缩小。对于三角管板式机架，根据其结构特征及所需焊接焊缝位置，并考虑机架的快速准确定位要求，选取了该型机架的专用夹具，如图 9-25 所示。

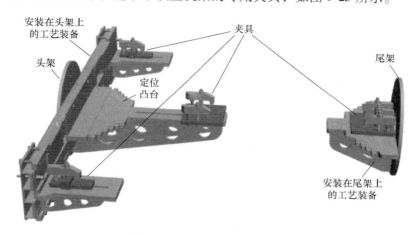

图 9-25　变位机上的工装夹具

图 9-25 中的夹具为安装在变位机头架上的部分（尾架上的夹具与之对称），包含夹持滑块和定位凸台，滑块可以移动，以夹持不同尺寸的三角管板机架的横腹板，凸台用于定位机架的两导板内直角。另外，滑块上的夹具结构要合理，以保证机架翻转后对机架的稳定承载。

3. 机器人

机架的焊缝众多，每条焊缝又为多层多道焊接，其焊接后变形量大，为了控制焊接变形，也为了提高产品焊接生产效率，机架采取对称焊接，因此采用两台机器人的系统。由于机架是大型构件，考虑到机架焊接的可达性，选用悬挂式机器人系统，如图 9-26 所示，系统共 9 个轴，包括 3 个外部轴和机器人机械臂 6 轴。

考虑到工作需要灵活性，外部轴选择立柱旋转式，包含两个直线移动轴和一个旋转轴，结合机架焊接所需要的安全工作空间，底部水平移动轴的移动距离为 6250mm，垂直升降轴的移动距离为 2965mm。

为了作业的安全，两台机器人外部轴的旋转立柱轴设定为 90°，方向相反，这样能够达到机架焊接的焊枪位置及姿态。两机器人系统的外部 3 轴运动由 PLC 控制柜集中控制，而PLC 将与机器人控制柜进行实时通信。在水平滑块上将放置焊丝桶，以减少大量焊接时焊丝的频繁更换。另外，由于焊丝的输送距离较远，采用推拉式送丝机构送丝，拉丝端靠近焊丝桶，推丝端在机器人机械臂的 A1 轴上，这样以保证焊接过程的稳定送丝。

图 9-26　悬挂式机器人系统

机器人机械臂悬挂在旋转立柱的伸出臂上。机器人具有高性能的碰撞检测功能，一旦发生碰撞，机器人将掉电，由于采用了无抱闸电动机，机器人可手动转动，减少碰撞损伤。

4. 焊接系统

母材为船用 B 级板，属于普碳钢，焊接性较好。焊接方法采用机器人 MAG 焊，保护气体为 80% 的 Ar+20% 的 CO_2（体积分数）。焊接电源采用 Fronius 的数字化焊机 TPS5000，此焊机系统稳定，能够实现多种焊接方法，并且可以储存 100 个焊接工作任务，以方便机器人调用。机器人的焊枪套装在 A6 轴内，结构简化，增强了焊枪焊接姿态的可达性，焊枪的喷嘴有水冷循环，而且带有检测，用于寻踪定位功能。另外，在机器人底座上，分别安装了清枪剪丝机和除尘器，以解决因长期施焊带来的金属飞溅堵塞喷嘴的问题。

5. 机器人工作站布局

基于机架焊接的对称性，变位机安装在两个外部水平轨道的中间，如图 9-27 所示。两水平轨道平行放置，其底座与变位机的底座处于同一个水平面，变位机的两法兰同轴线与水平轨道轴方向平行。考虑到机架的装卸、两机器人的活动范围以及机架焊接时焊枪姿态的可达性，变位机与两机器人水平轨道的水平中心线间距设定为 3750mm，主变位机边缘与水平轨道的边缘距离为 285mm。主从变位机的间距为 2845mm，以保证其安装夹具后能够夹持最小尺寸的机架，从变位机的水平移动距离为 2100mm，能够实现最大机架的安装并留有一定的余量。在图 9-27 中，圆圈代表水平轨道上的移动滑块，该位置作为零位。另外，水平轨道可以加长，以增加额外的工作空间，进而满足其他小批量非标准产品的柔性焊接需求。

实际的机架双机器人弧焊工作站如图 9-28 所示。

9.4.3　焊接机器人编程

1. 离线编程

（1）样板焊缝编程　针对柴油机机架的机器人焊接，由于机架的尺寸较大，焊缝众多且形式不一，要在线示教编写机架的完整焊接程序，大概需要 3 个工作日，故机器人编程主要采用离线编程实现。

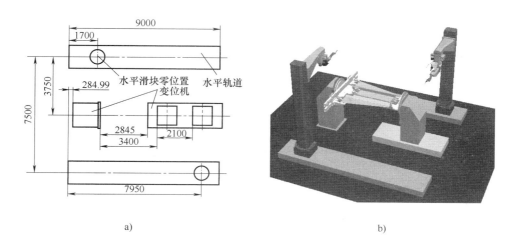

a)　　　　　　　　　　　　　　　　　　b)

图 9-27　工作站布局

a）平面位置图　b）仿真视图

图 9-28　机架双机器人弧焊工作站

由于工件中很多焊缝是规则的（如直线或圆形），故编制"样板焊缝"程序，它是"预先定义"好的（焊接参数及方式）程序，可以在相同要求的情况下被其他程序调用，从而简化编程。根据复杂程度，将样板焊缝分为单层、单层加摆动、多层三种类型。前两者用于薄板单层焊接，后者用于中厚板多层焊接。在程序中可以定义焊接开始参数、焊接时参数、焊接结束参数、焊枪摆动参数等信息。

单层样板焊缝主要包含开始点、结束点、参考点。多层样板焊缝的定义主要用于单路径的多层焊。第一层称作根层，后续焊接层称作覆盖层。编程时，覆盖层只需指定开始点，目标点在调用时会根据根层的姿态和覆盖层开始点自动计算生成，如图 9-29 所示。

对于尺寸大的机架焊缝，由于坡口角度为 45°，在打底焊时，为了不发生焊枪喷嘴与机架的碰撞，焊枪喷嘴的高度有些大，在 25mm 左右。在机架的离线编程中，机器人焊枪 TCP 在焊缝起终点处的 z 向偏移设定为 8mm，加上 TCP 至喷嘴有 15mm 的距离，使喷嘴高度达到了 23mm。整个焊接作业过程中双机器人的机架焊接路径规划如图 9-30 所示，焊缝的单个机器人焊接顺序为 1→2→3→4，每条焊缝添加了焊缝跟踪功能，且在 1 和 3 焊缝之前添加了寻踪定位路径块。在每一道焊缝的起点处，添加双机器人联动点设置，以保证焊缝起点同步施

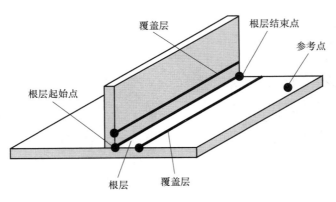

图 9-29　多层样板焊缝

焊，在翻转变位机时，为了防止机架与机器人的碰撞，也设置了联动点，以确保变位机的安全旋转。另外，考虑到实际焊缝焊接的时间较长，焊枪喷嘴容易黏接飞溅的金属颗粒，需要清理焊枪喷嘴，因此，在变位机翻转步点之后的一个安全步点调用了焊枪清理程序。考虑到机架焊接变形，可能焊缝不是经多层多道一次焊接完成的，而是先焊接其中的几道焊缝，再填充后面的几道，这就需要调整焊接程序，并设置合理的样板焊缝调用参数。

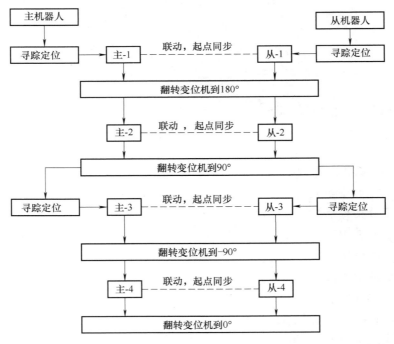

图 9-30　机架焊接路径规划

（2）寻踪定位　寻踪定位用于寻找起始焊点，主要是通过接触传感器碰触工件，从而定位起始焊点，具体原理可参考 6.3.6 节。

（3）电弧跟踪　在焊接中进行摆动的同时，根据焊接电流反馈值的变化，电弧跟踪功能寻找焊接坡口的中心，实时修正焊接工件的偏差。当使用电弧传感时，也须指定需要保存的偏移位置，该参数定义了保存偏移位置的路径段数，这些数值以临时步点的形式保存。

在多层多道焊接中，若第一道使用了电弧跟踪，实时修正产生的偏移点将被自动保存，这些偏移点将在后续的道次中用到，以保证整个焊缝实际位置的准确焊接。当工件发生偏移，导致焊缝焊接起点也偏移后，可添加寻踪定位程序块，结合焊缝电弧跟踪功能，能较好地实现实际焊缝位置的焊接。

在实际机器人焊缝焊接过程中，为了达到良好的焊缝成形及提高焊接效率，焊枪摆动得到了较好的应用。另外，如果需要实现焊缝的电弧跟踪，则必须使用焊枪摆动功能。焊枪摆动方式可参考图 5-6。焊枪在摆动点的角度和该层焊缝起始点位置保持一致。在组合路径连续焊接时，若整个路径的摆动模式要求一致，则摆动点只需在组合路径的起始处定义。对每一段可以设定摆动也可以设定不摆动。另外，焊枪摆动点可以直接示教获得，增加了摆动设置的灵活性。

离线编写的机架焊接程序，经仿真运动检验，没有出现机器人位姿无法到达以及任何碰撞等问题，整个运动路径安全。焊接程序添加样板焊缝后，整个运行时间在 5h 左右，大型号的机架的时间则更长。在实际机架焊接的条件下，要完成一个机架的焊接，还包含机架的安装及卸载时间，此部分估计有 30min 左右。下载离线程序到现场控制柜，将进行现场调试，必要时进行寻踪定位以及焊缝起终点等位置的在线调整，以使程序能够进行实际机架的正常焊接并保证焊接出合格的产品。

2. 离线编程作业标定

机架弧焊双机器人仿真场景的构建是基于布局的，虽然其连接离线软件后能够进行机器人的图形仿真运动并生成程序，但是，该程序并不能在现场的机器人系统中准确运行。原因是，机器人设备在实际安装过程中将不可避免地出现一些偏差，而且各运动机构本身也存在加工及装配带来的误差。因此，为了提高离线编程的精度，需要对双机器人工作站进行离线编程作业标定。

离线作业标定是把仿真中的坐标系转换到现场机器人坐标系的方法，针对离线规划的真实工件与仿真环境下的坐标或者路径，进行坐标的匹配及调整。

依据作业对象的模型特征，将机器人离线规划所需的作业标定方法划为两类，即工件标定法与路径标定法。工件标定法是使仿真单元中工件与实际单元中工件的坐标系相匹配，以调整仿真单元中工件的参数。对于路径标定法，由于工件模型与现实工件的偏差，单单匹配工件坐标系保证不了作业路径的匹配，所以选取调整对象而非工件参数，通过调整依附在工件上的路径来确保机器人作业的正确执行。

双机器人工作站标定的任务是确定现场主机器人、从机器人、变位机三者之间的相对位置关系，以便修正到离线仿真环境。机器人系统共有 9 个轴，机构较为庞大，两台机器人系统之间的标定还没有较为精确的方法，此处采用两机器人分别对变位机的标定来间接确定两机器人系统的相对位置关系。

除上述功能外，机器人系统还具有镜像、电弧重燃等功能。镜像是将一段连续的程序块按照设置的镜像面生成一段新的程序块，其与原程序块的运动轨迹以镜像面对称。

9.4.4　焊接工艺试验

机架采用全焊结构，在引入弧焊双机器人工作站之前，焊缝采用的是人工或半自动的

CO_2 焊接，其效率较低，而且手工焊接质量不稳定。采用机器人自动化焊接后，需要研究新的焊接工艺规范，以实现机架的高效高质焊接。针对机架的焊接接头，进行了单 V 形坡口的平焊及横焊试验。

1. 平焊工艺实验

机器人焊接采用左焊法，倾角约为 75°，喷嘴高度的范围为 20~22.5mm，焊枪工作角度通常在构成焊缝两面的角平分面上，其因具体焊接道次的不同而有所调整，以避免焊接道次间的未熔合问题。气体流量为 15~20L/min，以使保护气体有足够的挺度。平焊的焊接工艺参数见表 9-5。

表 9-5   平焊的焊接工艺参数

焊道	电流/A	电压/V	焊接速度 /(m/min)	摆幅 /mm	摆长 /mm
1	260	24.9	0.25	1	2
2	300	30.4	0.3	3	5
3	300	30.4	0.35	0	0
4	300	30.4	0.3	0	0
5	300	30.4	0.3	0	0
6	300	30.4	0.3	3	5
7	300	30.4	0.3	0	0
8	270	28.1	0.3	0	0
9	280	29.1	0.3	0	0

由表 9-5 可知，第 1 道焊缝（打底焊）的焊接电流较小，以避免热输入过大而引起焊缝烧穿。填充层的焊接电流平均约为 300A，一方面要尽量减少填充层而提高焊接效率，另一方面又不能因焊接热输入过大而降低焊缝的冲击韧性。其中，第 2 道和第 6 道应用了焊枪摆动，目的是使焊缝层良好且有效地成形。与填充层相比，覆盖层的焊接电流有所减小，且没有焊枪摆动，以避免焊缝余高过高或咬边等问题。在焊接过程中，仔细观察每一焊道的焊接电弧现象和熔滴过渡状态，以便分析该道的焊后成形，从而提出焊接参数及焊枪姿态等改进措施，比如焊接电流、摆幅大小、摆幅长度、焊枪工作角度等。

另外，每焊完一道，就测量进行该道焊缝的位置，以便绘制整个焊缝的焊道布置模拟图，进而获得各焊道机器人焊枪 TCP 的位置数据。测量方法为，当焊完某道焊缝后，测量焊缝两边离母材上表面的距离，若焊缝边在母材的斜面上，则测量该边沿斜面到母材上表面的距离，若焊道某边不在母材两坡口面上，则测量该边沿水平方向到坡口面的距离。

根据每道焊缝的位置测量数据，以及实际焊道焊缝的成形形貌，模拟绘制了平焊焊缝的焊道布置图，如图 9-31 所示。模拟图中的焊接接头的坡口形式及大小与实际大小保持一致，其显示了焊缝焊道的焊接顺序，并对每一焊道标记了一个圆点，以表示每道焊枪 TCP 所对应的位置。需要说明的是，此布道图忽略了实际焊缝的反变形高度，因此会带来一定的位置偏差。

在图 9-31 中，以第一道焊缝的 TCP 位置为零点，建立 xOz 坐标系，z 向代表坡口直边的

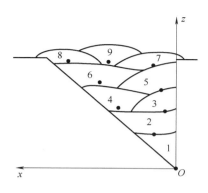

图 9-31　平焊焊道布置

方向，近似于竖直方向。焊道TCP 的位置设置在该道焊缝截面中性线的最低处附近。根据模拟图中的焊道布置，统计了每一道焊缝的 TCP 位置及相对于上一道的偏移数据，见表9-6，这些焊道间的偏移量将有利于模拟件采用样板焊缝的快速离线编制。

表 9-6　平焊的焊道 TCP 位置 （单位：mm）

焊接道次	相对于零点的坐标（x, z）	相对于上一道的偏移量（x, z）
1	(0, 0)	(0, 0)
2	(4, 8)	(4, 8)
3	(2.5, 14)	(−1.5, 6)
4	(12.5, 14)	(10, 0)
5	(3, 19)	(−9.5, 5)
6	(18, 20)	(15, 1)
7	(5.5, 24)	(−12.5, 4)
8	(22, 24)	(16.5, 0)
9	(14.5, 24)	(7.5, 0)

2. 横焊工艺实验

在横焊焊接工艺中，焊接电流、焊枪工作角度、焊枪摆动等对焊缝成形有重要影响，如果这些参数设置不合理，将导致焊道之间的未熔合或者熔合线附近的熔合不良等问题。另外，由于该位置的特殊性，焊缝的盖面焊难度大，成形不易控制，焊枪姿态对其影响大，焊枪工作角度 α 如图 9-32 所示，代表了焊枪喷嘴中性线与水平线的夹角，当在水平线上时取正值。

对于横焊的焊接工艺参数，同样采用机器人左焊法，倾角约为 75°。对于填充层，喷嘴高度在 22mm 左右；而对于盖面层，考虑到焊接过程中熔池因重力下淌，其喷嘴高度有所降低，在 20mm 左右。焊接保护气体流量为 15~20L/min。具体的横焊焊接工艺参数见表9-7，共14 道焊缝，除第 1 道焊缝的焊接规范较小，其他焊道的电流为 240A，焊接速度为 0.3m/min，但是摆动参数及焊枪工作角度有所不同。

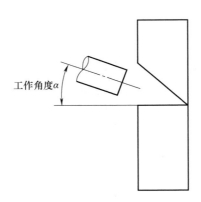

图 9-32　焊枪工作角度 α

表 9-7　横焊焊接工艺参数

焊道	电流/A	电压/V	焊接速度 /（m/min）	摆幅 /mm	摆长 /mm	工作角度 α/（°）
1	220	14.2	0.25	1	2	15
2	240	15.9	0.3	5	8	0
3	240	15.9	0.3	3	7	30
4	240	15.9	0.3	5	7	0
5	240	15.9	0.3	4	7	15
6	240	15.9	0.3	4	7	15
7	240	15.9	0.3	3	7	10
8	240	15.9	0.3	5	8	15
9	240	15.9	0.3	4	7	10
10	240	15.9	0.3	3.5	8	−10
11	240	15.9	0.3	5	8	−15
12	240	15.9	0.3	5	8	−10
13	240	15.9	0.3	5	8	5
14	240	15.9	0.3	5	8	10

　　根据每道焊缝的位置测量数据，以及实际焊道焊缝的成形形貌，模拟绘制了横焊焊缝的焊道布置图，如图 9-33 所示，图中显示了焊缝焊道的焊接顺序，并对每一道标记一个圆点，其表示每道焊枪 TCP 所对应的位置。

　　在图 9-33 中，同样以第一道焊缝的 TCP 位置为零点，建立 xOz 坐标系，x 方向代表坡口直边的方向。结合实际已焊焊道的形貌特征以及焊枪摆幅的大小，设置焊道 TCP 位置在所需填充空间的凹处附近。根据模拟图中的焊道布置，统计了每一道焊缝的 TCP 位置及相对于上一道的偏移数据，见表 9-8。

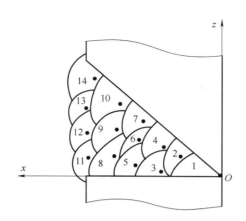

图 9-33　横焊焊缝的焊道布置

表 9-8　横焊的焊道 TCP 位置 （单位：mm）

焊接道次	相对于零点的 坐标（x, z）	相对于上一道的 偏移量（x, z）
1	(0, 0)	(0, 0)
2	(8.5, 5)	(8.5, 5)
3	(11.5, 1)	(3, −4)
4	(12, 8)	(0.5, 7)
5	(17, 4)	(5, −4)
6	(16, 9.5)	(−1, 5.5)
7	(15, 13.5)	(−1, 4)
8	(19.5, 4.5)	(4.5, −9)
9	(18.5, 11)	(−1, 6.5)
10	(17, 18)	(−1.5, 7)
11	(24.5, 3.5)	(7.5, −14.5)
12	(24, 10)	(−0.5, 6.5)
13	(23.5, 16)	(−0.5, 6)
14	(23, 21)	(−0.5, 5)

　　焊接完成后，对焊接接头进行了超声探伤，发现焊缝底部有线缺陷，并观察焊接接头的宏观金相，结果表明，焊缝焊道布置合理，打底焊的未焊透位置在 3mm 内，并未发现其他明显的未熔合问题。最后，进行了焊接接头的力学性能实验，包括显微硬度、冲击韧性、拉伸及弯曲实验，结果表明，焊缝的力学性能达到了标准要求。

9.5　安全措施

　　机器人伤害事故的一些常见状况如下：

1）未确认机器人的动作范围内有人，就执行自动运转。

2）在自动运转状态下，操作人员进入机器人的动作范围内，机器人突然动作起来。

3）专注于眼前的机器人，未注意别的机器人。

4）机器人由低速动作突然变为高速动作。

5）其他操作人员加入操作。

6）由于外围设备等的异常或程序错误，机器人以不同的程序来动作。

7）机器人因杂音、故障、毛病等而发生异常动作。

8）误动作，如本想以低速使机器人动作，却以高速动作。

9）机器人所搬运工件，掉落或散开。

10）机器人已成等待联锁的待机状态，但联锁被解除而突然动起来。

11）隔壁或背后的机器人动作。

为保障安全，可采用如下安全措施：

1）为焊接机器人及其周边设备安装安全防护栏，以防止有人进入危险区域造成意外伤害。

2）在安全护栏入口的安全门上设置插拔式电接点开关，该开关与焊接机器人的安全电路相连接，一旦安全门打开，机器人控制器将切断机器人的驱动电源，机器人立即停止运动。

3）在距焊接机器人所在工位最近的地方，安装多个紧急停止开关，一旦发生紧急或危险情况，操作人员可以就近按下急停，让机器人停止运动。

4）示教作业时降低焊接机器人的运动速度，并由经过专业技术操作培训的人员进行示教。

5）焊接机器人安全电路与生产线安全电路连为一体，当生产线遇到紧急情况时，操作人员可以按下该线上任何工位的紧急停止开关，让机器人停止运动。

9.6　复习思考题

1. 陈述简易焊接机器人工作站的构成及特点。

2. 变位机与焊接机器人组合的工作站特点是什么？其工装的定位、夹紧如何考虑？

3. 双机器人协调的焊接机器人工作站特点是什么？在示教编程时需注意哪些方面？

参 考 文 献

[1] 林尚扬，陈善本，李成桐. 焊接机器人及其应用［M］. 北京：机械工业出版社，2000.

[2] 中国焊接协会成套设备与专用机具分会，中国机械工程学会机器人与自动化专业委员会. 焊接机器人实用手册［M］. 北京：机械工业出版社，2014.

[3] 陈善本，林涛. 智能化焊接机器人技术［M］. 北京：机械工业出版社，2006.

[4] 中国机械工程学会焊接学会. 焊接手册：第 1 卷［M］. 3 版. 北京：机械工业出版社，2008.

[5] 蒋刚，龚迪琛，蔡勇，等. 工业机器人［M］. 成都：西南交通大学出版社，2011.

[6] 殷际英，何广平. 关节型机器人［M］. 北京：化学工业出版社，2003.

[7] SAEED B，NIKU. 机器人学导论——分析、控制及应用［M］. 孙富春，等译. 北京：电子工业出版社，2004.

[8] JOHN J，CRAIG. 机器人学导论［M］. 负超，等译. 北京：机械工业出版社，2014.

[9] 郭洪红. 工业机器人技术［M］. 2 版. 西安：西安电子科技大学出版社，2012.

[10] 刘伟. 中厚板焊接机器人系统及传感技术应用［M］. 北京：机械工业出版社，2013.

[11] 陈裕川，江维，何奕波. 现代机器人焊接变位机的设计准则［J］. 现代焊接，2011（5）：10-17.

[12] 张连新. 基于多智能体技术的机器人遥控焊接系统研究［D］. 哈尔滨：哈尔滨工业大学，2006.

[13] 张华，李志刚. 水下焊接机器人技术发展现状及趋势［J］. 机器人技术与应用，2008（6）：11-14.

[14] ROWE M，LIU S. Recent development sinunder water wet welding［J］. Scienceand Technology of Welding Joining，2001，6（6）：387-396.

[15] 魏秀权，李海超，高洪明，等. 机器人遥控焊接力觉传感与控制进展［J］. 焊接学报，2007，28（11）：108-111.

[16] 吴林，张广军，高洪明. 焊接机器人技术［J］. 中国表面工程，2006，19（5）：29-35.

[17] 王加友，朱征宇，任彦胜，等. 窄间隙焊缝跟踪电弧传感方法及特性研究［J］. 江苏科技大学学报（自然科学版），2007，21（6）：17-20.

[18] 黎文航，孙丹丹，杨峰，等. 新型窄间隙 MAG 旋转电弧传感焊缝偏差提取算法［J］. 材料科学与工艺，2011，19（6）：48-52.

[19] 叶晖，管小清. 工业机器人实操与应用技巧［M］. 北京：机械工业出版社. 2010.

[20] 叶晖，何智勇，杨薇. 工业机器人工程应用虚拟仿真教程［M］. 北京：机械工业出版社. 2014.

[21] 叶晖. 工业机器人典型应用案例精析［M］. 北京：机械工业出版社. 2013.

[22] 卢本，卢立楷. 汽车机器人焊接工程［M］. 北京：机械工业出版社. 2006.

[23] 樊重建. 变间隙铝合金脉冲 GTAW 熔池视觉特征获取及其智能控制研究［D］. 上海：上海交通大学，2008.

[24] 陈华斌. 运载火箭动力系统五通连接器机器人 GTAW 质量控制系统［D］. 上海：上海交通大学，2009.

[25] 康丽，汤楠，穆向阳. 焊缝跟踪系统及焊接过程智能控制技术的研究［J］，山西科技，2008（3），153-155.

[26] 王文怡. 基于粗糙集理论铝合金脉冲 GTAW 过程知识建模的智能控制方法研究［D］. 上海：上海交通大学，2009.

[27] 胡婷. 机器视觉在铝合金 TIG 焊中的应用基础研究［D］. 北京：北京工业大学，2009.

[28] 周律. 基于视觉伺服的弧焊机器人焊接路径获取方法研究［D］. 上海：上海交通大学，2007.

[29] 王建军. 铝合金脉冲 TIG 焊熔池动态特征的视觉信息获取与自适应控制［D］. 上海：上海交通大

学，2003.

[30] 孔萌. 机器人焊接过程多信息实时获取及其控制方法研究 [D]. 上海：上海交通大学，2009.

[31] 张广军，李海超，许志武. 焊接过程传感与控制 [M]. 哈尔滨：哈尔滨工业大学出版社，2013.

[32] 王其隆. 弧焊过程质量实时传感与控制 [M]. 北京：机械工业出版社，2000.

[33] LI W，GAO K，WU J，et al. Groovesidewall penetration modeling for rotating arc narrow gap MAG welding [J]. The International Journal of Advanced Manufacturing Technology，2015，(78)：573-581.

[34] LI W，GAO K，WU J，et al. SVM-based information fusion for weld deviation extraction and weld groove state identification in rotating arc narrow gap MAG welding [J]. International Journal of Advanced Manufacturing Technology，2014，(74)：1355-1364.

[35] LI W，WU J，HU T，et al. Rough set based modeling for welding groove bottom statein narrow gap MAG welding [J]. Industrial Robot：An International Journal，2015，42 (2)：110-116.

[36] LI W，JI Y，WU J，et al. Amodified welding image feature extraction algorithm for rotating arc narrow gap MAG welding [J]. Industrial Robot：An International Journal，2015，42 (3)：222-227.

[37] LI W，GAO K，WU J. et al. Modeling Welding Deviation of Rotating Arc NGW Based on Support Vector Machine [J]. Robotic Welding，Intelligence and Automation：RWIA 2014，2015：363，459.

[38] 黎文航，孙丹丹，杨峰，等. 基于粗糙集的窄间隙 MAG 焊缝偏差建模方法 [J]. 焊接学报，2013，34 (5)：21-24.

[39] 黎文航，高凯，王加友，等. 窄间隙旋转电弧熔化极活性气体保护焊视觉焊缝偏差检测 [J]. 上海交通大学学报（自然科学版），2015，49 (3)：353-356.

[40] 黎文航，孙丹丹，杨峰，等. 新型窄间隙 MAG 旋转电弧传感焊缝偏差提取算法 [J]. 材料科学与工艺，2011，19 (6)：48-52.

[41] 黎文航，王加友. 基于 VC 的旋转电弧窄间隙 MAG 焊多信息融合焊缝跟踪系统 [J]. 焊接，2014 (10)：30-33.

[42] 王加友，杨峰，韩伟. 摇动电弧窄间隙熔化极气体保护焊接方法及焊炬：200810236274.5 [P]. 2008-11-19.

[43] 王加友，朱杰，苏荣近. 摇动电弧窄间隙熔化极气体保护立向焊接方法：201110201702.2 [P]. 2011-07-19.

[44] 韩伟. 摇动电弧窄间隙 MAG 焊接技术研究 [D]. 镇江：江苏科技大学，2008.

[45] 山下健一郎. NKK-NACHI 高速旋转电弧焊接机器人系统 [J]. 顾景林，译. 国外金属加工，1992，6 (5)：20-25.

[46] SUGITANI Y，KOBAYSHL Y，Murayama M. Development and application of automatic high speed rotation arc welding [J]. Welding International，1991，5 (7)：577-583.

[47] HORI K，KAWAKARA M. Application of narrow gap process by S. Sawada [J]. Welding Journal，1985，27 (6)：22-31.

[48] YANG C L，GUO N，LIN S B，Application of rotating arc system to horizontal narrow gap welding [J]. Science and Technology of Welding and Joining，2009，14 (2)：172-177.

[49] 王加友，国宏斌，杨峰. 新型高速摆动电弧窄间隙 MAG 焊 [J]. 焊接学报，2005，26 (10)：65-67.

[50] WANG J Y，GUO H B，YANG F. Development of a new rotation arc system for narrow gap MAG welding [C]. Proc of IC MEM 2005，2005：1220-1222.

[51] 王加友，杨峰，国宏斌. 空心轴电机驱动的旋转电弧窄间隙焊炬：ZL200520070050.3 [P]. 2005-03-23.

[52] 王加友. 空心轴电机驱动的旋转电弧窄间隙焊接方法及装置：200510038527.4 [P]. 2005-03-23.

［53］NOMURA H. et al. Automatic control of arc welding by arc sensor system ［C］. Nippon Kokan Technical Report Overseas, 1986, 11.

［54］罗登峰, 顾迎新. 窄间隙双丝 MIG/MAG 焊接装置: CN201950346U ［P］. 2010-12-07.

［55］洪波, 来鑫, 魏复理. 基于磁控电弧传感器的焊缝跟踪系统 ［J］. 传感技术学报, 2008, 21 （5）: 883-886.

［56］魏复理, 洪波, 洪宇翔. 磁控电弧传感器焊缝跟踪技术研究 ［J］. 机械科学与技术, 2008, 27 （12）: 1586-1590.

［57］来鑫, 洪波, 洪宇翔. 基于磁控电弧传感的焊缝偏差信息检测与实时跟踪系统 ［J］. 上海交通大学学报, 2008, 42: 50-52, 56.

［58］郭祖魁. 摆动电弧焊缝跟踪技术的研究现状 ［J］. 电焊机, 2009, 39 （4）: 36-38.

［59］杨茂森. 摇动电弧窄间隙 MAG 焊缝跟踪的红外视觉实时传感研究 ［D］. 镇江: 江苏科技大学, 2014.

［60］张蔚华. 窄间隙焊缝跟踪摇动电弧传感方法及特性研究 ［D］. 镇江: 江苏科技大学, 2013.

［61］吴世德. 电弧传感器焊缝跟踪的信息处理技术 ［D］. 北京: 清华大学, 1997.

［62］孙华, 等. CO_2 气体保护焊缝跟踪的信息处理技术 ［J］. 哈尔滨理工大学学报, 1998 （8）: 40-43.

［63］李士勇. 模糊控制神经网络和智能控制 ［M］. 哈尔滨: 哈尔滨工业大学出版社, 1998.

［64］胡绳苏. 焊缝跟踪模糊控制器的研究 ［J］. 电焊机, 2000 （9）: 32-34.

［65］熊震宇, 等. 电弧传感器的发展状况及应用前景 ［J］. 焊接技术, 2001 （5）: 2-6.

［66］潘际銮. 现代弧焊控制 ［M］. 北京: 机械工业出版社. 2000.

［67］费跃农. 电弧传感器焊缝自动跟踪系统及电弧传感基础理论研究 ［D］. 北京: 清华大学, 1990.

［68］北京·埃森焊接与切割展览会组委会. 第 19 届北京·埃森焊接与切割展览会展会综合技术报告 ［R］. 2020.

［69］北京·埃森焊接与切割展览会组委会. 第 18 届北京·埃森焊接与切割展览会展会综合技术报告 ［R］. 2019.

［70］北京·埃森焊接与切割展览会组委会. 第 17 届北京·埃森焊接与切割展览会展会综合技术报告 ［R］. 2018.

［71］北京·埃森焊接与切割展览会组委会. 第 16 届北京·埃森焊接与切割展览会展会综合技术报告 ［R］. 2017.

［72］北京·埃森焊接与切割展览会组委会. 第 15 届北京·埃森焊接与切割展览会展会综合技术报告 ［R］. 2016.

［73］胡绳苏. 焊接自动化技术及其应用 ［M］. 北京: 机械工业出版社, 2015.

［74］闻邦椿. 机械设计手册（单行本）: 工业机器人与数控技术 ［M］. 1 版次. 北京: 机械工业出版社, 2015.